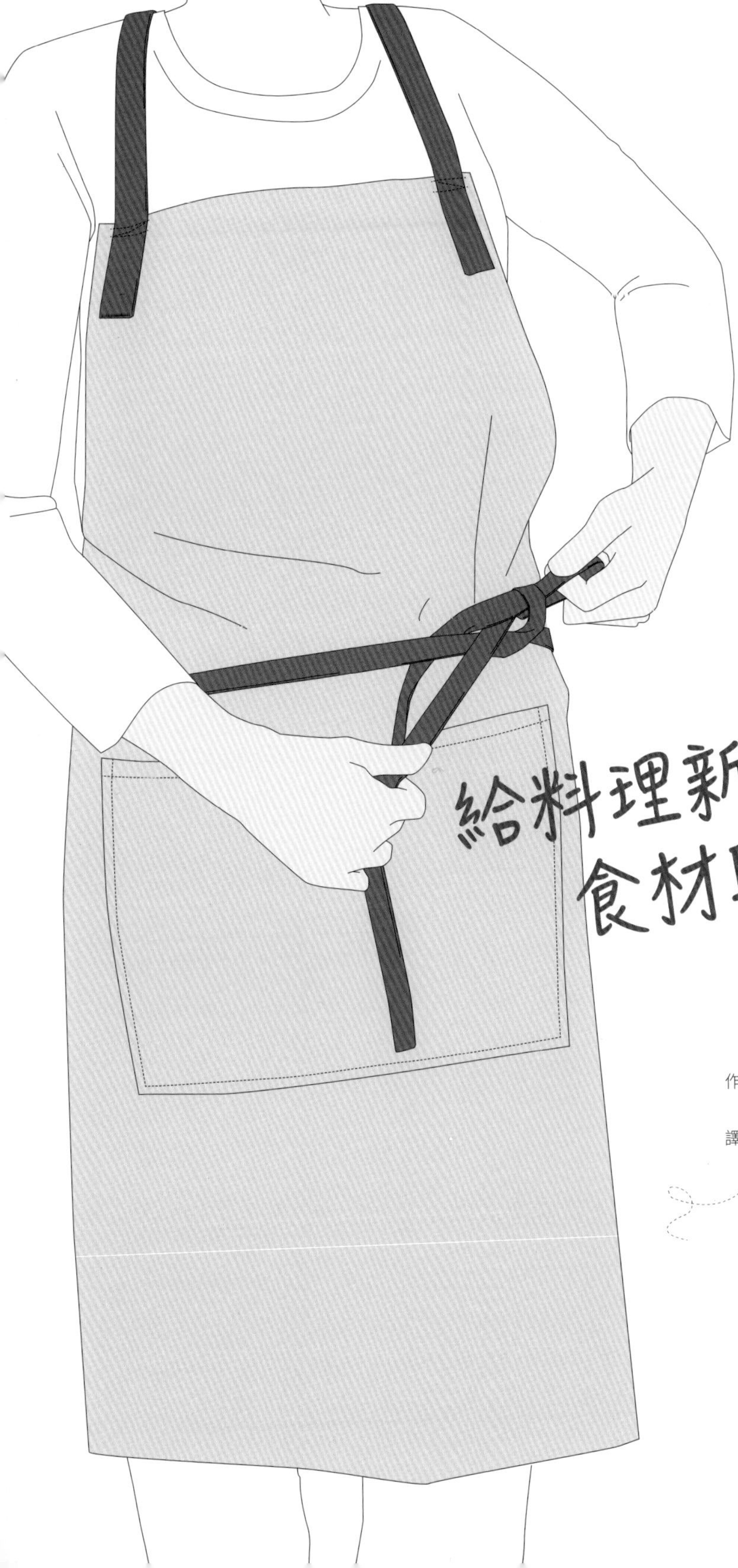

給料理新手的食材與料理全書

作者 Better Home協會

譯者 林宜薰

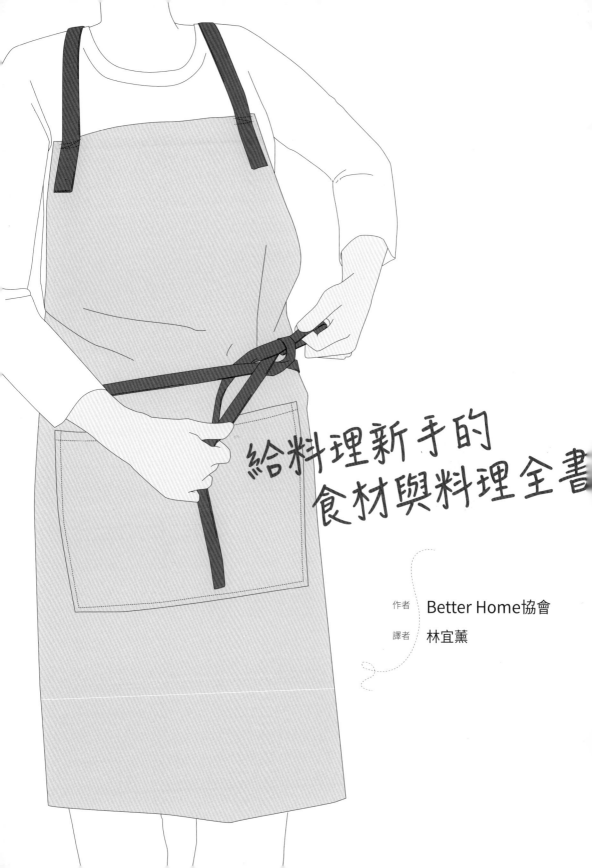

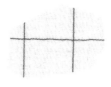

獻給正在使用本書的你

家庭飲食習慣會隨著生活方式變遷而千變萬化，日本 BETTER HOME 協會從長年設立的料理教室中汲取經驗，結合時代脈動，將家庭烹調方式整理出來，編撰了這本《給料理新手的食材與料理全書》。

這是一本家庭料理的基礎書，以食材知識與處理方式為主軸，從切菜、備菜、計量、保存、安全問題，到擬定菜單、烹調技巧、飲食營養，以及清潔整理與預防食物中毒等，系統整理關於料理的各種知識，不僅蒐羅了初學者對於料理的種種疑問，甚至連專業人士都可能感到迷惘困惑的事，也都一一給予清楚的解答。

總而言之，這是一本讓你在廚房裡可以「立即上手且終生受用」的一本書。

獻給正在使用本書的你

第1課 烹飪前一定要知道的事

第2課 食材的處理方法——蔬菜

第3課 食材的處理方法——水產

第4課 食材的處理方法——肉類、蛋類、乳製品

第5課 食材的處理方法——其他食品

第6課
烹調的基本方法與祕訣

特別專欄

關於本書的食譜表記

計量單位（ml＝cc）
1大匙＝15 ml
1小匙＝5 ml

微波爐
加熱時間以500W為計算基準。如果是600W，則要將加熱時間乘以0.8倍，700W則是0.7倍的時間，一邊加熱一邊要確認加熱狀態。

烤架
不論兩面烤架或單面烤架，於本書中一律稱為烤架，其他相關細節請參閱各機種使用說明書。

電子鍋、烤箱等
食譜上面使用的是一般型。電子鍋會因浸水方法與水量等因素而有差異，烤箱也會因為加熱溫度和機種而有所不同，請參考各機種的使用說明書。

平底鍋
使用鐵氟龍不沾鍋。

高湯
如果沒有特別表示，一般會使用柴魚（鰹魚片）高湯。熬製高湯的方法詳見P.166。

烹飪前一定要知道的事

烹飪前的準備工作

製作料理時必須注意整潔，也要時時留心使用爐火與刀具的安全，就算再忙碌也不能疏忽懈怠。總而言之，烹飪時安全第一，請大家務必留意。

廚房規則 1 裝扮須安全

做菜的時候，要將長髮綁起來，以免造成干擾。

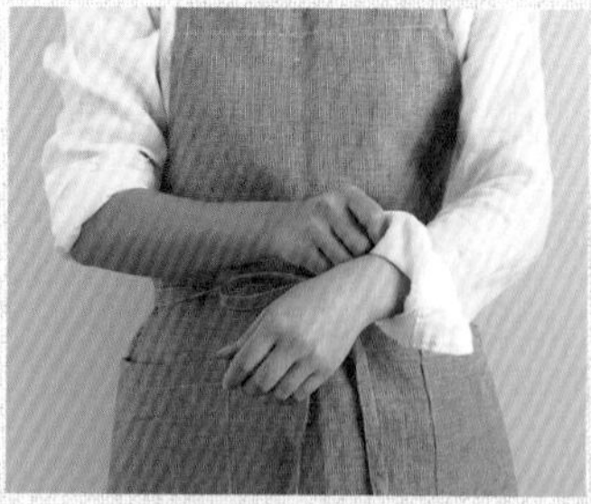

要留意服裝穿著。如果是穿著長袖，要將袖子捲到手肘處，以免造成不便。絨毛或羊毛材質的布料容易引起火勢延燒，因此需要避免。

廚房規則 2 手部必清潔

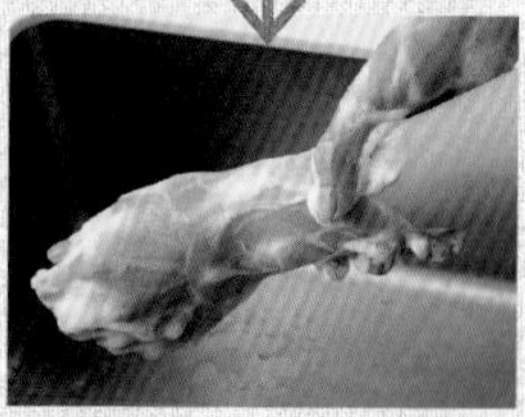

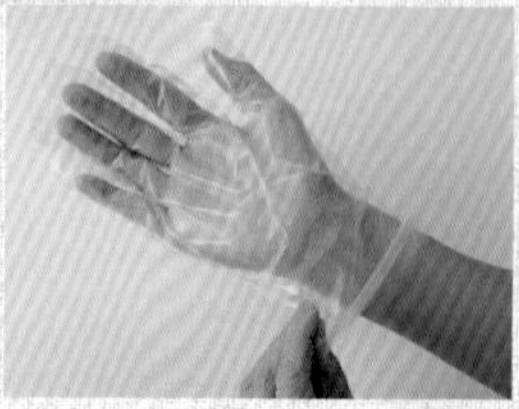

將肥皂搓出泡泡之後，以雙手十指交扣的方式，依照下列順序好好把手洗淨。

❶手掌與手背（別忘了清洗手指關節的皺褶處）。
↓
❷指縫。
↓
❸手指頭與指甲縫。
↓
❹手腕。
↓
❺以清水沖洗，並以乾淨的毛巾擦拭（P.187 預防食物中毒）。

黃色葡萄球菌經常藏匿在人體的傷口、指甲縫、戒指等處，因此做料理時最好能將戒指取下，若手指有傷口，請務必戴上免洗手套，再進行料理工作。

廚房規則 3 廚房保整齊

備妥擦拭餐具用的抹布、清理流理臺用的抹布及擦手用的毛巾，記得一定要分門別類使用，而且必須每天清洗或更換。
（P184 烹調用具清理）

如果廚房雜物多到滿出來，會導致烹調時的諸多不便，也會有衛生與安全上的顧慮，因此流理臺和水槽要保持整潔，起碼在做料理前一定要整理好。

廚房規則 4 爐火要留心

絕對不要將多餘雜物放在爐火周遭。不僅是布類物品，還有湯杓、料理盤、調味料等也都必須遠離爐火，以免把手或容器變形，甚至造成燒燙傷及火災等危險。

鍋具的手把不要超出瓦斯爐臺面，且要放置在不會被旁邊爐火烤到的安全位置。水壺的把手要立起來，使之遠離火焰。

廚房規則 5 用刀勿大意

由於刀具是危險物品，請跟其他工具分開擺放，也不要將菜刀、廚房剪刀、削皮器等器具和其他物品一起放在洗滌籃或瀝水籃裡待洗，要養成使用完畢立即將刀具洗淨、收好的習慣。

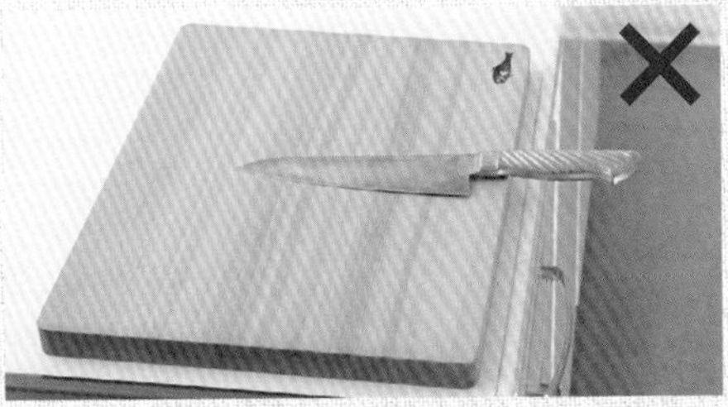

菜刀可以放在砧板的另一側或側邊位置，刀柄不要超出流理臺，一旦超出，很可能一不小心就會砸下來，甚至導致受傷。

握刀與切菜

使用菜刀與砧板是做菜的基礎。在下刀之前，掌握正確的握刀姿勢與動作是非常重要的事。

關於菜刀

常用菜刀種類

- **萬能菜刀** *

用來切肉類、魚類、蔬菜等食材。

- **水果刀**

用來切蔬菜、水果等食物。

- **出刃菜刀（單刃刀）**

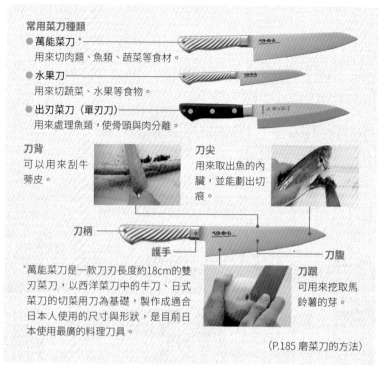

用來處理魚類，使骨頭與肉分離。

刀背

可以用來刮牛蒡皮。

刀尖

用來取出魚的內臟，並能劃出切痕。

刀跟

可用來挖取馬鈴薯的芽。

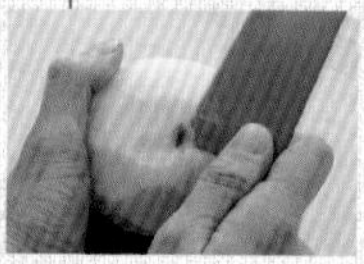

*萬能菜刀是一款刀刃長度約18cm的雙刃菜刀，以西洋菜刀中的牛刀、日式菜刀的切菜用刀為基礎，製作成適合日本人使用的尺寸與形狀，是目前日本使用最廣的料理刀具。

（P.185 磨菜刀的方法）

關於砧板

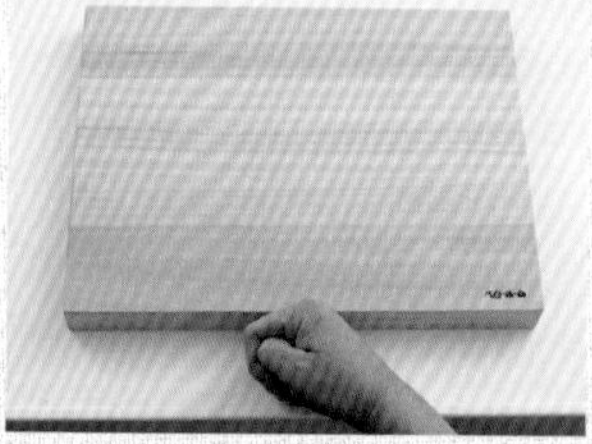

擺放位置

- 使用時，將砧板放在距離流理臺邊緣約一個拳頭的位置。
- 如果砧板厚度較薄或容易滑落，請將乾淨的抹布墊於下方，較為安全。

注意事項

- 為防止砧板染上食物的顏色與氣味，在使用前可先將砧板弄濕，再擦乾後使用（特別是使用木製砧板時）。

砧板種類

- 盡量利用面積較大的砧板，在作業上會較為方便。木製砧板較具韌性，塑膠製砧板較易清潔整理，各有各的優點與缺點。

衛生原則

- 將砧板分成「必須加熱的生鮮肉類和魚類」與「蔬菜或無需加熱即可食用的食品」較為衛生。如果只有一個砧板卻要處理所有食材時，可以先處理蔬菜，再處理魚類、肉類。

（P.187 預防食物中毒）

切菜姿勢

身體定位與動作

如果你是右撇子，為了讓菜刀下刀時可與砧板呈直角，要自然地移動右肘與右肩，右腳微微往後開，雙腳自然打開站穩。左撇子的人則以相反方式進行。

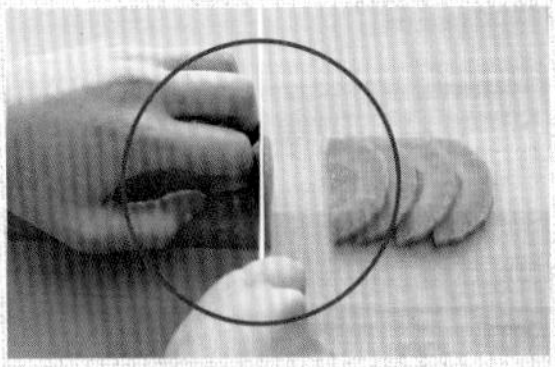

手部定位與動作

為了有效利用整個砧板表面，擺放食材時，食材要與砧板平行，而使用菜刀時，菜刀要與砧板呈直角。握住食材的那一手，手指頭請勿伸直，要微微握拳（像貓手一般），食指與中指的第一節關節對著菜刀刀腹，手邊移動邊調整大小幅度。

持刀方式

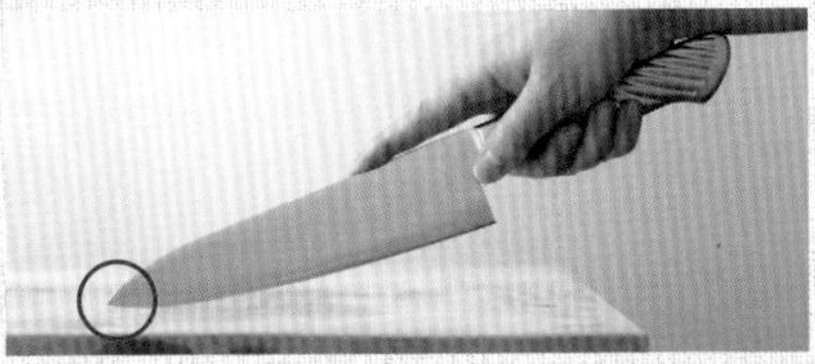

指壓型

伸出食指壓在菜刀的刀刃上方，即為指壓型。這種握刀的方式是利用食指來控制菜刀，避免施力時刀尖偏移。

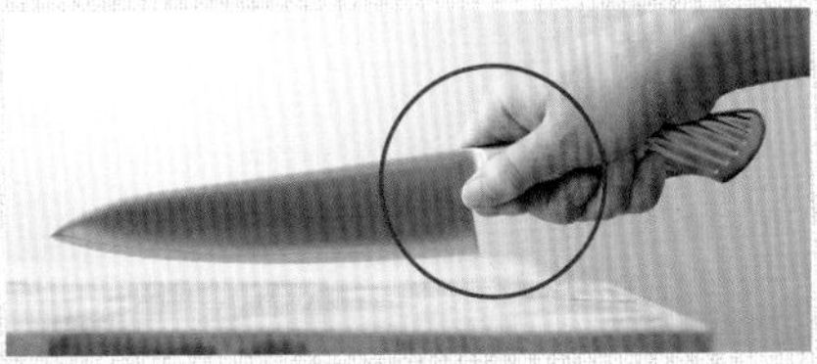

手握型

以手心握住菜刀刀柄，呈包覆狀，即為手握型。利用大拇指與食指夾住刀刃的根部附近，避免刀刃晃動。

菜刀的移動方式

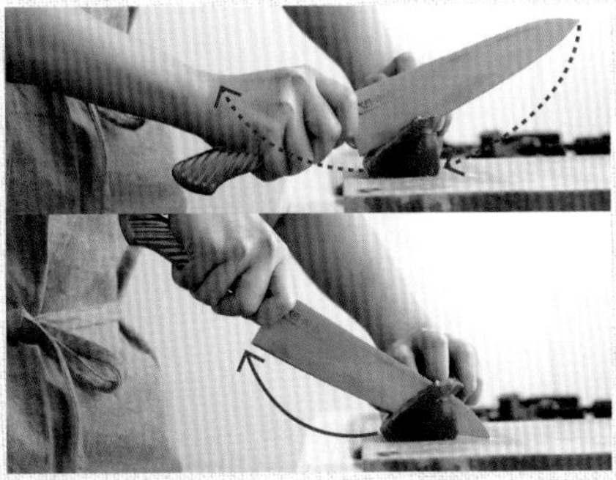

拉切

在處理柔軟的肉類和魚類時，可使用「拉切」。從刀跟處往下壓，以拉的方式移動菜刀，彷彿是以刀畫弧一般。這個動作會用到整個刀刃部位。切生魚片或壽司的時候，若想要一刀切出完美的切口，便要運用拉切。

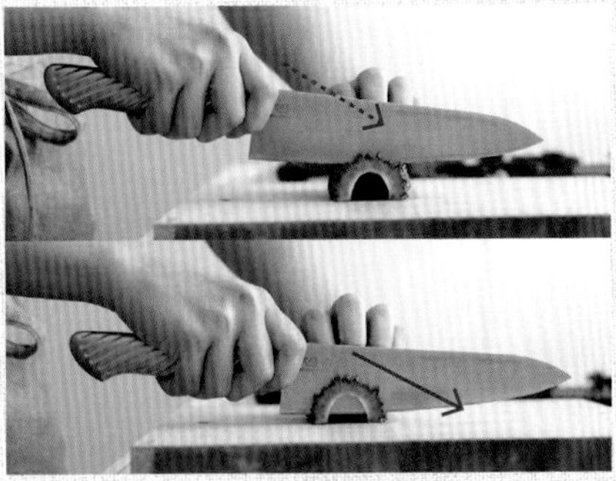

推切

要切具有一定硬度的蔬菜等食材時，通常會使用「推切」。菜刀不直接往下切，而是運用刀刃中央到刀跟部位，從眼前往斜前方下推。

計量

食譜是料理的設計圖，如果想要依樣製作美味料理，就必須正確計量。

測量長度

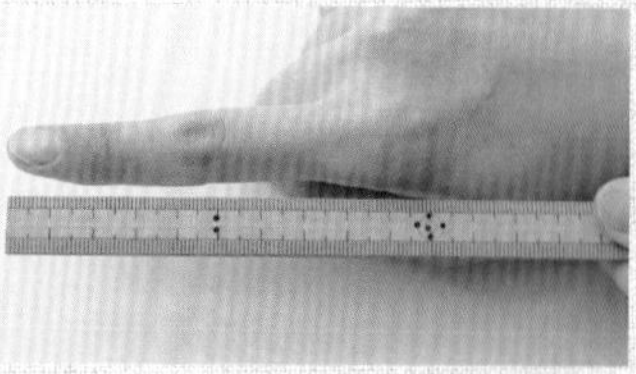

食材的長度與寬度關係到火候和成果。那麼，要怎麼測量食材的長度呢？難道拿尺來量？其實只要知道自己的手指長度，就可以用來測量食材的大小。

食指指尖至第一關節為止＝2～2.5cm

食指指尖至第二關節為止＝4～5cm

測量時間

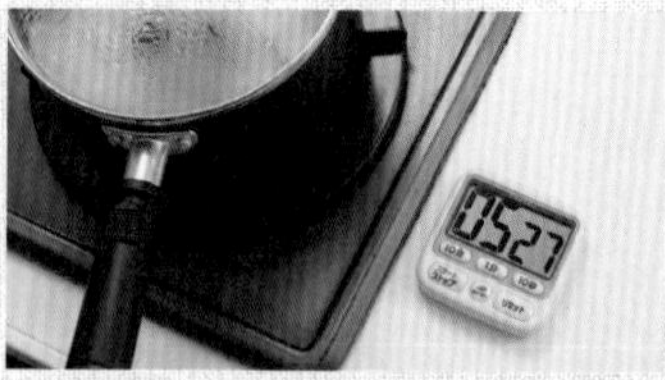

想要一邊做料理一邊處理其他事務，或想更精準地掌握烹調工作，這時料理計時器便派上用場了。無論是烹煮時間、浸泡時間等都可以預先設定好，時間一到，計時器便會提醒你去確認一下狀態。

料理秤

測量重量

搞清楚重量與淨重

食譜上記載的食材重量多半為烹調前的重量，其中包含了會除去的籽或外皮等重量（即廢棄部分的重量）。如果是減去廢棄部分的重量，則會記載為「淨重◯克」。

食材不要超出料理秤

正確的測量方式是先將料理秤放在平坦的地方，再將食材放在托盤或盤子等器皿上，置於料理秤中間再行測量。

常用食材重量參考

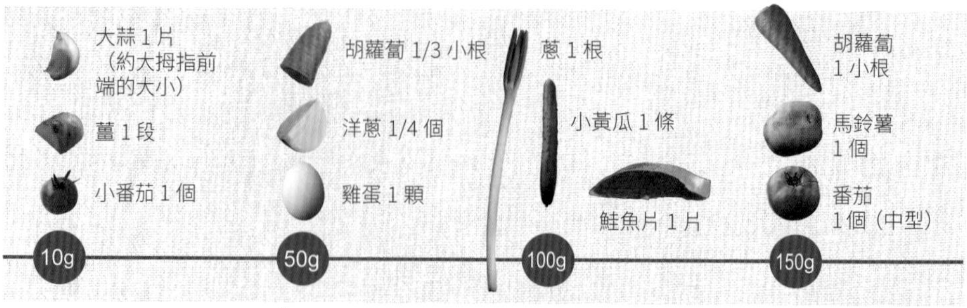

一顆蛋的重量大約是50～60g，你不妨放在手上掂掂看，記住它的重量感，當你無法使用料理秤的時候，便能用「手量」喔！

量杯

測量容量

在平坦處進行測量
測量液體時，請務必將量杯擺在幾乎呈水平狀態的平坦處，待擺放妥當後再確認刻度。

200ml

量杯1杯＝200ml
測量時根據量杯刻度來進行即可，如果出現需要調整的小刻度，就利用量匙來做調整。另外，請注意下列兩件事：
- ml與c.c.是同單位。
- 量杯容量與「量米杯1杯＝180ml」的容量不同，這點請小心留意。（→ p.162）

※ 量杯在食譜上通常以「杯」來表示。

量匙

液體的測量法

大匙（小匙）的「1」與「1/2」
測量液體的「1」大匙、「1」小匙是指滿到量匙邊緣、不會撒出的量，「1/2」則是半匙（比量匙深度一半還要高一些）。

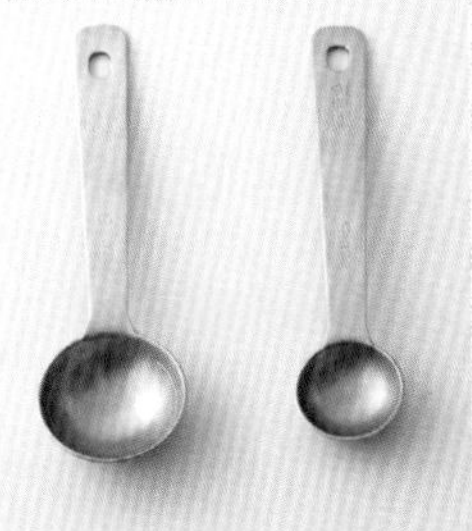

15ml　5ml

1大匙＝15ml
1小匙＝5ml
大、小量匙是廚房必備品，除了測量容量，筆直的量匙柄還可以用來「刮平」。

粉類的測量法

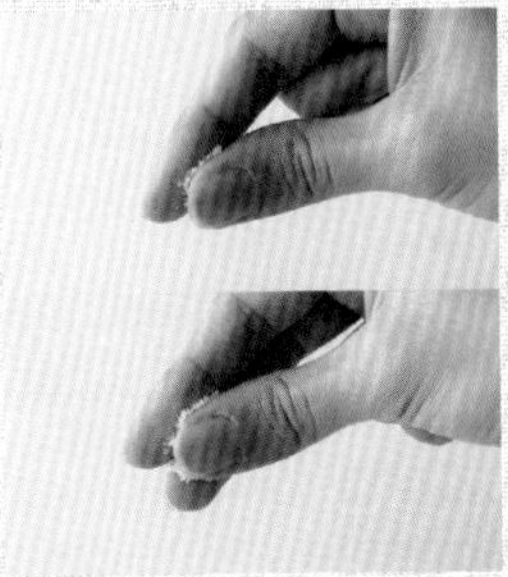

少許
指1/8小匙以下的少量。如果是鹽，則是用大拇指與食指抓取的量。
一小撮
利用大拇指、食指和中指抓取的量。

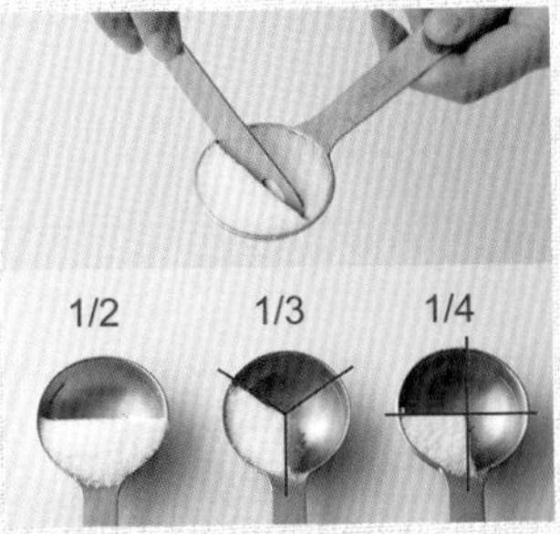

「1/2」大匙（小匙）
將量匙上的粉末刮平後，再分為二等分，撥掉其中一半。1/3、1/4也是一樣均分之後，再將多餘部分撥掉。

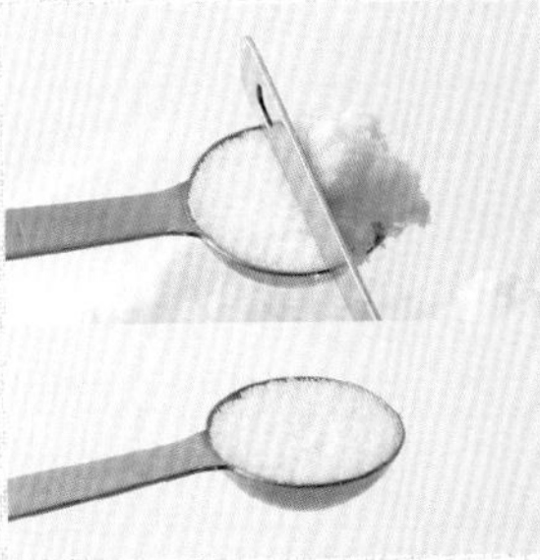

「1」大匙（小匙）
粉類表記的「1」大匙、「1」小匙是指平匙，也就是刮平之後的量。

計量換算法

計量換算對新手來說需要一些時間來熟悉，然而一旦記起來就會很方便喔！

記起來很方便的計量換算

對於不方便用量匙測量的味噌與美乃滋等，若能記下其重量，在使用時會非常方便。例如，若能記住「味噌 1 大匙＝ 16g」，就可以用這個重量來當作測量基準。

容量≠重量

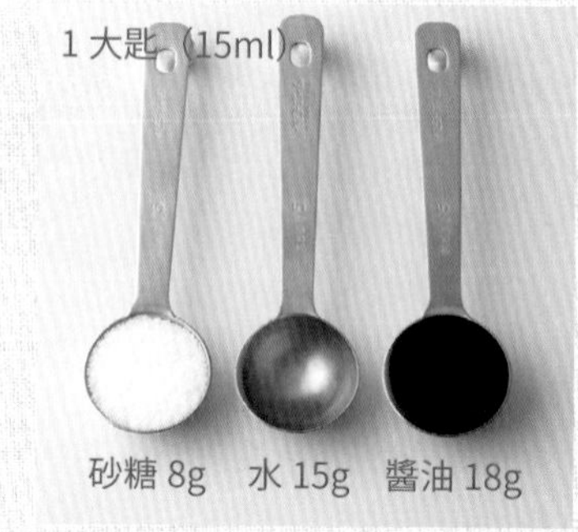

容量與重量是不同的，請別搞混了。除了圖例的大匙之外，另外還有水 1 杯＝ 200g、牛乳 1 杯＝ 210g、麵包粉 1 杯＝ 40g 等。

常用食材、調味料的容量與重量換算

食品名稱	1 杯（200ml）	1 大匙（15ml）	1 小匙（5ml）
水	200g	15g	5g
醋	200g	15g	5g
酒	200g	15g	5g
紅酒	200g	15g	5g
醬油	230g	18g	6g
味醂	230g	18g	7g
砂糖	110g	8g	3g
鹽	-	15g	5g
味噌	-	16g	5g
奶油	-	14g	5g
油	180g	13g	4g
牛乳	210g	15g	5g
鮮奶油	200g	14g	5g
美乃滋	-	12g	5g
番茄醬	-	16g	6g
蜂蜜	-	22g	7g
麵粉	100g	8g	3g
日本太白粉（片栗粉）	-	10g	4g
麵包粉	40g	3g	1g

火候與水量

烹飪的時候，控制火候和水量是相當重要的事。我們可以藉由觀察烹調時的聲音、氣味、溫度等變化，一邊確認烹調狀況，一邊調整火候或水量，但在此之前還得先學會看懂食譜裡關於火候和水量的用語，才好依樣畫葫蘆。

火候與鍋中狀態的關係

	小火	中火	大火
火力大小	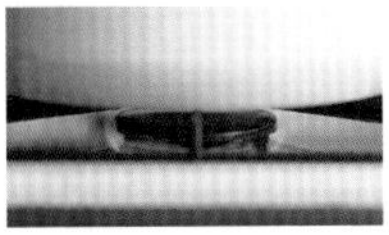	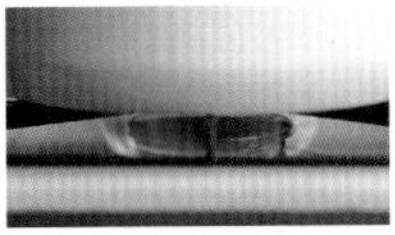	
	可以看得見小火焰，火焰尖端不會接觸到鍋底。以此為基準，「微火」的火焰更小。	火焰尖端接觸到鍋底的程度。以此為基準，中火與大火之間還有「較大的中火」，中火與小火之間還有「比較小的中火」。	火力全開，但要留意別讓火焰超出鍋子（會浪費能源）。
鍋內狀態		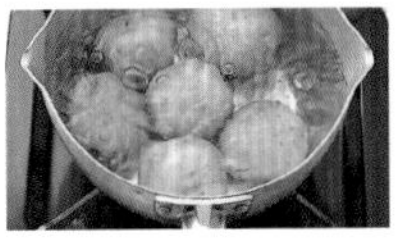	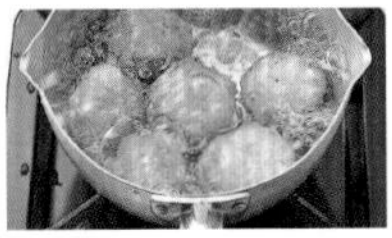
	沸騰狀態持續，鍋中食材幾乎靜止，僅微微晃動。	會產生小泡泡，發出「咕嚕咕嚕」的聲音。	會產生大泡泡，發出「咕嚕咕嚕」的聲響。

食譜中的火候範例

燉煮料理的食譜範例

「以大火煮滾。撈出浮沫，轉中火，蓋上鍋蓋，約煮 10 分鐘。」

大火

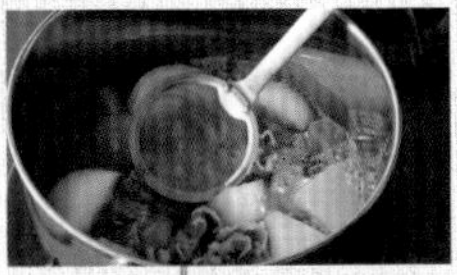

中火

翻炒料理的食譜範例

「以小火翻炒可以作為香料用的蔬菜，當出現香氣後，將主要材料倒入鍋內，並以中火翻炒。」

小火

中火

※食譜中標示「煮〇分鐘」、「川燙〇分鐘」一般是指「沸騰之後的分鐘數」。

食譜中水量用語的含意

鍋內狀態		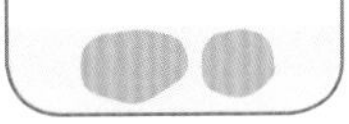	
水量狀態	**「約略蓋住」** 可以稍微看到食材的頂端，也就是載浮載沉，可以看得到又好像蓋住的樣子。	**「差不多蓋住」** 剛好將食材頂端埋住（＝蓋住）的水量。	**「適量」** 食材可以完全浸在水中的狀態。

認識調味料

一道美味的料理少不了調味料的穿針引線，因此了解各種調味料的特性、使用祕訣與保存方式，也是你我不能忽視的重要環節。

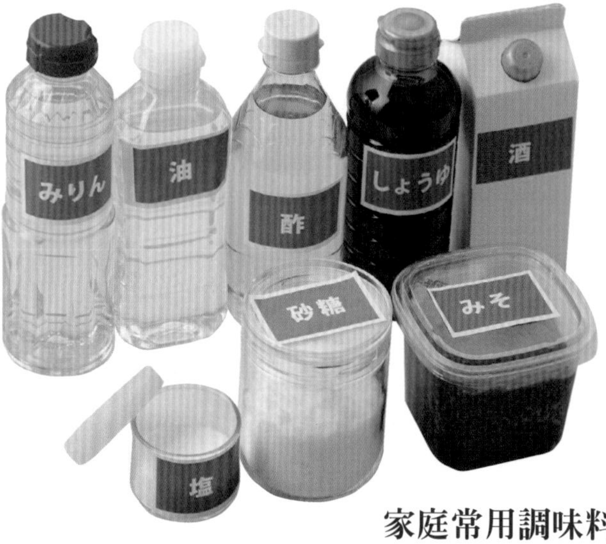

家庭常用調味料

味醂

・使用「本味醂」。
・「味醂風調味料」的酒精成分較低，但仍含有少許鹽分，使用時請留意。
・保存期限約為開瓶後 2 個月。請將「本味醂」放在陰涼處保存（如置於冰箱冷藏，則易產生結晶），而「味醂風調味料」則須放在冰箱冷藏保存。

油

・一般使用芥花油等「沙拉油*」類的油。「芝麻油」與「橄欖油」等具有特殊香氣的油，則可將其香氣運用在料理中。
・將瓶蓋拴緊後保存。保存期限約為開瓶後的 1 ～ 2 個月。

*沙拉油是可以用在沙拉上的植物性食用油，沒什麼特別的味道與香氣，在低溫狀態下也不容易凝固。

醋

・一般會使用沒有特殊氣味的「穀物醋」，另外還有「米醋」與「紅酒醋」等。
・保存基準約為開瓶後的半年內。

醬油

・通常使用「濃口醬油」，至於「淡口醬油」可用於不想讓料理上色的時候。
・保存期限約為開瓶後 1 個月。夏天可置於冰箱冷藏保存。

酒

・除了常用的「日本酒」以外，也會使用「料理酒」。
・有些料理酒含鹽，請留意。
・保存期限約為開瓶後的 1 ～ 2 個月。夏天可以放到冰箱冷藏保存。

鹽

・有鹽純度高的「鹽」，還有顆粒較粗和具有鮮味的「粗鹽」等。
・可長期保存。

砂糖

・一般使用「上白糖」。另外還有「黃糖」與「三溫糖」等種類。
・可長時間保存。由於可能引來蟲子，請放入密閉容器內保存。

味噌

・一般使用米味噌中的「淡色味噌」與「赤味噌」（→ P.169）。
・一旦接觸到空氣會使味道與香氣流失，因此要用容器內的紙或保鮮膜蓋在味噌表面，再將瓶蓋仔細拴緊。如果是袋裝味噌，請將開口封妥後放入密閉容器內保存。請冷藏保存。

調味料的保存與使用

小瓶裝使用更方便

在購買調味料的時候，請購買賞味期限內可以使用完畢的量。將大瓶裝或袋裝的調味料分裝到小容器內，使用起來會較方便。為了避免細菌入侵，用來分裝調味料的容器必須是乾燥、清潔的，並且不要添加其他東西。

調味料要放在陰涼處或冰箱冷藏保存

調味料要放在不太會有溫度變化的陰涼處保存，避免放在瓦斯爐旁或水槽下方（有熱水通過的管線）。如果沒有陰涼處可以存放，或是遇到夏天，建議可把醬油和酒等調味料放進冰箱冷藏保存。

使用調味料時務必留意的事

鹽與砂糖

鹽與砂糖容易因濕氣而變硬，因此要將量匙的水氣擦乾，也不要用潮濕的湯匙與手指頭碰觸。

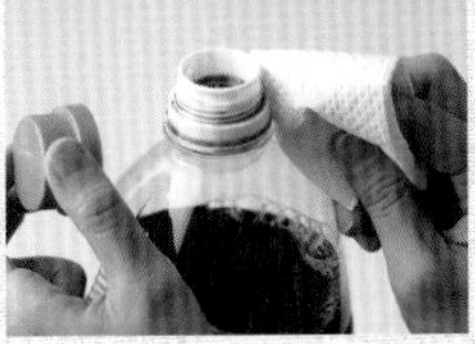

液體調味料

不要在鍋子上計量。因為濕氣進到容器內是調味料劣化的主要因素，而且一旦失手倒太多就無法挽回。瓶口髒掉的時候，要將其擦拭乾淨，並好好拴緊瓶蓋，以利保存。

特別專欄

賞味期限與保存期限的差異

賞味期限

這是指在尚未開封的狀態下，根據標示的保存方法來保存時的最佳食用期限。食物並非超過賞味期限就馬上不能吃。以賞味期限來標示的食品主要有火腿類、堅果餅乾與罐裝食品等，能透過冰箱冷藏或常溫保存的食品。

保存期限

這是指在未經開封的狀態下，以標示的保存方式來進行保存，能夠安全食用的期限，請在此期限內食用完畢。常以保存期限來標示的食品有便當、西式點心等無法長時間保存的食品。

※無論是賞味期限還是保存期限，食品一旦開封就與標示的期限無關，請盡快食用完畢。

※如果食品沒有標示保存方法，可以放在常溫（陰涼處）保存。

認識料理工具

選擇工具時，請配合你的廚房環境，優先將實用性與安全列入第一考量，接著才是耐久性與購買難易度。經過試用比較之後，你會發現其實基本款最好用，也最耐用喔！

切菜

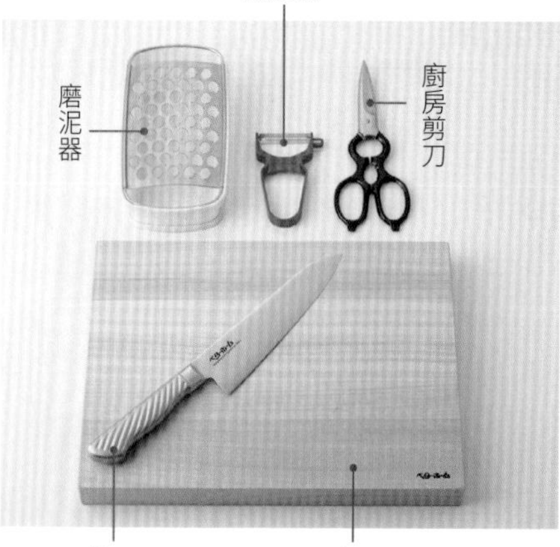

計量

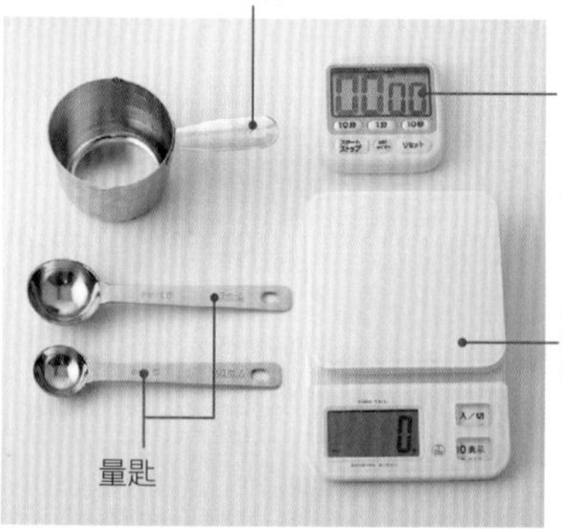

開火

攪拌、撈取

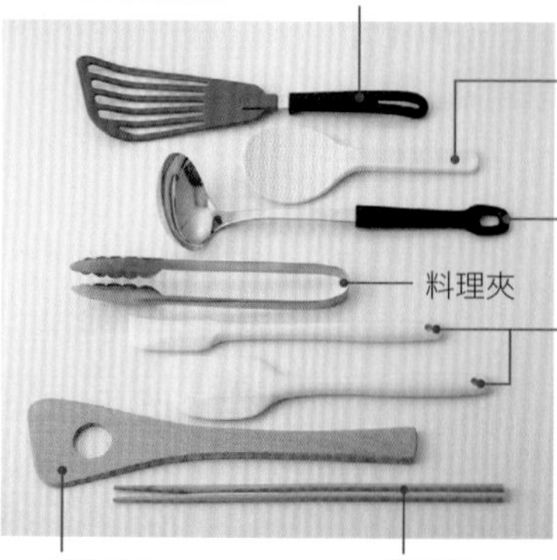

預備

食材的處理方法 蔬菜

蔬菜的基本切法

食材要配合料理切成合適的大小與形狀，而不同的切菜手法對食材的口感、香氣散發、烹煮時間等都有影響，因此學習料理的第一步就來先學學怎麼切菜吧！

蔬菜的纖維方向與適合的切法

纖維明顯的蔬菜會因切菜方向而改變口感。

●纖維的方向

※ 薑的纖維與外皮紋路呈直角。

●直接切斷纖維

這種切法能夠從切面看見纖維，食材的香氣與水分會比較容易散發出來，而且口感也會變軟。

切斷纖維＝與纖維呈直角方向下刀。

●沿著纖維方向切

即使加熱，形狀也不容易變形，還能留住口感。

沿著纖維切薄片（如果食譜未指定切法，就切薄片）。

圓片切 （P.52、P.60等）
半月切 （P.56）

圓片切是一種切口為圓形的切法，而半月切則是將圓片對半切成「半月」形。

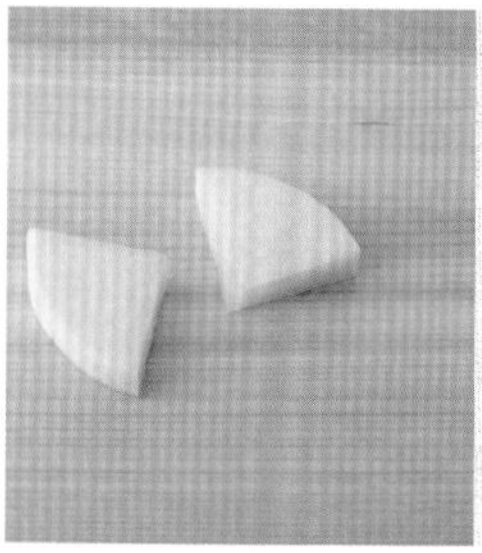

銀杏葉切 （P.56）

將半月切所切出來的形狀再對半切，就像是「銀杏葉」的形狀。

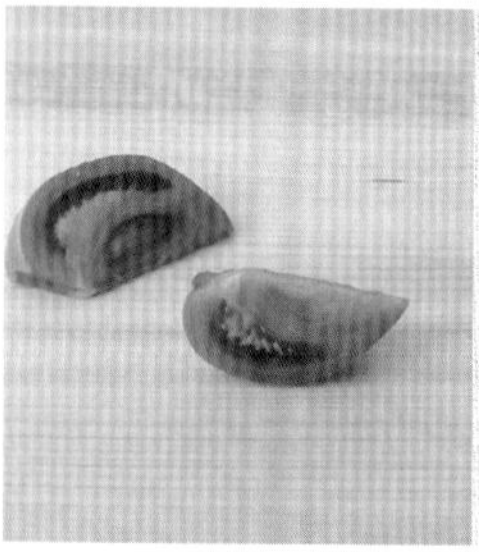

梳形切 （P.60、P.65）

顧名思義，將食材切成像弧形木梳一般，與半月切的切法相似，常用於番茄、洋蔥等圓形蔬菜。

不規則切 （P.68）

從具有厚度的蔬菜邊緣傾斜下切，再將食材旋轉 90 度，改變剖面方向後又繼續切。這是一種會讓表面積增大的切法。

小口切 （P.37、P.70等）

「小口」是指「頭」，小口切是指切細長的東西時從最邊緣的「頭」開始下刀的切法。雖然可以切成各種厚度，但假使沒有特別指定，就切成薄片。

切末（P.61、P.71、P.82等）

粉碎狀，是非常細小的形狀。比切末更粗、更大的切法為「切粗末」。

斜切（P.101、P.130）

這裡的「斜切」是指朝傾斜面削薄片的意思。具有厚度的食材朝斜面方向切薄片，前端就會變尖。

切塊、切骰子狀、切丁

「切塊」＝切成正方體。「切骰子狀」＝1cm方塊大小的骰子形狀。「切丁」＝5mm左右的小方塊。

竹葉切（P.41）

是指削成像竹葉一樣細薄的形狀。

短冊切（P.24）**色紙切**

「短冊」是寫日本俳句時所使用的細長條紙，「短冊切」是指將食材切成薄長方形。「色紙」則是日本名人在簽名時使用的方形紙張，因此「色紙切」是指切成薄正方形。

拍子木切

宛如用來告知人們「小心火燭」的「拍子木」形狀。為長方體。

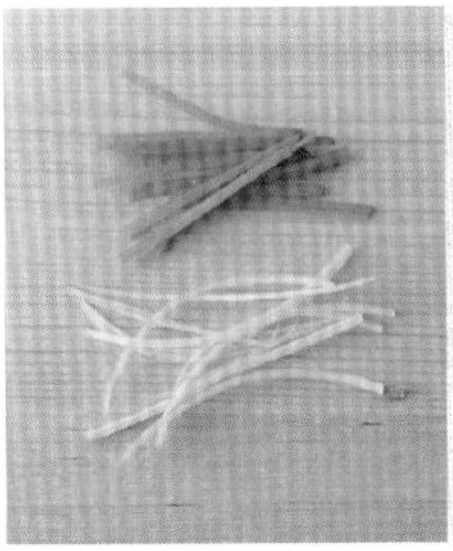

切絲（P.68等）

將食材切得比條狀切更細。在日文中也可寫成「千切」、「纖切」。切「白髮蔥」（P.71）時就會使用到切絲的手法，而把薑切成絲也可稱為「針薑（薑絲）」（P.83）。

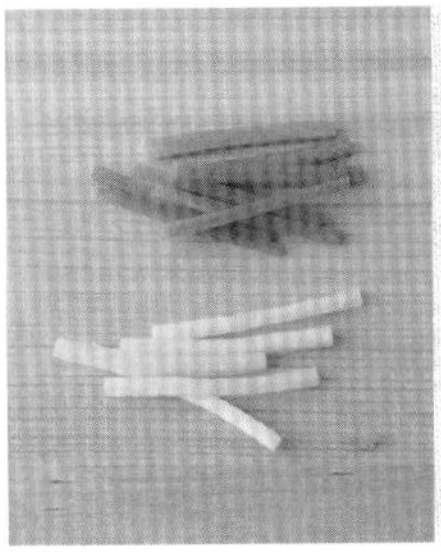

條狀切（P.37等）

細長形。比短冊切還要更細，但比切絲粗。將白蘿蔔切細條狀時，也可稱為「千六本」（P.57）。

切成大塊

不管形狀，用菜刀切成大塊，可用在切高麗菜和白菜的時候。

隨意切塊（P.101）

不管形狀，使用菜刀隨意切成一段一段，可用在切肉類、魚類與蔥的時候。

切成一口大小

不管形狀，切成可「一口」吃進去的大小。

葉菜類

冷藏・蔬果保鮮室

放進塑膠袋內，最好能立著放。

冷凍

[1個月]

將葉菜稍微川燙後擰乾（川燙時要注意維持蔬菜的硬度，時間不需長），再切成3～4cm長。將切好的葉菜分成數小堆，以保鮮膜包覆，裝進食物保存袋內，置於冷凍庫→葉菜在冷凍的狀態下即可加熱烹調；如果要製作醬油拌燙青菜，將冷凍葉菜快速川燙即可。

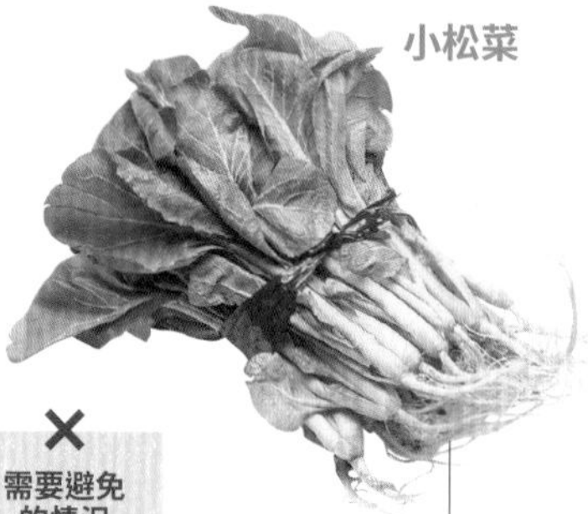

小松菜

菠菜

・由於菜葉又大又厚，所以抓綁在一起。

✕ 需要避免的情況

◉不要挑選葉子枯萎的。

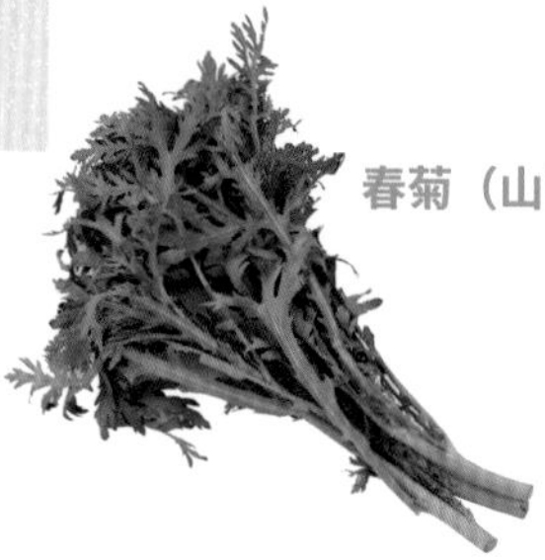

春菊（山茼蒿）

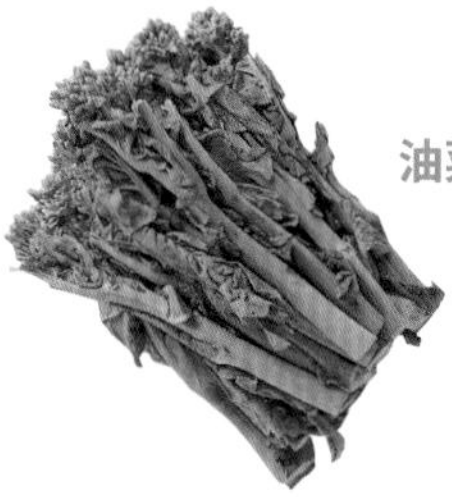

油菜

・葉菜類要選擇水潤、有彈性的。

仔細清洗菜根

將洗好的菜葉放在過濾網內，自然瀝乾。

如果還連著菜根的時候，要將其切除，髒掉的葉子也要除去。一邊沖水，一邊在料理盆裡將全部蔬菜沖洗乾淨。

將葉子撐開，仔細將菜葉根部的泥土洗淨。

如果想將菜葉用在烹煮或翻炒的時候，由於菠菜具有澀味，所以經常會快速下水燙過；小松菜與春菊（山茼蒿）較不苦澀，所以無需事先川燙也無妨。

醬油拌菠菜

材料

(2 人份／每份 18kcal)

菠菜 ………… 1/2 把 (150g)
醬油 ………… 1/4 小匙
柴魚片 ………… 少許

〈高湯醬油〉
高湯 ………… 1 大匙
醬油 ………… 1 小匙

做法

1 菠菜川燙後，快速浸水冷卻，再將水擰乾，分成兩半，並排擺在料理盤上。

2 在兩束菠菜上各淋 1/4 小匙的醬油，然後雙手握住菠菜，輕輕擰乾。這個動作稱為「醬油洗」，菠菜透過預先調味，吃起來就不會水水的。

3 將菠菜切成方便入口的長度，放在器皿裡，再淋上高湯醬油（即高湯和醬油混和），最後放上柴魚片。

以適量熱水短時間川燙

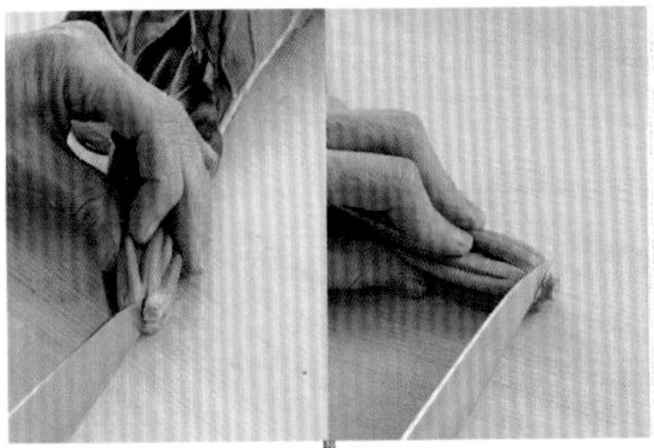

將菜根前端的堅硬部位切除。如果菜根比較大，可以一字劃開，或十字切開。

將適量的水煮沸，從菜根開始放入水中，直至整株沒入。如果鍋子較小，可以分成兩次川燙，兩次使用同一鍋熱水也無妨。

當一度靜止下來的熱水即將再度沸騰時，要用料理筷上下攪拌，待水再度沸騰後，川燙就完成了。

有人建議川燙時放一點鹽巴可讓蔬菜色澤保持翠綠，但必須放入 3%以上的鹽才能顯現效果，如此一來食材也會沾染上鹹味。但若以適量的水短時間川燙，不用放鹽就可以保留新鮮翠綠的顏色喔！

浸水降溫

將川燙好的葉菜浸到裝水的料理盆內，換水 1～2 次，幫助迅速降溫。

將菜的根部抓齊（建議在水裡進行，蔬菜較不易纏在一起）後拎出水盆，用雙手從菜根至菜葉均勻擰乾水分。

如果青菜還留有餘溫，色澤會容易變差，為了讓顏色能保有翠綠感，一定要馬上浸水降溫。

土當歸

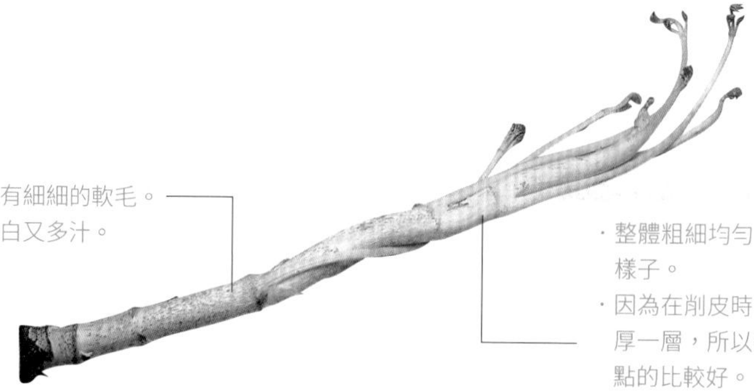
・整體粗細均勻、筆直的樣子。
・因為在削皮時會削掉厚厚一層，所以選擇粗一點的比較好。

冷藏・蔬果保鮮室

用報紙包起來。

冷凍

[2～3星期]

切成方便使用的大小後川燙，分成數小堆，以保鮮膜包覆，裝進食物保存袋內，置於冷凍庫↓使用前先放在冷藏解凍。

短冊切

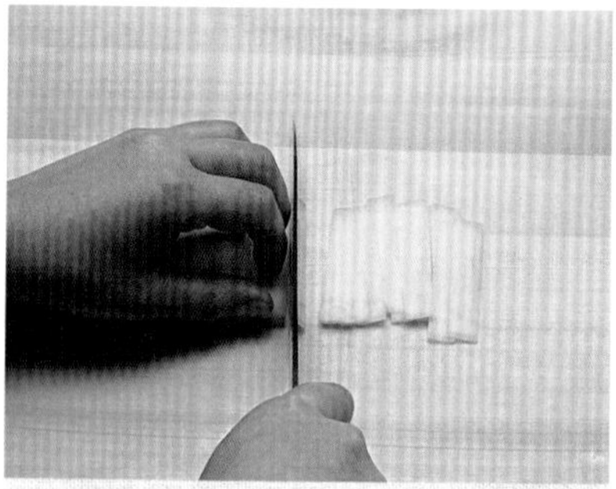

大多會使用短冊切來處理土當歸（P.21）。如右圖，將土當歸切成 4～5cm 的長度，並去皮。比較粗的話，先縱向對半切，再從最側邊開始切薄片。記得切好的土當歸要浸泡醋水。

削皮與去澀

清洗外皮，切成 4～5cm 的長度。因為皮很硬，且澀味較重，所以削皮時要削厚一點。去皮後，要馬上放進加了醋的水中（水與醋的比例為 200ml 水加 1 小匙醋），靜置約 5～6 分鐘，可以預防土當歸接觸空氣而變色。

外皮與小細枝也可運用

將切下來的厚皮與小細枝淋上醋水去澀，再切成細條，便能做成金平料理（請參照 P.41 金平牛蒡的烹調方法），是一道非常容易完成的菜。

味噌醋拌土當歸

材料

（2 人份／每份 35 kcal）

土當歸	1/3 根（130g）
海帶芽（鹽醃）	10g
A 芥末醬	1/4 小匙
A 砂糖	1/2 大匙
A 醋	1/2 大匙
A 味噌	1 大匙

1. 將土當歸切成 4cm 長，並削掉一層厚厚的外皮。以短冊切的方式切好，浸泡醋水去澀，然後瀝乾備用。
2. 將海帶芽洗淨、泡發，經過汆水處理後快速浸入冷水，待冷卻後撈起瀝乾（P.145），切成 3cm 的長度備用。
3. 將 A 拌勻，即成醋味噌。將 1、2 裝盤，淋上 A。

毛豆

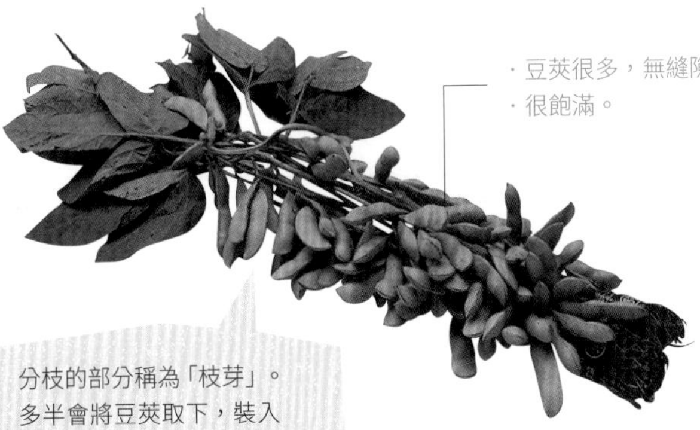

·豆莢很多，無縫隙且長得滿滿的。
·很飽滿。

分枝的部分稱為「枝芽」。多半會將豆莢取下，裝入袋子裡販賣。

冷藏・蔬果保鮮室

從分枝部位切開，裝進塑膠袋裡。

搓揉沖洗

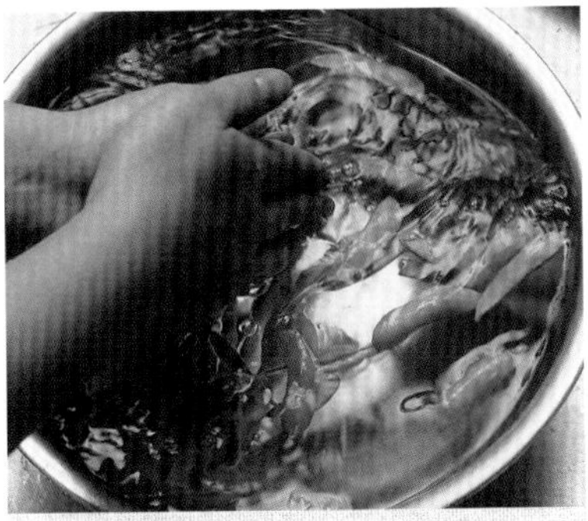

用雙手在盛滿水的料理盆裡搓洗豆莢。

剪除豆莢

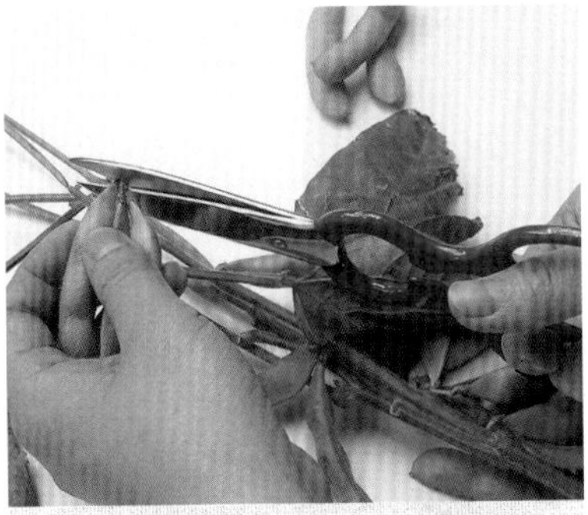

利用料理剪刀將豆莢從分枝剪下來。

以鹽搓揉後川燙

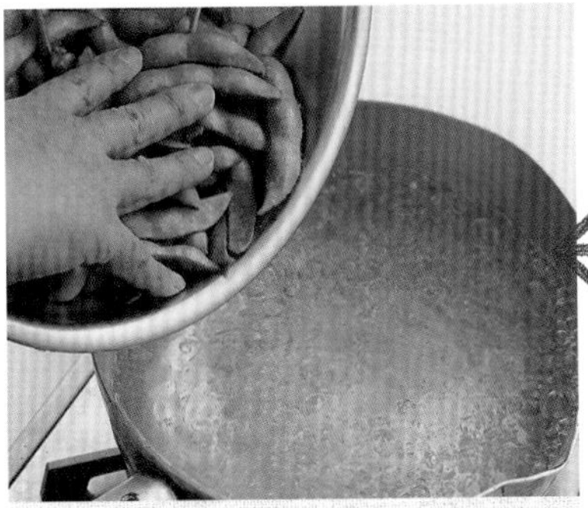

將沾上鹽的豆莢直接放進沸水，川燙4～5分鐘。煮好後撈起，鋪散於過濾網中，將水瀝乾，最後撒上少許鹽調味。

將鹽搓進洗過且瀝乾的豆莢裡（豆莢與鹽的比例為重量200g的豆莢加入不滿1小匙的鹽）。煮熟後，顏色會變得翠綠，並帶有鹹味。

冷凍

[1個月]

川燙後瀝乾，分成數小堆，以保鮮膜包覆，裝進食物保存袋內，置於冷凍庫↓食用前先放在冷藏解凍；若要加熱烹調，可在半解凍狀態時將豆子從豆莢中取出。

秋葵

・由於生長過度的秋葵會變硬，而且味道較差，所以不要選太大的。

雖然也可拿來生吃，但煮熟後會出現黏液，口感較佳。

・呈深綠色，蒂頭顏色不變。
・全身帶有許多細細的軟毛，且富有彈性。

削除蒂頭四周的硬皮

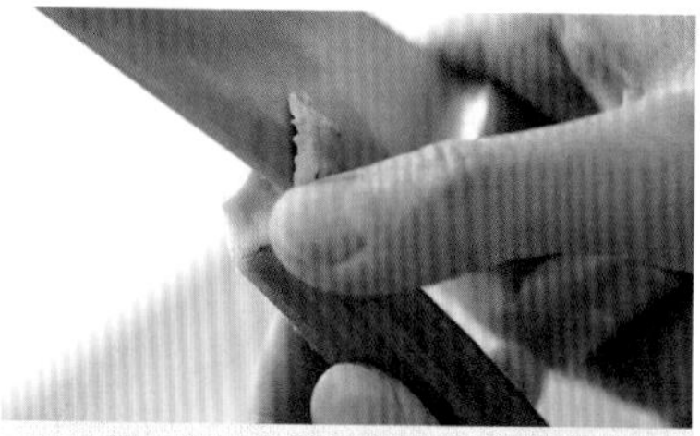

由於蒂頭周遭的皮較硬，如果要直接整根使用時，要將硬皮部位削掉薄薄一層。

去除蒂頭頂端

快速沖洗後切除蒂頭的頂端。

抹鹽搓揉後川燙

為了避免表皮絨毛碰到嘴巴，可以用少許的鹽將細毛搓揉掉（如果要生食，搓揉後須以清水洗淨）。

將秋葵以沾鹽狀態放入熱水中川燙 1 分鐘，再置於過濾網內放涼。

冷藏・蔬果保鮮室

由於放在網子裡會變乾，所以要放進塑膠袋內保存。

冷凍

[2～3星期]

以保持硬度的狀態川燙，分成數小堆，以保鮮膜包覆，裝進食物保存袋內，置於冷凍庫↓使用前先放在冷藏室解凍，在半解凍的狀態下切來使用。

高湯煮秋葵

材料

（2 人份／每份 22kcal）

	秋葵	70g
	高湯	150ml
	柴魚片	少許
A	醬油	2 小匙
A	味醂	1 小匙
A	鹽	少許

1. 將秋葵的蒂頭與硬皮處理過後，抹上鹽搓揉、清洗。
2. 將高湯、A 和秋葵放進鍋內，蓋上鍋蓋，開火，以中火約煮 3 分鐘。
3. 將 2 與湯汁裝盤，再撒上柴魚片就完成了。

蕪菁（大頭菜）

×
需要避免的情況
◉葉子枯萎、變色。
◉果實有傷痕、割痕或蟲蛀。

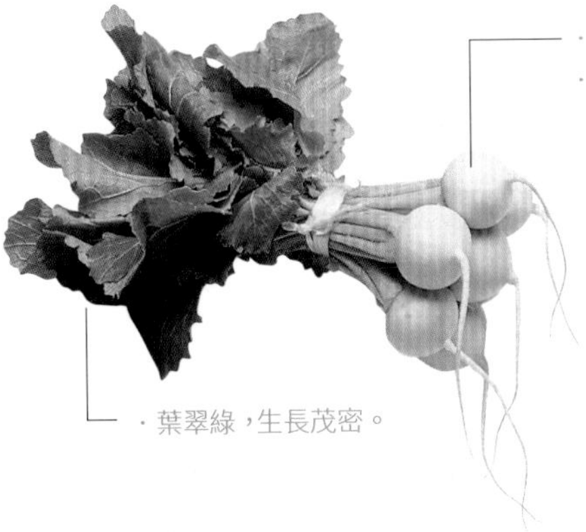

冷藏・蔬果保鮮室

將根與菜葉切開，放進塑膠袋內保存。

冷凍

[1個月]

以梳形切將根部切分，以保持硬度的狀態川燙，葉子同樣也以保持硬度的狀態川燙，再裝進食物保存袋內，置於冷凍庫→冷凍狀態下即可拿來燉煮或製作湯品。

仔細清洗莖的周圍

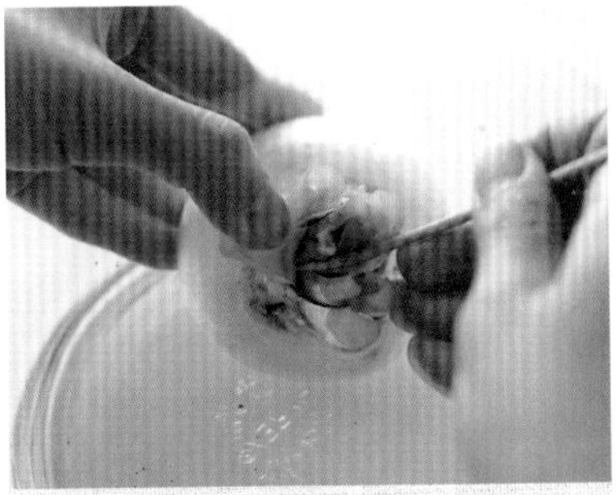

切除葉子時，如果稍微留下一點莖，可以增加色彩。處理殘留的莖時，可以利用竹籤之類的工具，一邊沖水，一邊以竹籤洗淨莖部周圍的泥巴與髒汙。

將根與葉分離

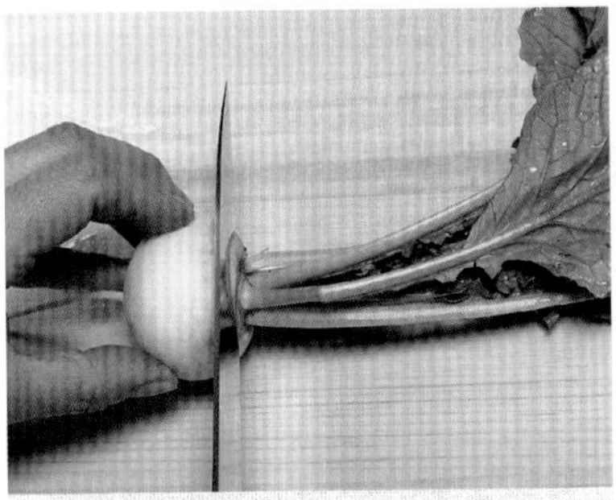

將整顆蕪菁清洗後放在砧板上，從蕪菁根的上部切下，將根與葉子分離。

葉子也可利用喔！

營養豐富的菜葉可以當作味噌湯或湯汁的配料，能增加料理色彩。用不完的時候，可以稍微川燙，分成小包裝，放在冷凍庫保存，方便日後使用。在冷凍狀態即可直接用來燉煮或製作湯汁。

削皮？不削皮？

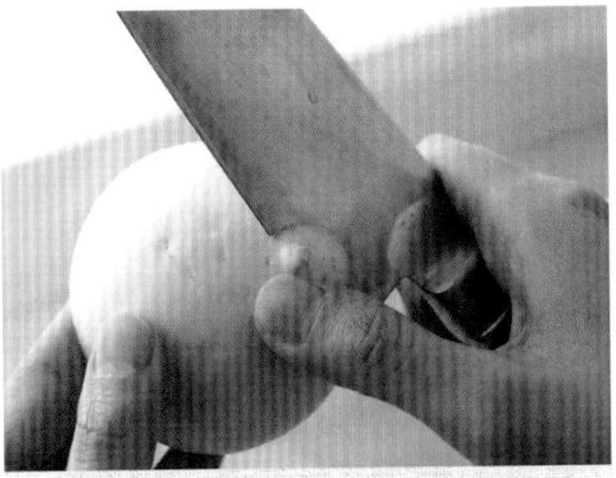

由於蕪菁外皮柔軟，用來製作醃漬物或煮湯時，通常都能帶皮一起使用。如果想要保持潔白，或想讓口感更柔軟時，則可以將皮去掉。削皮時要邊轉動蕪菁邊削。

南瓜

・表面有光澤。

・重量根據大小而定。

・帶有粉末。

西洋南瓜
鬆軟且甜味強烈。

日本南瓜
味道清淡，適合燉煮。

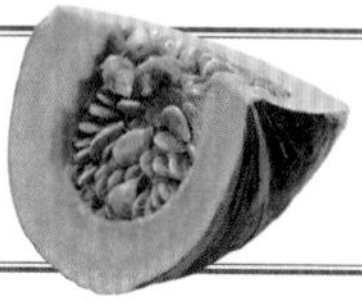

如果購買切片販售的南瓜，要選擇果肉緊實、顏色濃郁且南瓜籽飽滿的。

將整顆南瓜切開

將南瓜穩穩地擺在砧板上，菜刀避開堅硬的蒂頭切入，將整顆南瓜切成二至四部分。切開後，再將蒂頭去掉。由於南瓜相當堅硬，要小心別傷到手。

去除籽與纖維

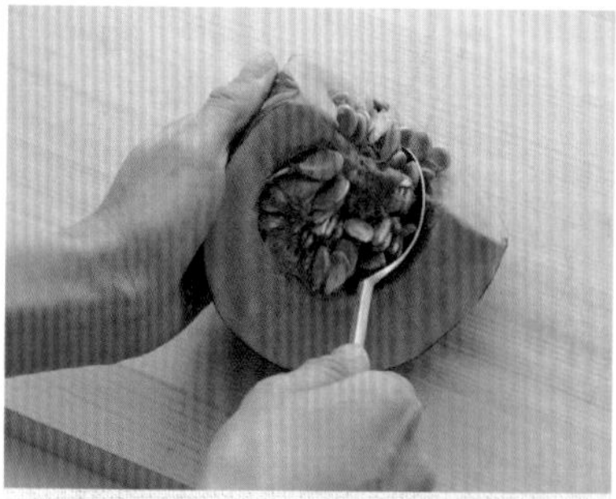

利用大湯匙將籽與纖維挖掉。

室溫

整顆完整時可置於室溫保存，不須套塑膠袋。

冷藏・蔬果保鮮室

切開後，將籽與纖維去除，以保鮮膜包覆。

冷凍

[2～3星期]

❶切成方便使用的大小，不經烹煮，直接裝入食物保存袋，置於冷凍庫保存→以冷凍狀態加熱烹調。

❷將燉煮或川燙過的南瓜分成數小堆，以保鮮膜包覆，裝進食物保存袋內，置於冷凍庫→放在鍋子或微波爐內加熱。

切分

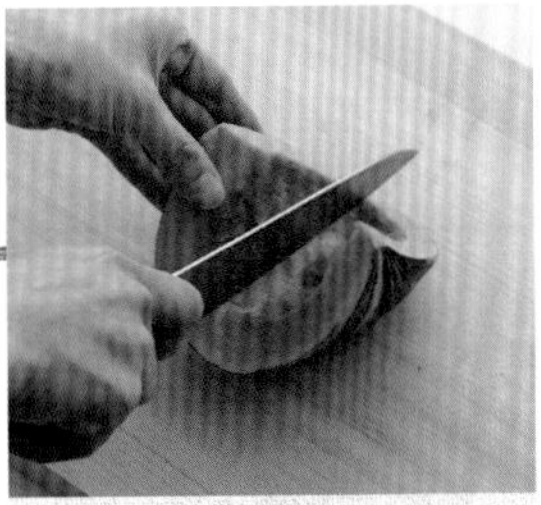

將皮的那面置於砧板上，菜刀由柔軟的果肉面下刀，會比較好切。

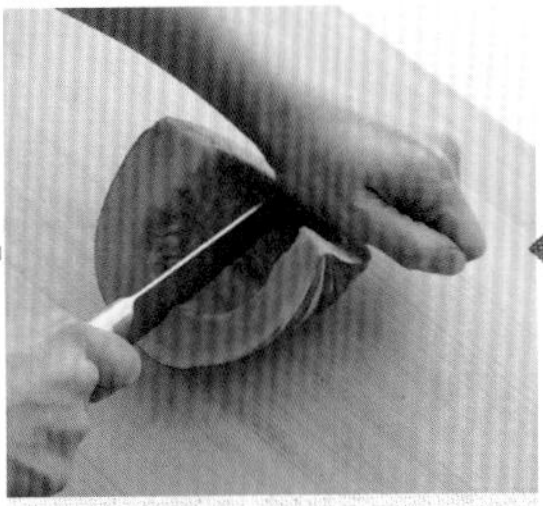

刀刃切進去之後，將左手壓在菜刀刀尖方向的刀背上，以右手從上往下壓的方式切分南瓜。

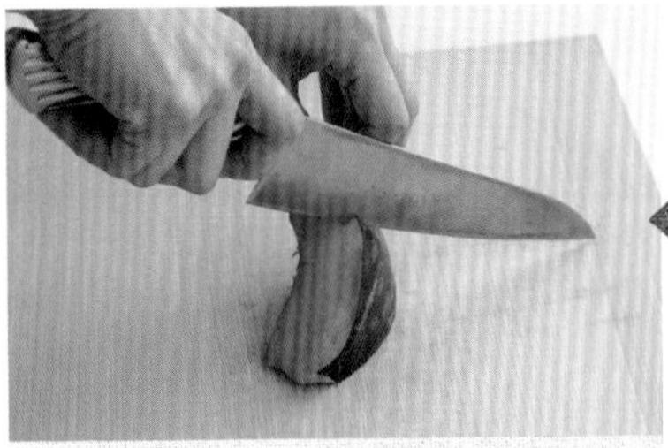

將切下的南瓜片以切口向下的方式置於砧板，放穩後再切成更小塊。從外皮側下刀的時候，因為此處比較堅硬，要格外小心。

削皮

硬到切不開怎麼辦？

我們可以利用微波爐加熱來軟化南瓜。每 100g 南瓜以 500W 加熱的話，約需要 30 秒，以此類推。這樣就能讓南瓜變好切囉！

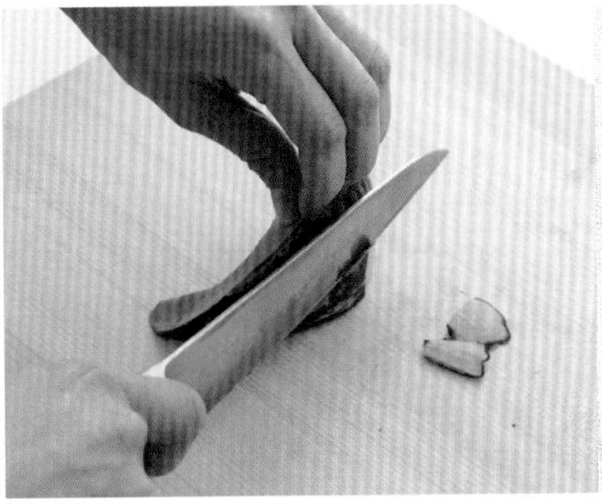

把南瓜切分到需要的大小之後，將小塊南瓜之切面放置在砧板上，菜刀沿著外皮切下，便能削去外皮。

南瓜煮

材料

(2 人份／每份 122kcal)

南瓜……250g

〈湯汁〉

高湯……150ml

味醂……1 大匙

醬油……1/2 小匙

鹽……少許

1 將南瓜的籽和纖維去除，切成 3～4cm 的方塊。

2 將湯汁的材料倒入鍋內混合，將南瓜皮朝下並排。蓋上落蓋與鍋蓋，開大火。

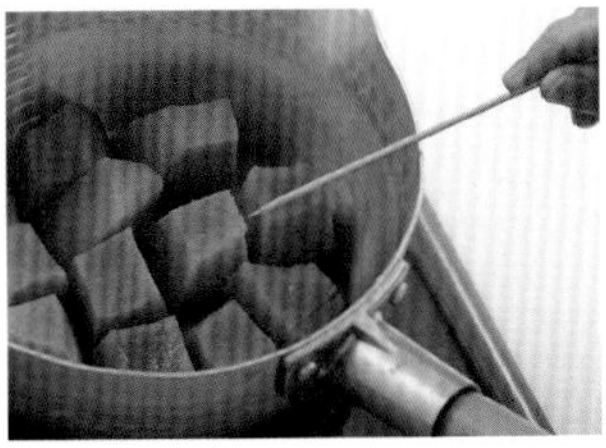

3 沸騰後，轉成中火，大約煮 10 分鐘，將湯汁煮到幾乎快收乾。拿竹籤刺刺看，可以穿透就是已經煮熟了。

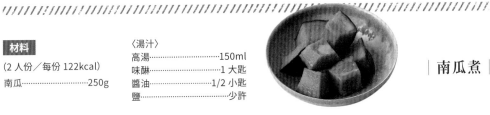

白花椰菜

冷藏・蔬果保鮮室

以保鮮膜包覆保存。要趁還沒開花前使用完畢。

冷凍

[1個月]

以保持硬度的狀態川燙，分成數小堆，以保鮮膜包覆，裝進食物保存袋內，置於冷凍庫→冷凍狀態下即可加熱烹調。

✕ **需要避免的情況**

- ●若白花椰菜表面出現褐色斑點，代表已經感染霜黴病，品質會變差。
- ●白花椰菜開花變黃後，味道會變差。

羅馬花椰菜

義大利產的品種，與白花椰菜是好朋友，處理方式相同。

仔細洗淨

料理盆內注入水，邊沖水邊一株株清洗，再置於過濾網內，將水分去除。

分成小株

快速沖洗後放在砧板上，菜刀朝莖部周圍切下，將其分成數小株。

去除葉子

將生長在莖部周圍的葉子切掉。

川燙

以適量熱水蓋過白花椰菜進行川燙，以竹籤確認硬度。

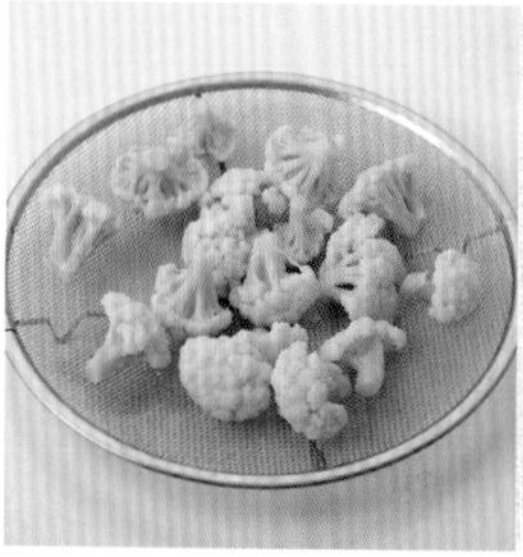

在過濾網內鋪散開來，不要疊放。

如何將白花椰菜燙得白亮？

川燙白花椰菜時，在煮沸的熱水中加入醋，就可以燙得既白亮又富有咬勁（熱水與醋的比例為 1 公升熱水加 1 大匙醋）。如果在水沸騰前就加入醋，效果則會減弱。由於加醋川燙多少會殘留醋的味道，因此不宜用來製作燉煮料理，適合做成沙拉等。

菇類

【鴻喜菇】

冷藏・蔬果保鮮室

菇類一接觸到水氣就容易腐壞，因此買回來的菇就直接原袋放入蔬果保鮮室，或裝進乾燥的塑膠袋（不要封口）再放入蔬果保鮮室保存。像※朴蕈就可以直接整袋放進蔬果保鮮室。

冷凍

[1個月] 生的可以直接冷凍。去除根部後，分成容易使用的大小，放入食物保存袋，置於冷凍庫↓可在冷凍狀態下直接料理。

可以將各式各樣的菇類混合裝袋冷凍，非常便利。

※朴蕈直接整袋放進冷凍→在冷凍狀態下放在過濾網，用水沖洗後，即可加熱烹調。

秀珍菇

本占地菇的口感較好，即使加熱也不會變形。

本占地菇

・柄是柱狀，又粗又短。
・生長密集。

關於鴻喜菇

以「鴻喜菇」之名販售的菇類，其實是名為「秀珍菇」與「本占地菇」的菇。由於天然的本占地菇栽種困難，所以在市面上幾乎看不到。

除切根部

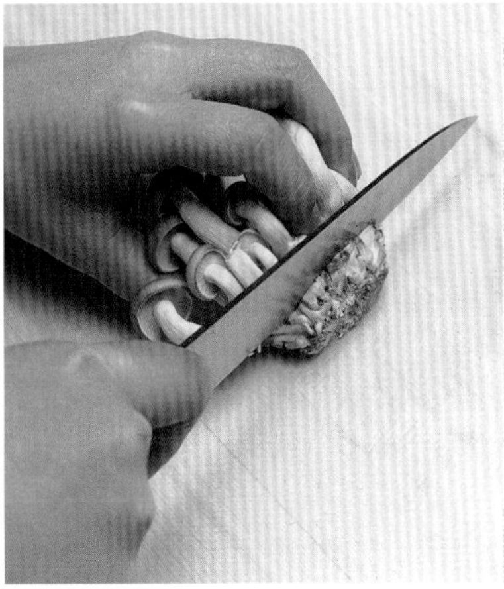

不需要沖洗（P.32），稍微撥掉髒汙之後，從根部切下約1cm的長度。如果切得太長，會導致整株散開來。

分成小株

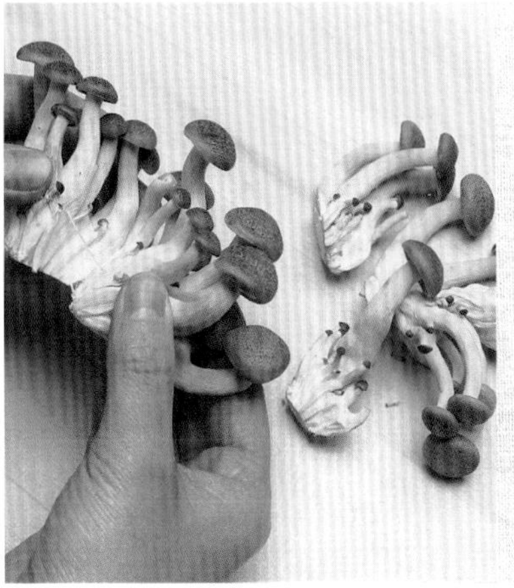

用手將其分成幾小株。

【香菇】

·飽滿程度佳，色澤豐潤。
·又胖又短小。
·菌褶為乳白色。

× 需要避免的情況

- ◉菌傘帶有黏稠。
- ◉菌傘內呈褐色。

不需清洗，直接使用

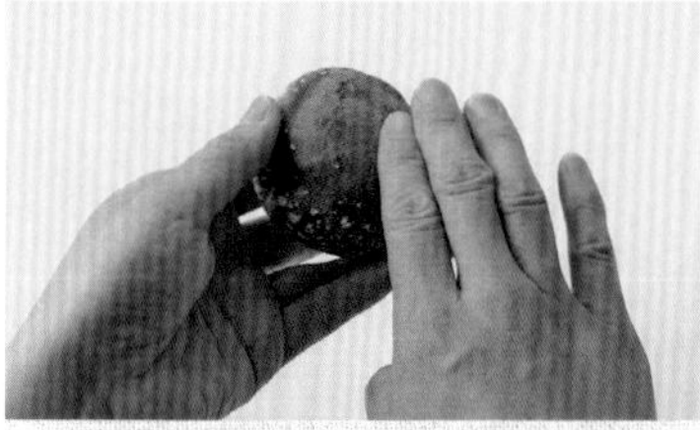

人工栽培的香菇由於沒有被泥土弄髒，可用手撫去髒汙，或者使用紙巾等物擦拭即可。如果洗了反而會變得濕濕的。如果很在意髒汙時，可在使用前迅速沖洗。

雕花

菜刀從左、右斜切，呈V字形。可以反覆這個動作，就能切出十字或是花形。

除去石突

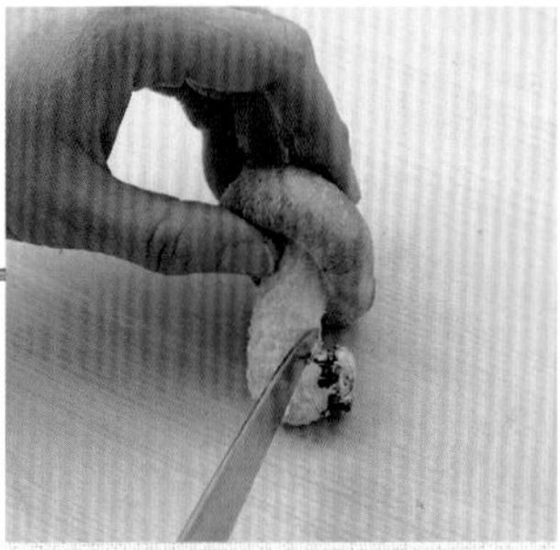

菇柄前端堅硬的部分稱為「石突」，要將其切除。

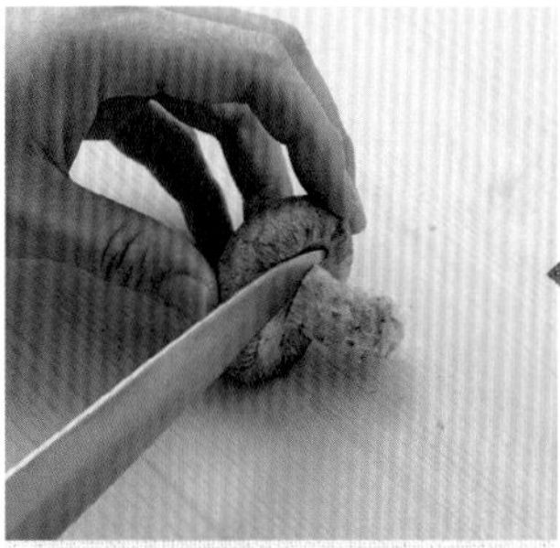

根據料理方式的不同，柄與菌傘可以分開，也可以保留相連狀態。若要切開，菜刀朝菌傘邊緣落下。

切下來的柄，可用手縱向撕成二至四片，或切成薄片。

【蘑菇】

·滑滑的，又圓又厚實。

也有整顆都呈褐色的蘑菇，香氣比白色的強烈。

× 需要避免的情況

- ◉菌傘內呈黑色。
- ◉菌傘已經整個開了。

加檸檬汁

由於白色蘑菇澀味重，且切口會變色，如果要生食時，可以滴入檸檬汁，以防變色。

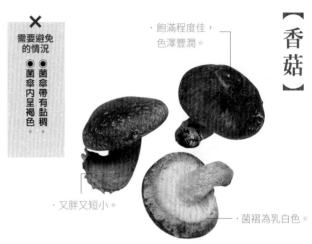

【金針菇】

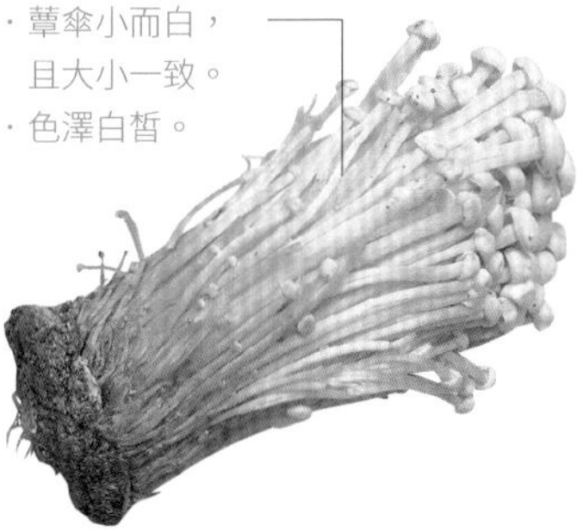

・蕈傘小而白，
且大小一致。
・色澤白皙。

✕ 需要避免的情況

◉柄的部分過於細小。
◉柄的顏色過深。

水洗

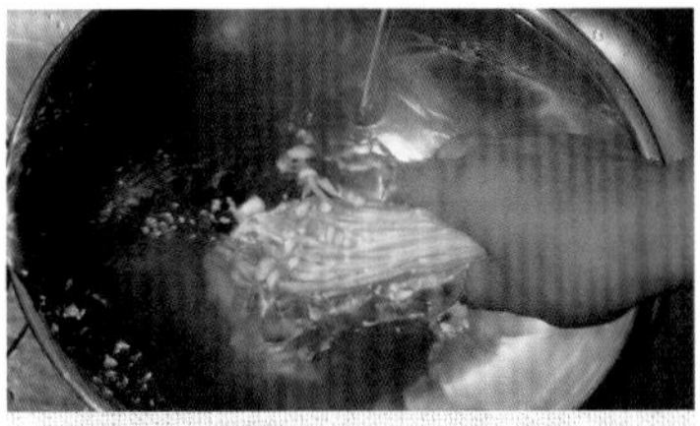

使用前以手持根部，將其置於水中微微清洗。

除去根部

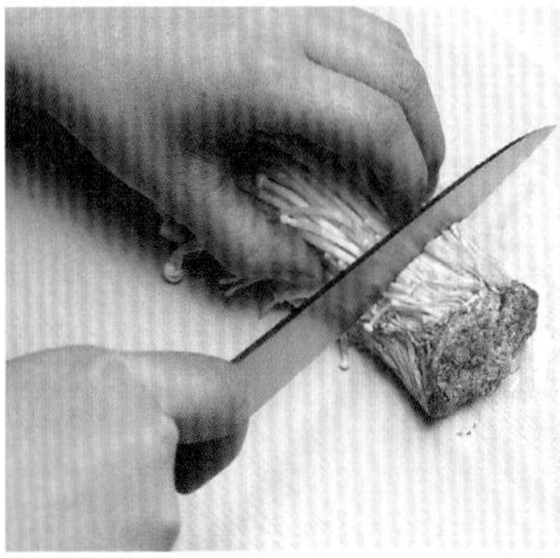

切除根部向上約3～4cm。

用手剝

無論是否切段使用，靠近根部的部位通常會結在一起，可用手剝開。

【杏鮑菇】

・蕈傘邊緣捲起（沒打開）。
・柄是白色的。

將柄上較硬的部位切除

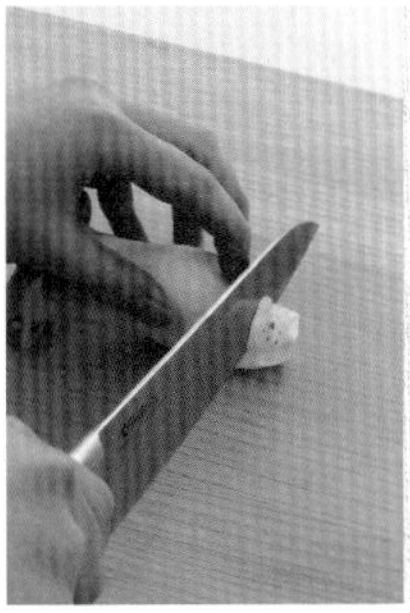

通常在販售前會先去除石突部位，不過你可以試著摸摸看，如果仍有堅硬的部分就切掉。

用手將柄撕開

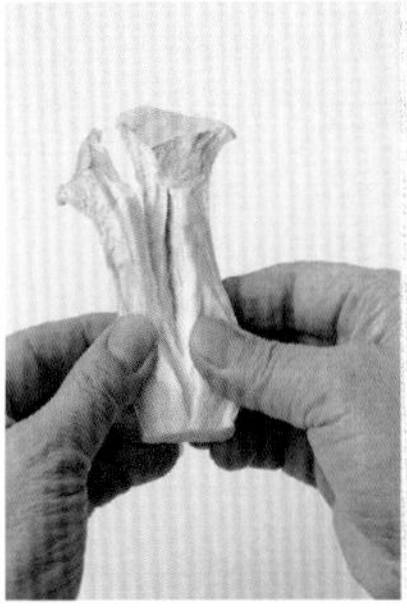

如果要從縱向分開來使用，可用手撕的方式，會較容易入味。

【舞菇】

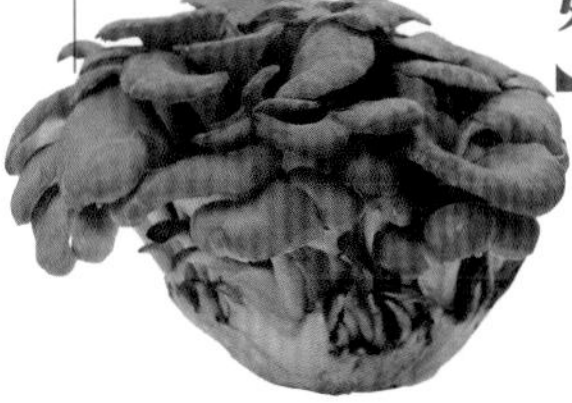

・菌傘具有厚度。
・清脆。

✕ 需要避免的情況

◉濕濕黏黏的。

用手分開

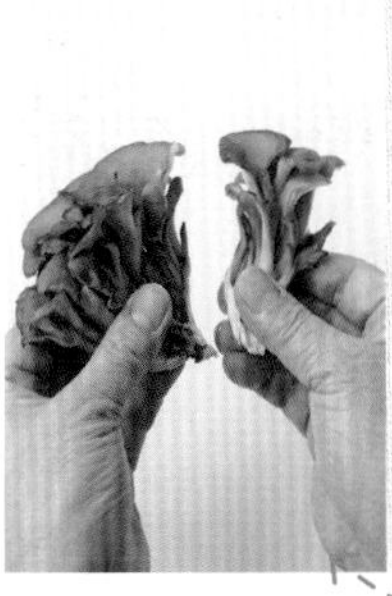

如果根部有變黑變髒的地方，要將其切除。可輕易用手剝開，但動作要輕柔。

舞菇販售時，通常都已分成小株，也會將石突去除。

【松茸】

・菌傘裡面為白色。
・傘柄具有彈力。
・香氣強烈。

✕ 需要避免的情況

- ◉乾燥。
- ◉壓下去有鬆軟感。
- ◉菌傘大開。

松茸的保存方法

松茸十分珍貴且價值高，雖然冷凍會使其香氣消失一些，但仍不失為延長使用期限的好方法。將松茸上的髒汙仔細擦掉，一根根用保鮮膜包好，置於食物保存袋內，放進冷凍庫保存。半解凍後即可加熱烹調。

擦掉髒汙

由於沖洗會導致香氣流失，請以乾淨抹布或廚房紙巾約略擦拭。

去除石突

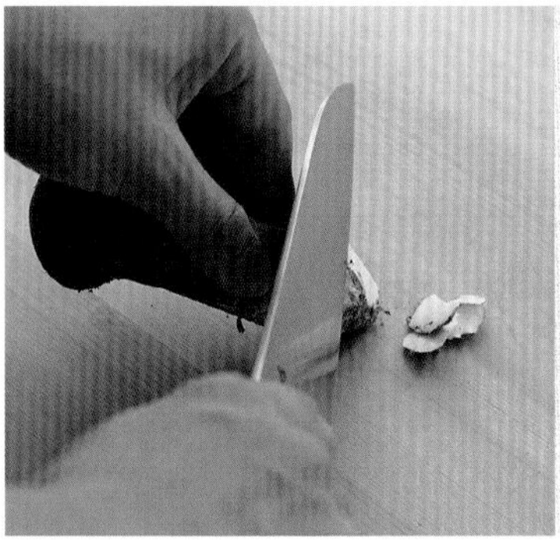

切掉石突的時候，請像削鉛筆一樣，僅削掉沾到土的部位即可，讓傘柄部位也能夠物盡其用。

【朴蕈】

・小小的，形狀整齊。
・黏液清澈。

市售朴蕈是生的，必須煮熟後食用，如果要拌入蘿蔔泥食用，稍微川燙一下即可。

保留黏性的洗法

將朴蕈放入過濾網，迅速沖水清洗，過程中需留意不要將黏性完全洗掉。

洗去黏性的洗法

如果想將黏液仔細清洗乾淨時，可以放入過濾網內，以熱水沖洗。

高麗菜

冷藏・蔬果保鮮室

將整顆高麗菜裝進塑膠袋內，並將芯朝下。如果是切過的高麗菜，則用保鮮膜包起來。

冷凍

[1個月]

切成容易使用的形狀，抹鹽或沖熱水。去除水氣，分成數小堆，以保鮮膜包覆，裝進食物保存袋內，置於冷凍庫→冷凍狀態下即可加熱烹調。

✕ 需要避免的情況

◉頭比較尖，沒有重量感（過度生長）。

◉外層菜葉發白（表示已經剝掉好幾片菜葉了）。

・外層菜葉為綠色。
・有重量感。
・切口很新、很美。

春高麗菜

菜葉較鬆，葉子柔軟，特別適合生吃。

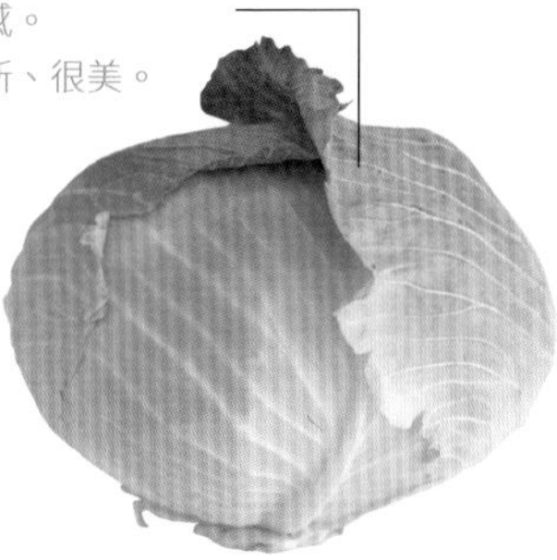

冬高麗菜

菜葉很硬，適合拿來烹煮。

外層菜葉不要丟

由於外層菜葉多少會有點苦味，可以用於炒麵等味道濃郁的翻炒料理之中。另外，保存的時候，如果用外層菜葉包裹住剩餘部分，可以防止高麗菜變乾。

除去堅硬部位

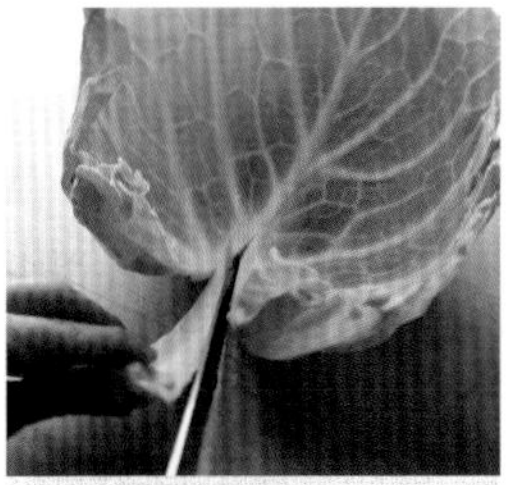

以三角形的方式將又白又硬的葉柄部位切除（切下來的葉柄可以剁碎加進料理之中）。

一片片剝下來

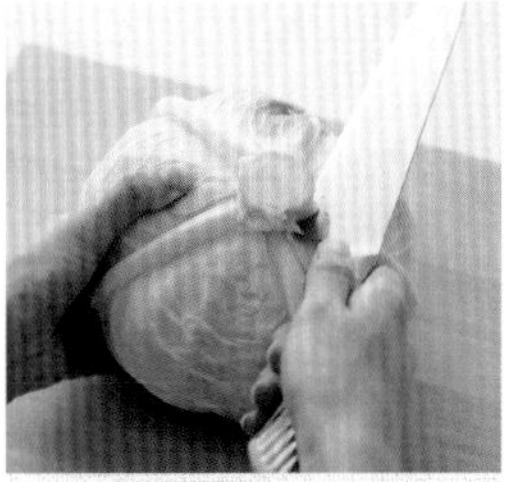

整顆的高麗菜不要切開，使用時再剝下葉片，可以保存較久。以菜刀刀跟沿著芯的周圍劃出刀痕，手指由此處下壓剝開葉子。

捲起來切絲

將切除菜柄後的菜葉對半切，然後一片片疊放，如果形狀比較大，就再對半切後疊放。

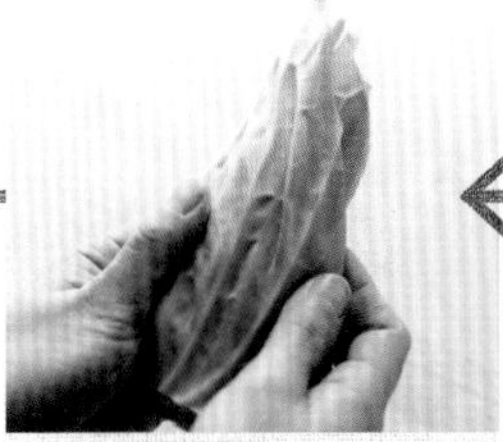

從兩側將疊放的菜葉捲起來。

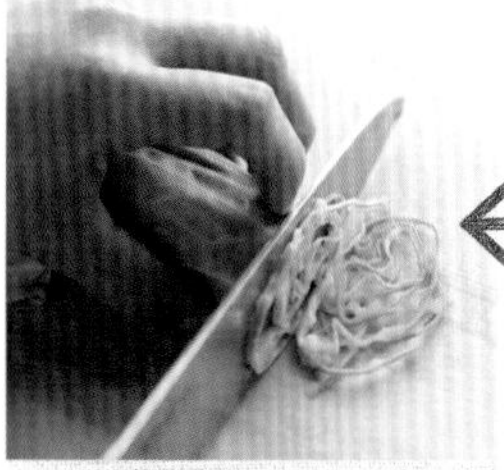

一手輕輕固定高麗菜，一手持刀自側邊開始切絲。

處理切開販售的高麗菜

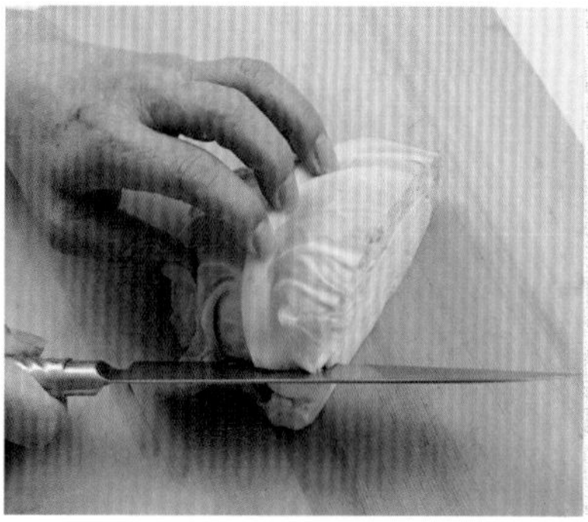

與整顆高麗菜的處理方式一樣，從芯的部位剝下要用的量即可。

如果要切成一大片一大片直接用完的話，請直接將芯的部位呈三角形狀切除即可。

球芽甘藍

冷藏・蔬果保鮮室

放進塑膠袋中保存。

冷凍

[2～3星期]

以保持硬度的狀態川燙，裝進食物保存袋內，置於冷凍庫↓在半解凍狀態進行加熱烹調。

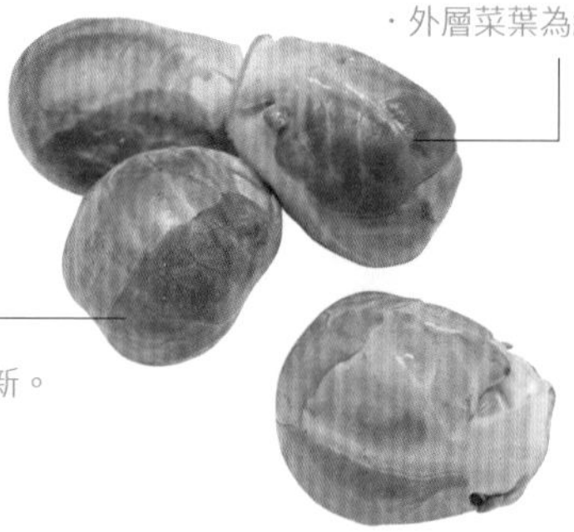

・捲得很結實。

・外層菜葉為綠色。

・切口新。

略微川燙後，可用來做翻炒料理，或是做沙拉等其他料理。

✕ **需要避免的情況**

◉顏色變黃。

除去切口

清洗之後，將切口部位再薄薄切掉一層。

由於球芽甘藍的切口部位較堅硬，切過的地方顏色會變深，而且切太厚會讓葉子散開，所以切的時候要小心留意。

劃下切痕

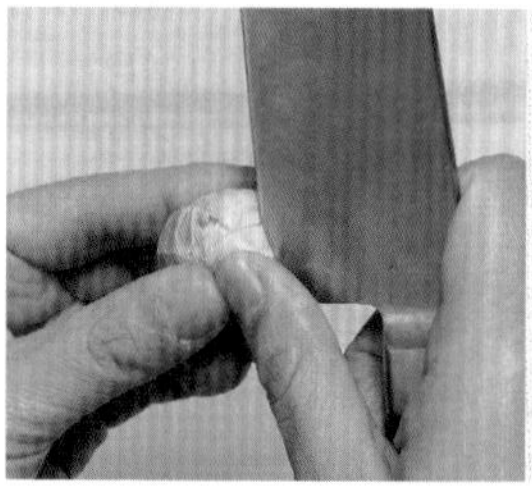

利用菜刀刀跟朝切口劃十字（隱藏菜刀切法），可以讓蔬菜快速均勻受熱。

事先川燙

由於球芽甘藍比較硬，烹調前最好能事先川燙，會比直接烹煮容易，且色澤也會比較鮮豔。

快速川燙的時間約 2 分鐘，如果要直接作為沙拉食用，則以 3～4 分鐘為佳。可利用竹籤穿刺來判斷硬度。

小黃瓜

冷藏・蔬果保鮮室

放入塑膠袋內，盡量將蒂頭朝上立著放。

冷凍

[1個月]

以小口切的方式切成薄片，拌上少許鹽，以保鮮膜包覆，裝進食物保存袋內，置於冷凍庫→使用前置於冷藏室解凍，並去除水氣。

✕ 需要避免的情況

- ●接近莖的部位萎縮變細。
- ●以手指按壓時有鬆軟感。

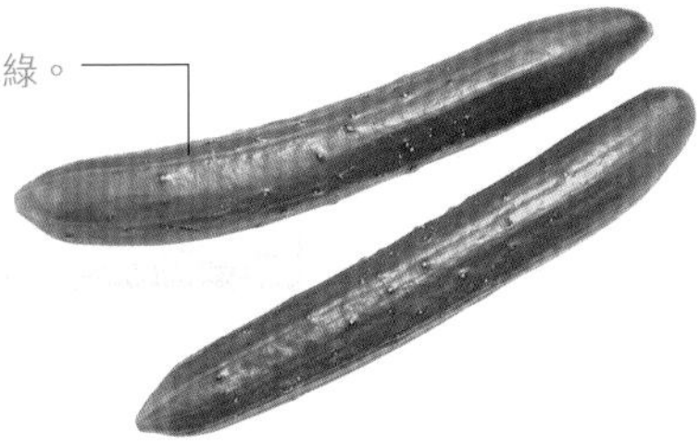

小口切

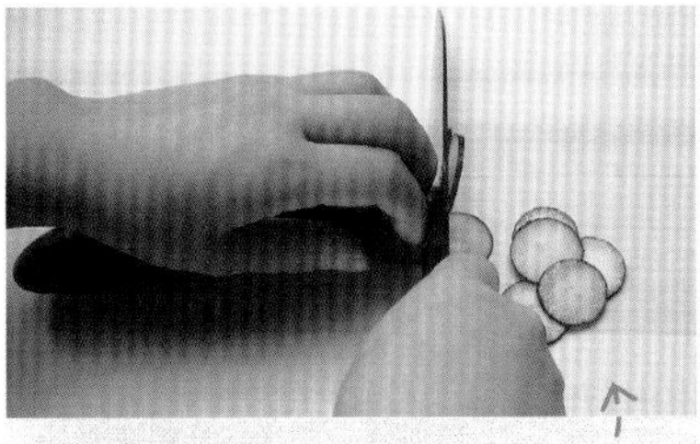

切長形食材時，從最邊緣開始下刀的切法。

切除蒂頭後，從最邊緣開始切薄片。菜刀刀背微微朝右傾斜下刀，切過的小黃瓜就會變得不易轉動。

板磨

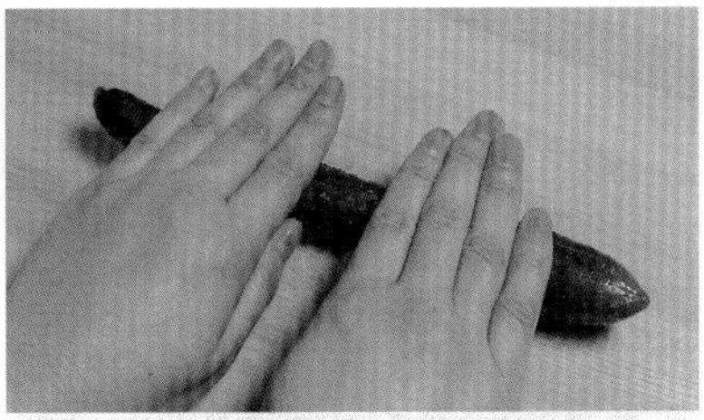

板磨可以保持小黃瓜的色澤與鮮度。將小黃瓜洗淨後放在砧板上，抹上約 1% 的鹽（小黃瓜與鹽的比例為小黃瓜 1 根加 1/4 小匙鹽），以手掌邊壓邊滾動，也可以握在手上磨擦。抹了鹽的小黃瓜要略微沖水後再使用。

條狀切（最適合有深綠色外皮的小黃瓜）

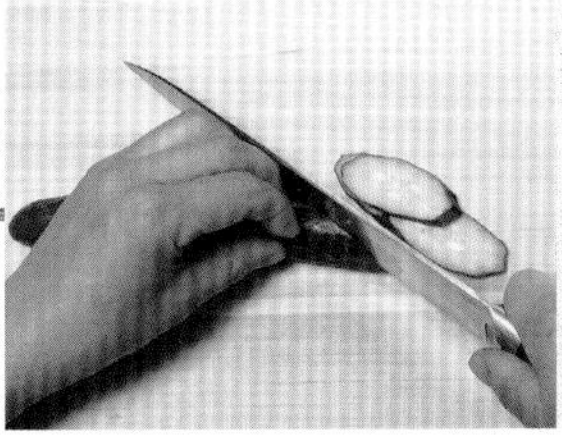

斜切成薄片。

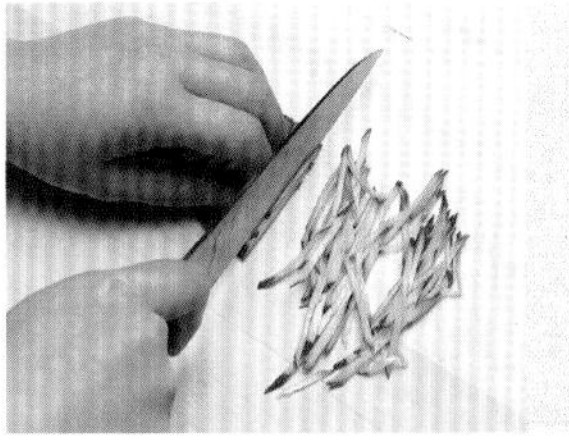

一邊挪動菜刀，一邊切，從小黃瓜片最邊緣開始將其切成條狀。

抹鹽

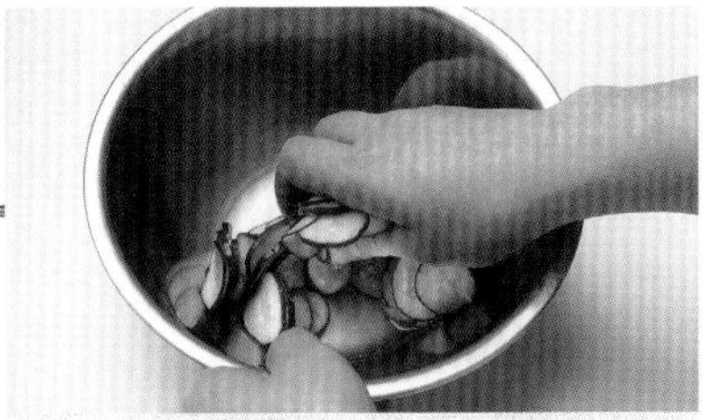

這是醋醃小黃瓜的預先調味步驟。將小口切處理過的小黃瓜置於料理盆中，抹上約 1%的鹽（小黃瓜與鹽的比例為小黃瓜 1 根加 1/4 小匙鹽），靜置約 5 分鐘，當小黃瓜變軟後，用手輕揉。

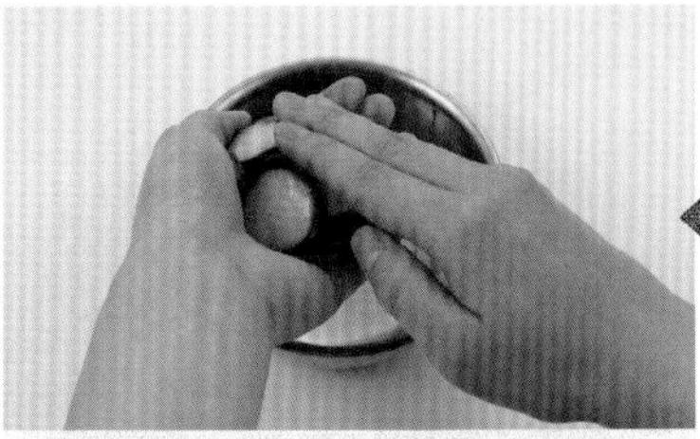

將水分擰乾。如果要加入醋等調味料，請食用前再加入，因為太早加會讓小黃瓜變得水水的。

蘆筍

冷藏・蔬果保鮮室

放進塑膠袋中，盡量將穗的部位立起來保存。

冷凍

[1個月]

以稍微保持硬度的方式川燙後用保鮮膜包覆，再放入食物保存袋，置於冷凍庫保存→可以快速川燙或直接在冷凍狀態下加熱烹調。

由於蘆筍保鮮不易，會隨著時間而變硬、變苦，所以購買後要盡快川燙。

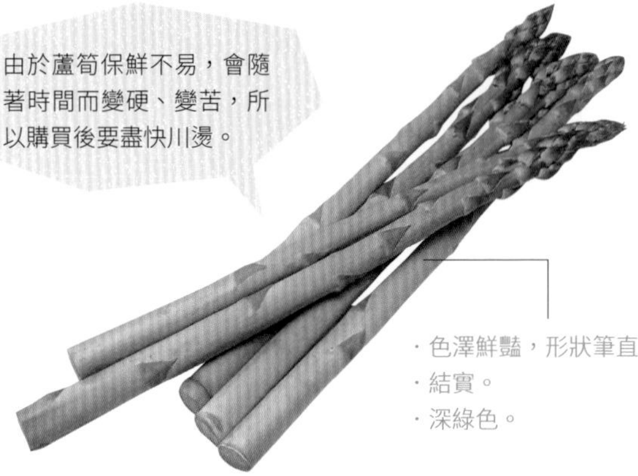

・色澤鮮豔，形狀筆直。
・結實。
・深綠色。

✕ 需要避免的情況

◉莖有縱向的皺褶。
◉切口呈褐色。

去除根部硬皮

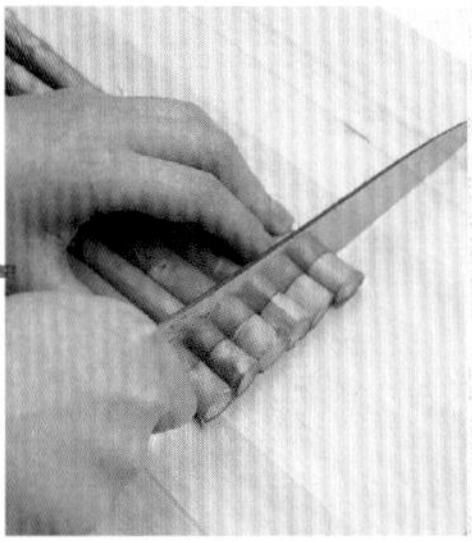

整支蘆筍以水沖洗，將切口算起1～2cm的堅硬部分切除。

下方部位因為皮比較硬，所以要削掉。削皮時，一手好好壓著蘆筍，一手拿削皮器去皮，便能輕鬆完成削皮工作。

以適量的熱水川燙

配合料理的方式，切成適當長度。

將適量的熱水煮沸，由根部先放進去，再度沸騰後，將穗的部分也放進去。

川燙時不必放鹽。另外，蓋上鍋蓋會導致變色，因此不要蓋鍋蓋。

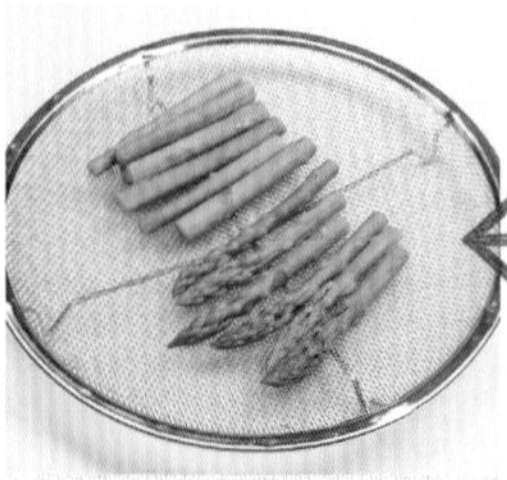

川燙1～2分鐘後，拿起一根摸摸看，如果夠軟了，就可以放進過濾網中，請一支支攤開來放，不要重疊。

不要再加水浸泡，以免蘆筍變得水水的。

豌豆

冷藏・蔬果保鮮室

將帶著豆莢的豌豆直接放進塑膠袋中。

冷凍

[1個月]

以保持硬度的狀態川燙，去除水分後放入食物保存袋，置於冷凍庫。如果量少，可以自然退冰，或在冷凍狀態下加熱。

✕ 需要避免的情況

- ●豆莢表面乾乾的。
- ●豆莢變褐色。

・豆子滿到像是要撐破似的。

川燙前再取豆

以大拇指壓住外皮，將豆子取出，用水清洗。

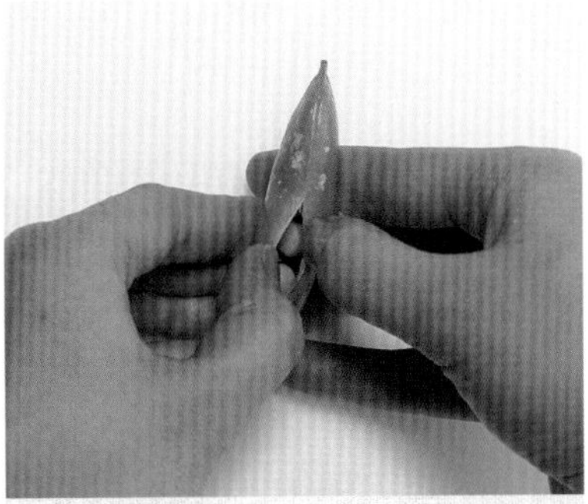

以大拇指指尖將豆莢的邊往左右拉開。

豌豆仁飯

材料

(4 人份／每份 293kcal)

米	量米杯 2 杯 (360ml)
豌豆 (豆莢)	250g (淨重 110g)
水	400ml
酒	1 大匙
鹽	1/2 小匙

1. 淘米後將水瀝除，放入一定分量的水，靜置 30 分鐘以上。從豆莢將豌豆仁取出，並清洗。
2. 將豌豆仁加入米中，放入酒和鹽，整鍋攪拌，再放進電子鍋內按照一般煮飯程序進行。

豌豆仁會因本身水分而變得柔軟，因此不需增加煮飯的水量也無妨。

由於鹽分會妨礙米吸取水分，所以要將米充分浸泡後再加入調味料。

牛蒡

需要避免的情況

◉帶葉（比較粗的）牛蒡裂開部位的芯乾乾的。

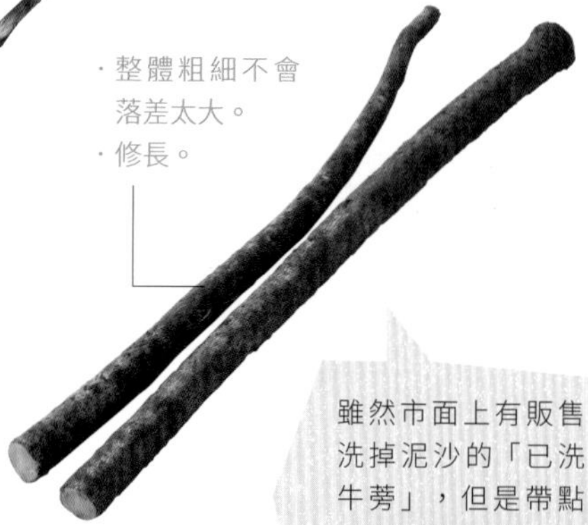

・整體粗細不會落差太大。
・修長。

新牛蒡

早春出產的新牛蒡，香氣溫和柔軟，可以不用去皮，洗過便能直接使用。

雖然市面上有販售洗掉泥沙的「已洗牛蒡」，但是帶點泥的較有味道，也可以保存比較久。

去皮

利用菜刀刀背去皮（也就是以刀背磨擦牛蒡）。由於牛蒡外皮也有牛蒡的氣味，所以不要削皮，稍微磨擦過就可以使用。如果是新牛蒡等外皮柔軟的牛蒡，洗乾淨就可以直接使用了。

用刷子清洗

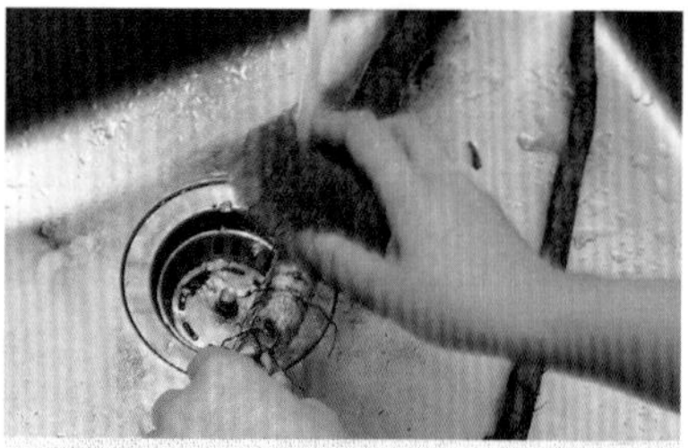

邊沖水，邊用刷子刷洗汙泥。

如果沒有刷子，利用揉過的錫箔紙將牛蒡捲起來磨擦也可去除髒汙。

切絲（切斷纖維的切法）

雖然可以像切胡蘿蔔（P.68）一樣，先縱向切成薄片後再沿著纖維方向切，但這個切法會比較柔軟好切。

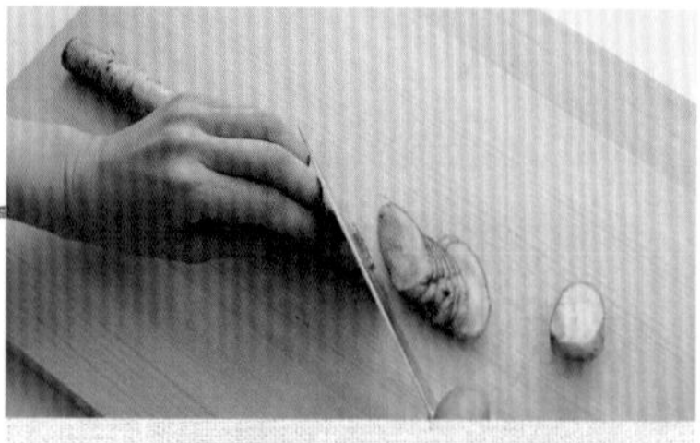

斜切成薄片。

將切下來的薄片疊成一小落，從側邊開始切絲，並將切好的牛蒡盡快泡水去澀。

冷藏・蔬果保鮮室

沾了泥的牛蒡，買回家後直接放進塑膠袋內，置於陰涼處；如果買的是已清洗的牛蒡，請以保鮮膜包覆或裝進塑膠袋內，再置於蔬果保鮮室。

冷凍

[1個月]

去皮後切成方便使用的大小，快速沖水，並以保留硬度的方式川燙。分成數小堆，以保鮮膜包覆，裝進食物保存袋內，置於冷凍庫→冷凍狀態下即可加熱烹調。

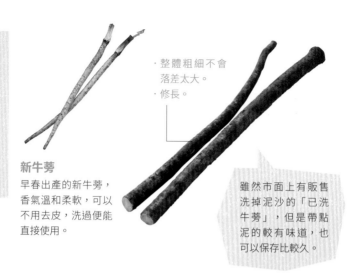

準備一個裝水的料理盆，在其上方將切成適當長度的牛蒡放在左手食指上，從指尖處向前露出約 2cm，菜刀拿平，以削鉛筆的方式沿著牛蒡來回削。

如果將菜刀沿著牛蒡平削，可以削得又薄又細又長；如果將牛蒡直立起來削，則會削出具有厚度的牛蒡片；如果實在削不動，就採用薄切的方式。

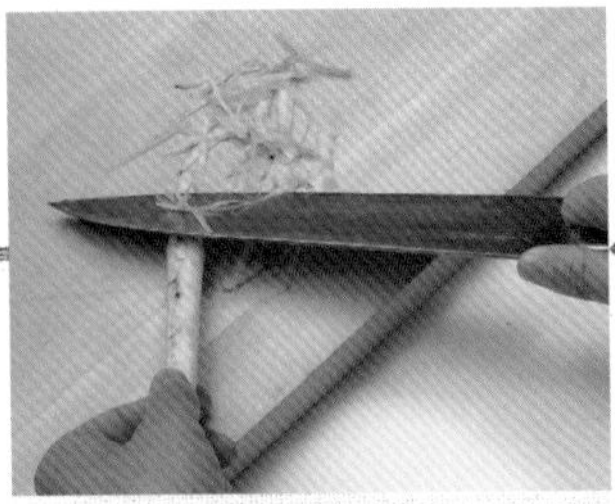

不習慣使用前述方法的人，也可以將牛蒡前端貼著砧板削。

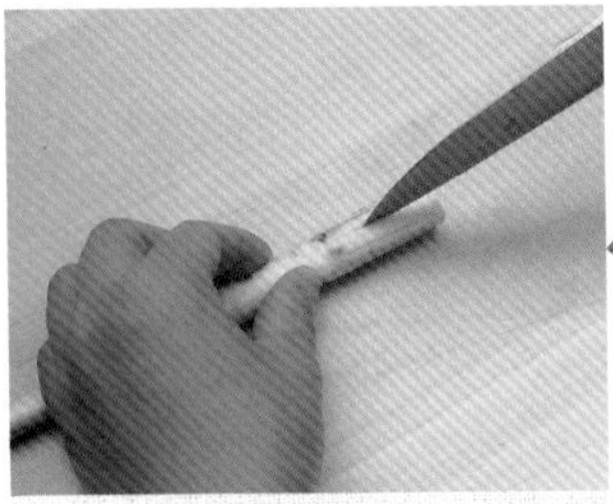

如果牛蒡較粗，可以縱向淺淺劃入四、五刀，就能切出細薄的竹葉薄片。

去澀

為了去除牛蒡澀味，並防止變色，削切下來要馬上放進水裡。但如果浸泡太久，牛蒡的獨特香氣會變淡，因此削切完畢就要將水瀝掉，不必再清洗，直接進行烹調。

金平牛蒡

材料

（2 人份／每份 81kcal）

牛蒡……80g
胡蘿蔔……40g
紅辣椒……1/2 根
芝麻油……1/2 大匙

〈湯汁〉
砂糖……1 小匙
醬油……2 小匙
味醂……2 小匙
高湯……2 大匙

1 先將牛蒡切段，每段約5cm 長，再以傾斜角度切成 2mm 薄片，接著將薄片切成絲。切好的牛蒡絲要立刻用水浸泡，再置於過濾網中將水瀝乾。

2 將胡蘿蔔切成 5cm 的長度，再從寬面切絲。

3 將紅辣椒的籽去掉（P.160），以小口切的方式切成小塊。將湯汁材料混合。

4 在鍋內用芝麻油熱油，以大火拌炒牛蒡與胡蘿蔔，炒軟後加入湯汁。待湯汁變少後，再加入紅辣椒，收汁後關火。

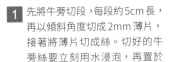

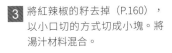

苦瓜

苦瓜又名「涼瓜」，具有獨特苦味。以鹽搓揉後再川燙，就可以淡化苦味。

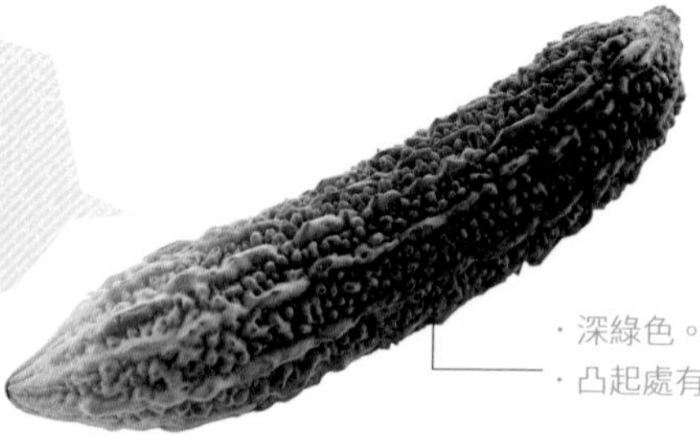

取出苦瓜籽與內囊膜

用刷子將表面凸起物間的汙垢洗淨，再將蒂頭部分切除。

縱向對半切。

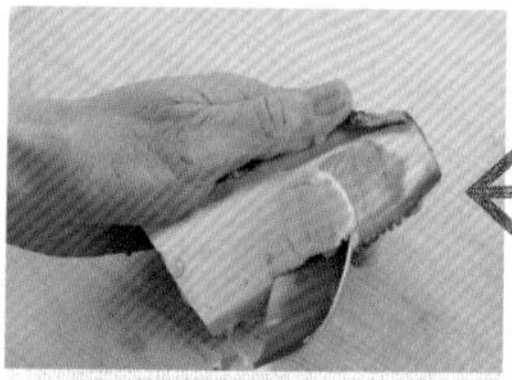

利用湯匙將苦瓜的籽與內囊膜一併清除。

抹鹽

切成需要的厚度。

抹上鹽（苦瓜與鹽的比例為 1/2 條苦瓜加 1/6 小匙鹽），靜置約 10 分鐘。

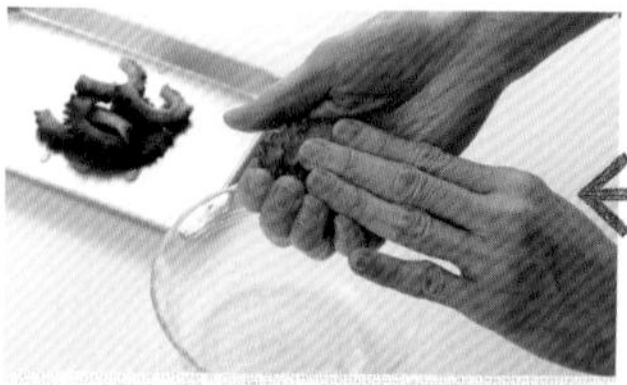

將水分擰乾，透過擰的動作產生磨擦，會讓苦味變柔和。根據料理方式不同，也有不抹鹽就直接使用的情況。

苦瓜炒香腸

材料

(2 人份／每份 147kcal)

苦瓜……1/2 條 (120g)
鹽……1/6 小匙
香腸……4 根 (80g)
沙拉油……1/2 大匙
鹽……少許
黑胡椒……少許

1. 將苦瓜蒂頭切除後，縱向對半切，並刮除苦瓜籽與內囊膜，再切成 5mm 寬度，抹上 1/6 小匙鹽，靜置約 10 分鐘。
2. 將香腸斜切成 2～3 等分。將苦瓜的水分擰乾。
3. 在平底鍋內熱油，將香腸外皮以中火拌炒至香脆。
4. 加入苦瓜，拌炒 1～2 分鐘，再以鹽和黑胡椒調味。

冷藏・蔬果保鮮室

放進塑膠袋內，將蒂頭朝上立著放。用剩的苦瓜，請以保鮮膜包覆，務必盡早使用完畢。

冷凍

[1個月]

切成薄片，用鹽搓揉，去除水分，以保留硬度的方式川燙。分成數小堆，以保鮮膜包覆，裝進食物保存袋內，置於冷凍庫→冷凍狀態下即可加熱烹調。

地瓜

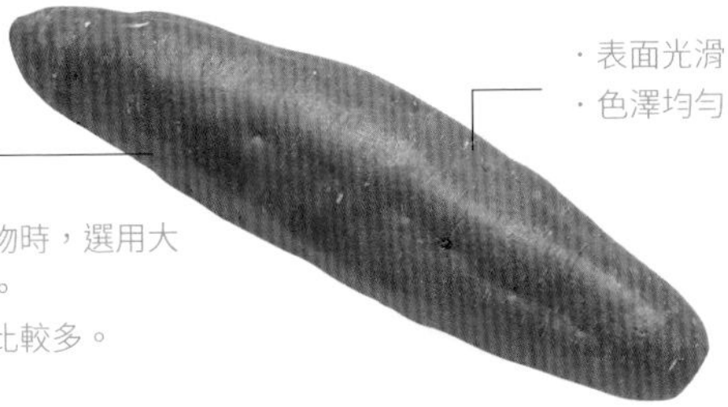
‧製作燉煮料理或炸物時，選用大一點的地瓜比較好。
‧細長的地瓜纖維會比較多。

製作細緻料理時

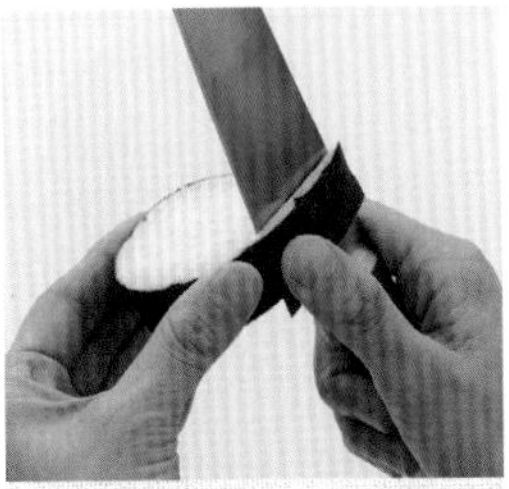

接近皮的部位，澀味明顯且纖維較多。如果要用來製作金團（一種由地瓜和栗子製作的日式點心）等講究乾淨又美觀的料理時，可以削掉一層厚厚的外皮，以去除外皮內側纖維較多的部分。

切塊使用時

由於地瓜兩端的澀味明顯，纖維也較多，所以先切除兩端約 1 ~ 2cm 後再根據料理需求來切塊。地瓜的切口會很快發黑，切好後要馬上放進水中浸泡。

帶皮使用時

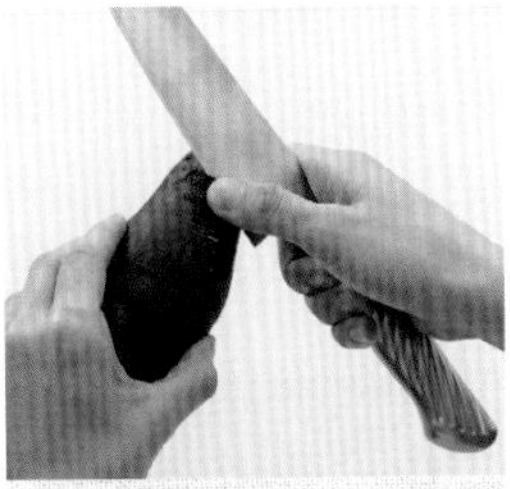

如果用來製作一般燉煮料理或味噌湯時，大多會連皮一起使用。如果遇到難以洗淨的部位，可以用菜刀削掉。

地瓜田舍煮

1 將帶皮地瓜切成 2cm 厚度的圓片，若是地瓜比較大條，則採半月切。切好的地瓜要泡水後瀝乾備用。

2 將 A 與地瓜放入鍋內，蓋上落蓋與鍋蓋，以中火煮 7 ~ 8 分鐘，煮到湯汁幾乎收乾為止。

材料

（2 人份／每份 144kcal）

地瓜…………1 條（200g）

A
- 水……………………150ml
- 砂糖……1 又 1/2 大匙
- 酒……………………1 大匙
- 醬油…………1/2 大匙

室溫

由於地瓜不適合低溫，因此用報紙包起來置於室溫環境保存即可。用剩的地瓜，則以保鮮膜包覆後置於蔬果保鮮室。

冷凍

[1個月]

仔細將外皮清洗後切開，迅速泡一下水，以保留硬度的方式川燙。將處理好的地瓜並排放進食物保存袋內，置於冷凍庫↓冷凍狀態下即可加熱烹調。

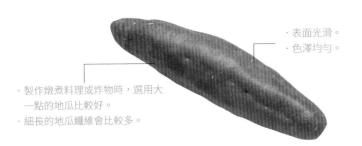

芋頭

室溫

芋頭不耐低溫，保存時可以用報紙將帶有泥沙的芋頭包起來，或者放進塑膠袋，保持打開的樣子，再置於陰涼處，大約可以放一周左右。

冷凍

[1個月]

切成易於入口的大小，以保留硬度的方式川燙，再裝進食物保存袋內，置於冷凍庫→冷凍狀態下即可加熱烹調。

✕ 需要避免的情況

◉有些微裂痕。
◉有些部位變黑。
◉去皮販售的芋頭，風味會變差。

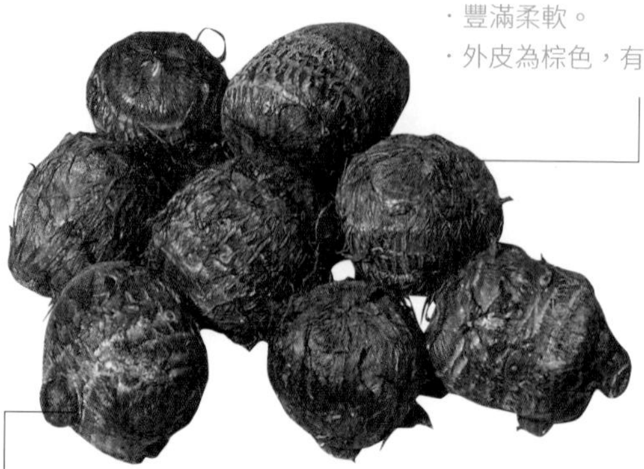

・豐滿柔軟。
・外皮為棕色，有濕氣。
・帶泥沙賣的芋頭比較好。

先軟化泥沙後再清洗

將芋頭放在水中浸泡一段時間，讓泥沙軟化後會比較容易清洗。

利用刷子將泥沙洗去。如果沒有刷子，用揉過的錫箔紙磨擦也可以。

半乾後削皮

放在過濾網中瀝水，待半乾後再削皮，如此便可輕易將皮去掉。芋頭去皮後就比較不會讓手癢癢的。

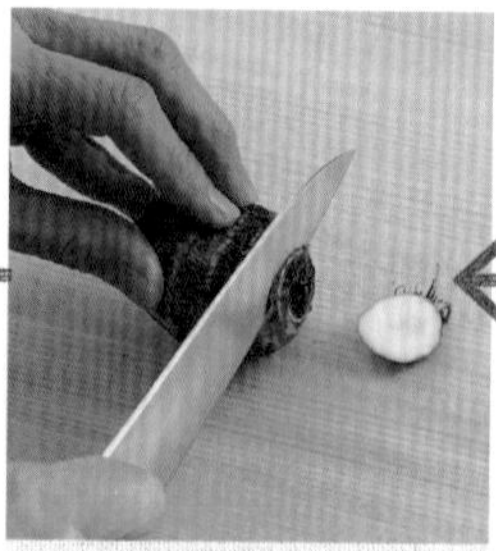

頭尾兩端切掉。

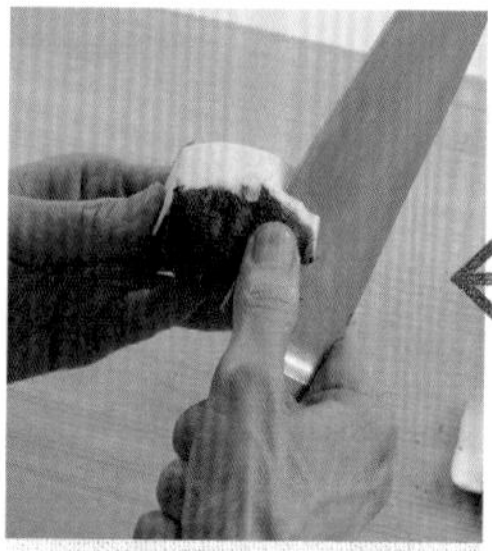

以同方向削除表皮。

將芋頭放入料理盆內，撒鹽（芋頭與鹽的比例為芋頭 500g 加鹽 1/2 小匙），用手搓揉。

芋頭保持帶鹽狀態，加入約略可以蓋過芋頭的水，開中火。水沸騰之後，將芋頭撈起，放入過濾網內。

一邊沖水，一邊清洗，就能去除黏液。

如果芋頭有黏液，不僅煮開後會容易溢出，也會難以入味。但若是想妥善運用黏液的時候，省略這個步驟也無妨。再者，即使只有抹鹽沖洗，也可以去除一定程度的黏液。

日式醬燒芋頭

材料

（2 人份／每份 89kcal）

芋頭	300g	砂糖	1/2 大匙
酒	1 大匙	醬油	1/2 大匙
高湯	150ml	柚子皮（切絲）	少許
鹽	少許		

1 削掉芋頭外皮，切成一口大小。

2 在鍋內倒入高湯與所有調味料，均勻攪拌，再放入芋頭。蓋上落蓋和鍋蓋，注意鍋蓋與鍋子間要稍微錯開，不要完全密合，開大火烹煮。煮沸後將火候調小，約煮 15 分鐘。

3 把鍋蓋完全打開，將湯汁煮至幾乎收乾，期間要不時晃動鍋子，起鍋時再撒上柚子皮。

※在製作芋頭煮的時候，不要去除芋頭黏液，當湯汁稍微變得濃稠時，可以帶出芋頭質樸的風味。

清蒸小芋艿

小顆芋頭直接帶皮蒸熟，剝皮後沾鹽或味噌來吃，就十分美味。這道料理用微波爐就能簡單完成喔！

1 仔細清洗芋頭，在上方約 1/3 的外皮處劃出一圈切痕。

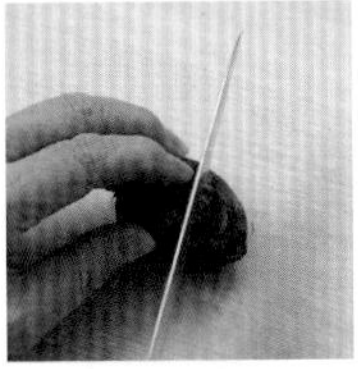

2 將濕的芋頭放進耐熱容器中，蓋上保鮮膜，以微波爐加熱（4 顆 100g 的小芋頭，約以 500W 加熱 2 分鐘），再將芋頭下上倒過來，繼續加熱約 1 分鐘。

3 用手從頂部剝開外皮後即可盛盤。

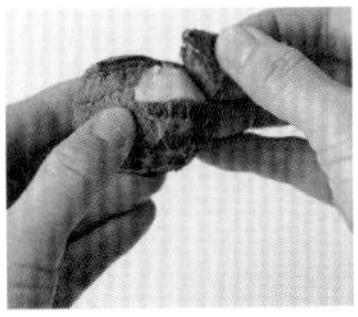

四季豆

冷藏・蔬果保鮮室

放進塑膠袋。雖然可以存放3～4日，但請務必盡早使用。

冷凍

[2～3星期]

以保持硬度的方式川燙，分成數小堆，以保鮮膜包覆，裝進食物保存袋內，置於冷凍庫→冷凍狀態下即可加熱烹調。如果要用於沙拉，快速川燙過即可。

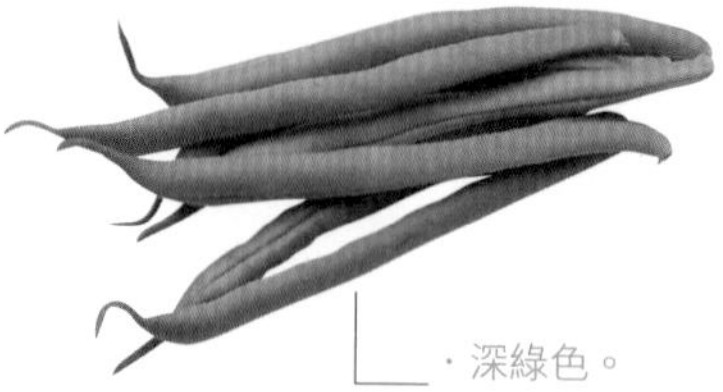

・深綠色。
・充滿水分。

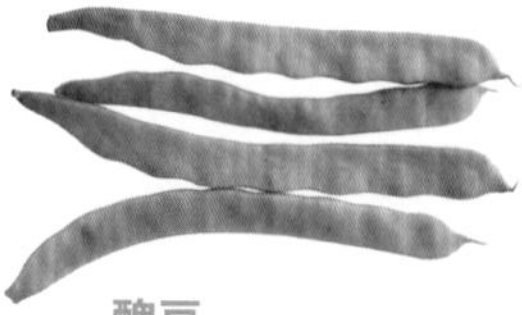

醜豆

四季豆的一種，豆莢寬而飽滿、柔軟，且具有甜味，處理方式與四季豆相同。

✕ 需要避免的情況

◉有白色斑點或黑色蛀斑。
◉沒有彈性。

確認是否有筋絲

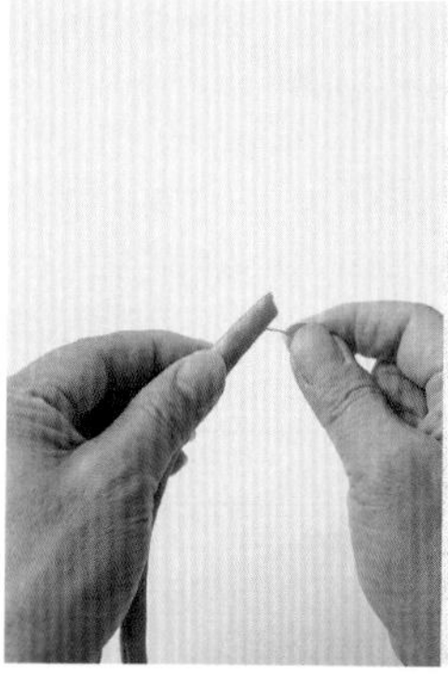

雖然大部分的四季豆都沒有筋絲，但為求保險起見，每一、兩條要折掉蒂頭，確認是否有筋絲。如果有的話，要以處理荷蘭豆的手法將筋絲去掉。

去除蒂頭

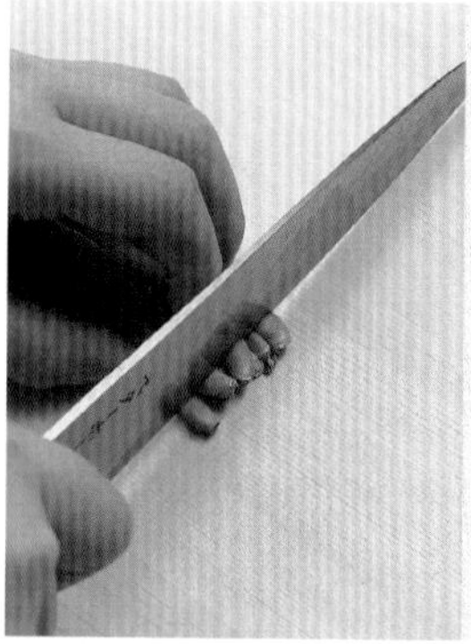

如果沒有筋絲，只需切掉一小截蒂頭即可。

以手指確認川燙程度

將適量的水煮沸後，放入四季豆。如果變成翠綠色，請拿料理筷夾起一根，並試著以指甲確認川燙程度。

攤開放涼

煮到喜歡的硬度後，放在過濾網內攤開放涼，不要重疊，防止因餘溫而導致變色。

芝麻拌四季豆

材料

(2人份／每份 54kcal)

四季豆……100g
〈拌料〉
白芝麻粉……2大匙
味醂……1/2大匙
醬油……1小匙

1 將四季豆的筋絲去掉，切除蒂頭。

2 將適量的水煮沸，川燙四季豆，然後將燙好的四季豆置於過濾網中放涼，再切成3～4cm的長度。

3 將拌料混合，與四季豆攪拌均勻。

荷蘭豆

✕ 需要避免的情況

◉豆莢折到或發黑。

甜豌豆
是即便豆子長大也不會豆莢變硬的品種，口感柔軟，甜味濃郁。

・有彈性。
・也稱為荷仁豆。
・豆莢薄，豆子小。
・鮮綠。

冷藏・蔬果保鮮室

放進塑膠袋內。雖然可以存放1星期左右，但請務必盡早使用。

冷凍

[2～3星期]

以保持硬度的方式川燙，分成數小堆，以保鮮膜包覆，裝進食物保存袋內，置於冷凍庫↓冷凍狀態下即可加熱烹調。如果想煮出鮮豔翠綠的顏色，請先置入冷藏室解凍。

甜豌豆的筋絲去除法

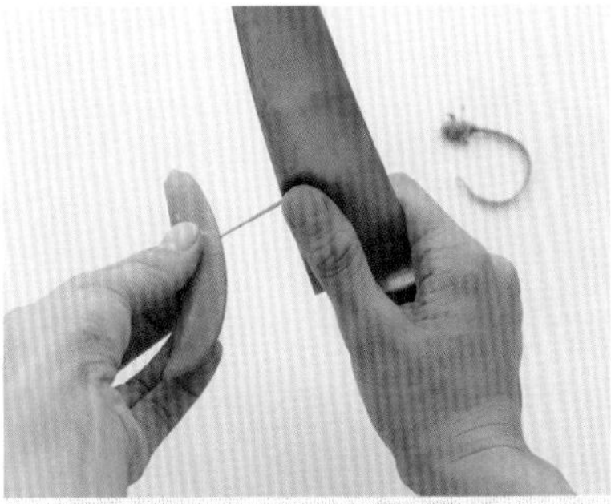

由於甜豌豆的筋絲又粗又堅硬，可利用菜刀來完美剝除。先以刀跟切入蒂頭處，再順勢將筋絲拉開，另一端也如法炮製。

荷蘭豆的筋絲去除法

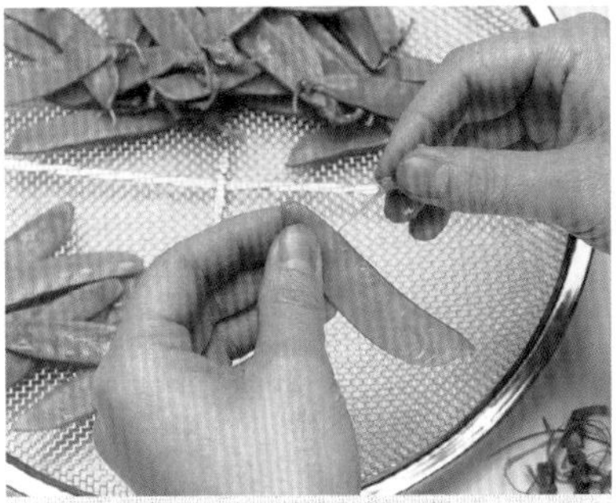

輕折豆莢一端的蒂頭，不要直接折斷，而是沿著直線方向將筋絲拿掉，另一端也從蒂頭處開始去除筋絲。由於筋絲細軟，如果撕到一半就斷掉，不用勉強去除，保留剩下的筋絲也無妨。

攤開放涼

盡快攤開放涼，不要重疊，防止因為餘溫而導致變色。

適度川燙

將適量的水煮沸，把豆子放進去，如果變成鮮明的綠色，便可撈起放到過濾網內。

沙拉蔬菜

冷藏・蔬果保鮮室

如果葉子折到或破損，就會從此處開始腐爛，因此要先將有問題的葉子去除，再用保鮮膜包覆或放進塑膠袋內。如果是保留芯的蔬菜，請將芯朝下放置。

冷凍

不適合。

波士頓萵苣

- 葉子很大。
- 葉子很厚且呈深綠色。
- 具有光澤。

紅葉萵苣

- 葉子前端為紅紫色。

萵苣

- 切口為白色，直徑約2～2.5cm。
- 葉片包覆的狀態鬆散、不緊實。

水芹

- 葉子大小相同。
- 深綠色。

有些微苦味，食用方式與萵苣類相同。

苦苣

- 具有光澤與韌性。

貝比生菜

- 葉子形狀優美，顏色鮮豔。

統稱發芽後生長約10～30天的生菜嫩葉，販售時通常混合了各式各樣的種類。

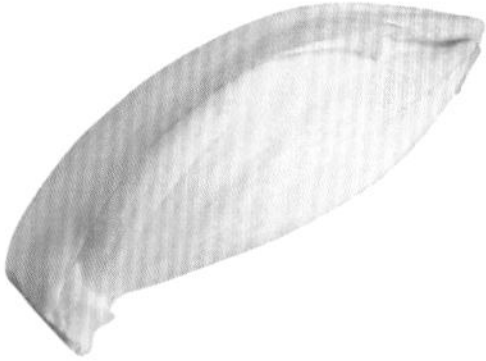

菊苣根

- 葉子前端緊實，呈白色。
- 整體都很柔軟。

特徵是微苦，並具有爽脆的口感。將菊苣根一片片剝下，整片船形葉片可以用來裝盛配料，也可以切一切當作沙拉。

帶有芝麻般的香氣。

芝麻菜

- 呈鮮豔的綠色或黃綠色。

小蘿蔔

- 體型不大，外觀很美。

清洗菜葉

在料理盆內注滿水，仔細沖洗紅葉萵苣與水芹。

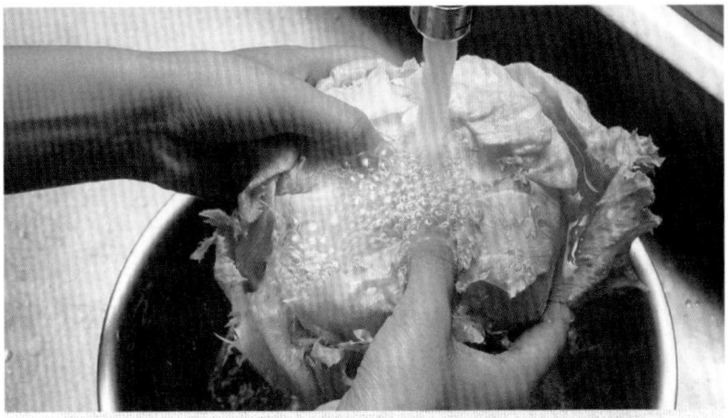

由於多用於生食，必須仔細地一片片清洗乾淨。如果要一次清洗整顆萵苣時，可以先將芯取出，讓水流入洞中，便可以輕鬆讓葉子散落。

瀝除多餘水分

如果生菜上殘留水分，味道會變淡，因此務必要將水去除。如果在瀝水工具中一次放入太多蔬菜，會無法均勻地將水去除，因此擺放時要留點空間。

如果沒有瀝水工具，可以利用廚房紙巾或乾淨抹布將水擦掉。

手撕葉片

由於沙拉用的蔬菜較柔軟，除非是要切成粗細相同的細絲，不然就以手剝成適當大小即可，既輕鬆又方便，調味料也更容易入味喔！

食用前再加沙拉醬

作為生菜沙拉用的蔬菜，如果在食用之前先放到冰箱冰鎮，可以讓口感更佳。食用之前再淋上沙拉醬即可。如果太早加入沙拉醬，會讓蔬菜變軟，口感就不好了。

冰水有助口感爽脆

將生菜浸泡一下冰水，可讓口感更爽脆。

青辣椒

青辣椒
辣椒界的不辣代表。由於外型小巧，經常整支使用。

伏見辣椒和萬願寺辣椒也可以在其他地區栽種出來，夏天為產季。食用方法與青辣椒相同。

伏見辣椒
栽種在京都伏見周圍的京都蔬菜，口感有嚼勁。

萬願寺辣椒
生長在京都府舞鶴市萬願寺地區的京都蔬菜，口感柔軟，味道甘甜，果實豐厚。

冷藏・蔬果保鮮室

裝在購買當下裝的塑膠袋或袋子裡。

冷凍

[2星期]

將生的辣椒分成數小堆，以保鮮膜包覆，裝進食物保存袋內，置於冷凍庫→冷凍狀態下即可加熱烹調（有的品種可能會因此略帶苦味）。

紫蘇粉炒青辣椒

材料

(2 人份／每份 62kcal)

青辣椒……100g
紫蘇粉……1 小匙
芝麻油……1/2 大匙
味醂……1 大匙
醬油……1 小匙

1 把青辣椒的莖切除。將味醂與醬油混合。

2 在平底鍋內以芝麻油熱油，用較強的中火拌炒青辣椒。當青辣椒和芝麻油的香氣融合後，加入**1**的調味料，炒到汁液幾乎收乾為止。

3 關火，加上紫蘇粉，拌一下。

切除莖

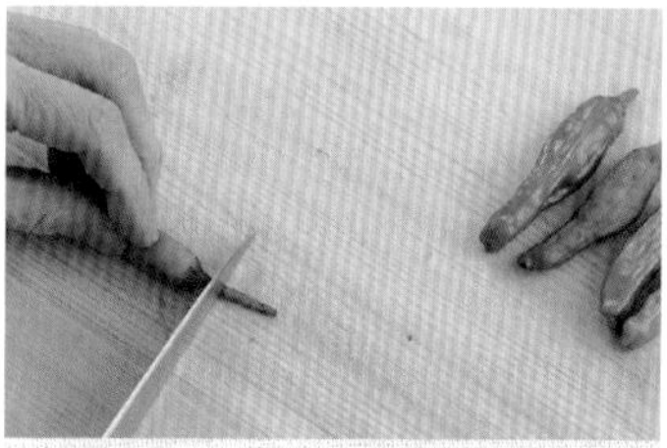

留下蒂頭，將莖切除。由於青辣椒的莖不會太硬，所以即使留下一點也無妨。可以一次切兩、三支青辣椒，加快備料速度。

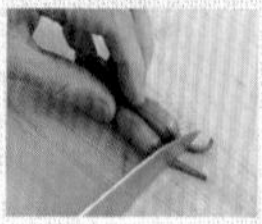

避免辣椒爆裂的方法

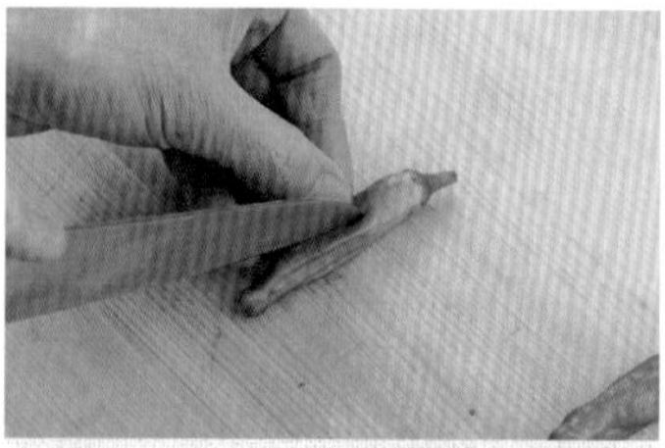

整支青辣椒丟下去油炸的時候，很容易破裂，所以要劃條切痕。如果只是拌炒，則無需此步驟。

馬鈴薯

室溫

馬鈴薯不耐高溫和潮濕，照到光則容易發芽，因此保存馬鈴薯的時候，不要放在塑膠袋內，要放在紙袋等不透光的遮蔽物裡，置於陰涼處即可。當室溫升高時，則可以放到塑膠袋內，再放進蔬果保鮮室裡。

冷凍

[2～3星期]

切成小塊，用微波爐加熱，200g約加熱3分鐘，要保留其硬度。將加熱過的馬鈴薯分成數小堆，以保鮮膜包覆，裝進食物保存袋內，置於冷凍庫↓冷凍狀態下即可加熱烹調（口感多少會變差）。

✕

需要避免的情況

- ◉外皮有色斑。
- ◉有黑色斑點、傷痕或裂痕。
- ◉因為照射到日光，出現綠色。

五月女王

不容易煮爛。

新馬鈴薯

不適合用來做成馬鈴薯泥。

男爵

圓圓的一顆。

馬鈴薯發芽、變綠還可以吃嗎？

馬鈴薯發芽時，芽眼四周會開始變綠，並產生大量的茄鹼，食用過多會造成食物中毒，因此我國食藥署建議民眾不要食用已發芽的馬鈴薯，即便挖除芽眼，仍具有風險。

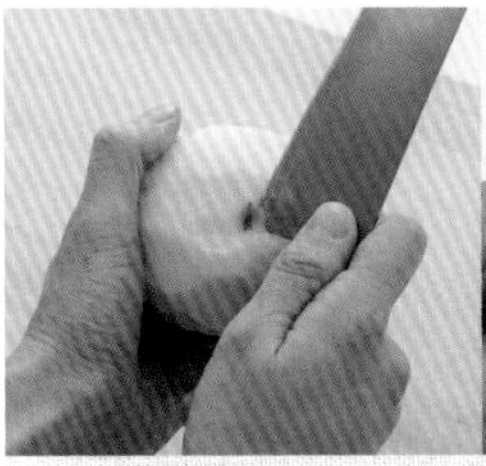

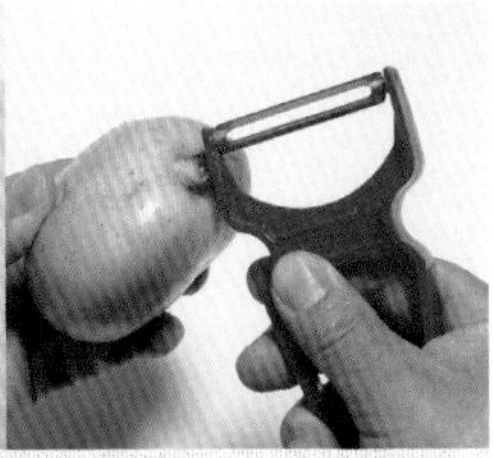

除了發芽會使馬鈴薯芽眼四周變綠之外，若栽種過程中因深度不夠，受到光線照射，也會使馬鈴薯變綠，並非因為含有大量茄鹼，所以要判斷馬鈴薯是否能食用，最簡單的方式還是以是否發芽來判定。

清除泥土

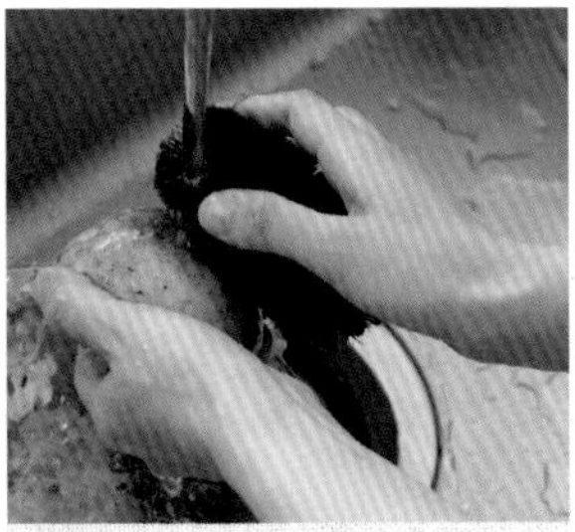

以刷子將泥土洗淨。如果要帶皮食用，連凹陷的地方也要仔細清洗乾淨。如果能好好洗淨髒汙，就可以帶皮吃（新馬鈴薯大多帶皮食用）。

馬鈴薯鬆粉

將馬鈴薯水分煮乾至變成粉末似的，可以直接加進肉類和魚類料理之中，或趁熱搗碎，做成可樂餅或馬鈴薯泥。

1 將馬鈴薯去皮，並切成適合食用的大小，放入鍋中，加入約略蓋過馬鈴薯的水量。蓋上蓋子，以中火約煮 10 分鐘（以大約 2 個馬鈴薯的量計算），煮到可用竹籤穿過的柔軟程度為止。

2 如果還殘留水分，打開鍋蓋轉大火，將水分蒸散。

3 最後蓋上鍋蓋搖晃鍋子，搖晃至馬鈴薯粉末快要飛散開來時關火。

切好後泡水

如果馬鈴薯切好後就這麼擺著，會變成褐色，因此切好的馬鈴薯要放在水裡浸泡約 1 分鐘，便可防止變色。

如果在水裡泡太久，澱粉會被泡出來，就難以煮到鬆軟，請務必留意。根據料理方式的不同，也有不泡水就直接使用的情形。

櫛瓜

雖然和小黃瓜非常相似，但其實是南瓜的好朋友，也可生吃，味道清淡，可以用在各式各樣的料理中。

以綠色為主，但也有黃色的櫛瓜。

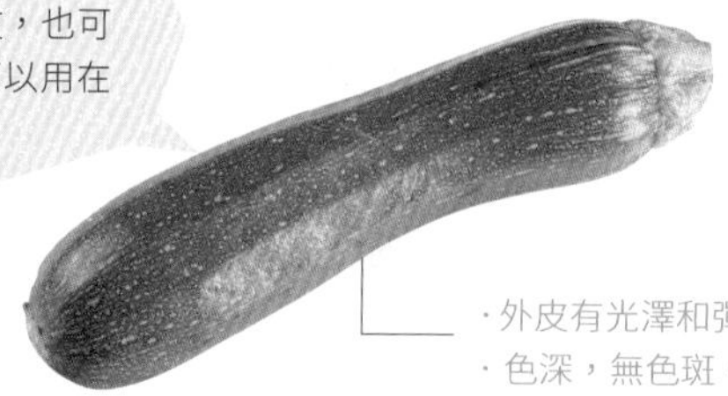

·外皮有光澤和彈性。
·色深，無色斑。

圓片切

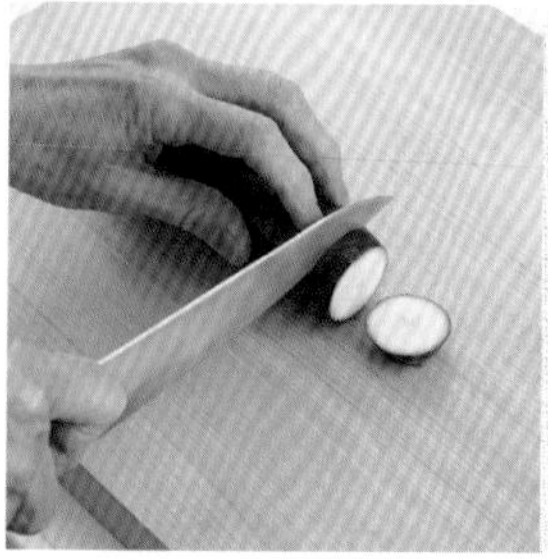

從一端開始逐步切完整條櫛瓜。雖然外皮有點難入味，但嚼起來別有風味。

切除兩端

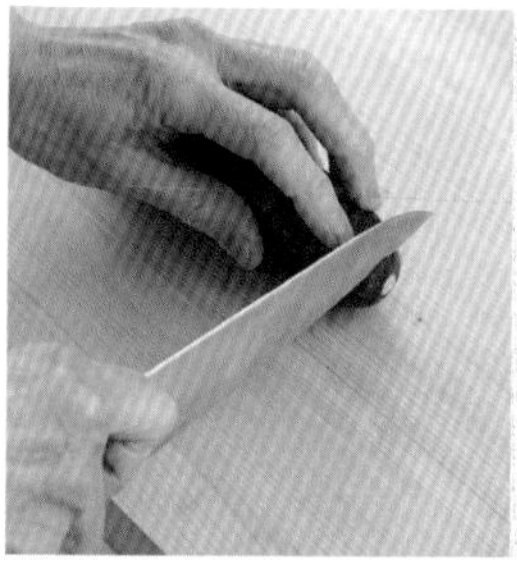

頭尾兩端很堅硬，因此要切除，至於表皮則可以不用去除。

生吃時的處理法

切成薄片即可直接食用，但若抹上少許的鹽，會讓櫛瓜片變軟，更易於入口。

縱切

先切成一段段適當長度，再縱向切成6～8片，烹調時較容易入味。

室溫

由於櫛瓜不適合低溫保存，如果是一整條未切開就不要放到冰箱，擺在陰涼處保存即可。用剩的櫛瓜則要以保鮮膜包覆，再放進蔬果保鮮室裡。

冷凍

[1個月]

切成便於使用的形狀再加熱，但保留其硬度。分成數小堆，以保鮮膜包覆，放入食物保存袋，置於冷凍庫↓在冷凍狀態直接加熱。

蒜香櫛瓜

1. 先切除櫛瓜頭尾兩端，再切成段，每段約 4cm 長，然後縱向切分成 6 ～ 8 片。
2. 將大蒜切末。
3. 在平底鍋中加入油與大蒜，以小火拌炒。
4. 當香氣飄出後，放入櫛瓜，轉中火拌炒約 2 分鐘，加入鹽和胡椒調味。

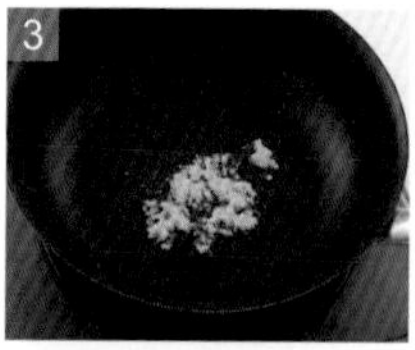

材料

(2 人份／每份 32kcal)

櫛瓜	1 條 (150g)
大蒜	1 小片 (5g)
橄欖油	1 小匙
鹽	1/8 小匙
胡椒	少許

芽菜類

冷藏・蔬果保鮮室

裝在買來時的袋子裡。

冷凍

不適合。

✕ 需要避免的情況

◉葉子有損傷、黏黏的。

・葉子呈新鮮深綠色。
・莖連成一片。

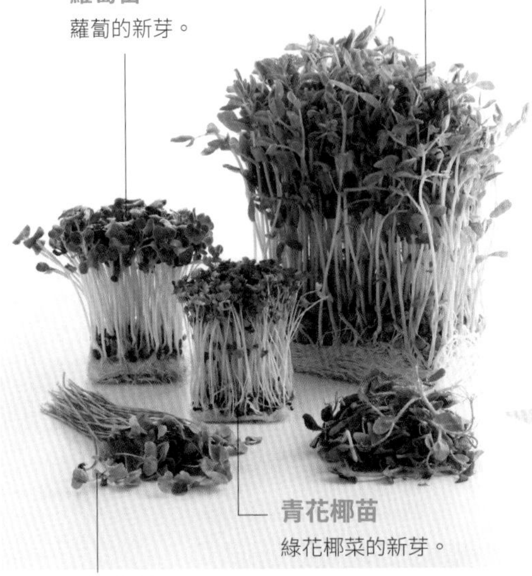

豆苗
去除根部的豌豆新芽。

蘿蔔苗
蘿蔔的新芽。

青花椰苗
綠花椰菜的新芽。

蕎麥苗
去除根部的蕎麥新芽。

苗指的是植物的「新芽」，主要是品嘗其獨特的清脆口感，而且由於發芽的緣故，營養會濃縮積蓄於此，食用價值特別高。

蔬菜嫩芽的清洗方法

先將根部切除。

要清洗蘿蔔苗等小小的蔬菜嫩芽時，要握住葉子部位，在料理盆內略微清洗，將褐色髒汙洗淨後，再換邊清洗葉子部位，然後放到過濾網中將水瀝乾。

豆苗的清洗方法

將根部切除後，放到裝水的料理盆內，邊沖水邊清洗。請用雙手清洗，並避免將豆苗散得亂糟糟的。

直接放到過濾網中將水瀝乾。

芹菜

冷藏・蔬果保鮮室

將葉子與莖切開，以保鮮膜包覆。

冷凍

[2～3個星期]

切成方便使用的形狀，在未經烹煮的狀態下裝進食物保存袋內，置於冷凍庫→冷凍狀態下即可加熱烹調。

✕ 需要避免的情況

- ●莖一壓就凹陷。
- ●葉子變黃。
- ●莖的切口有孔洞。

基本上是食用莖的部位。首先，將葉子和莖的部位分開，再將上半部的葉子和較小的莖分開。其實葉子也能食用，請參照「柴魚片拌西芹葉」中的處理方式。

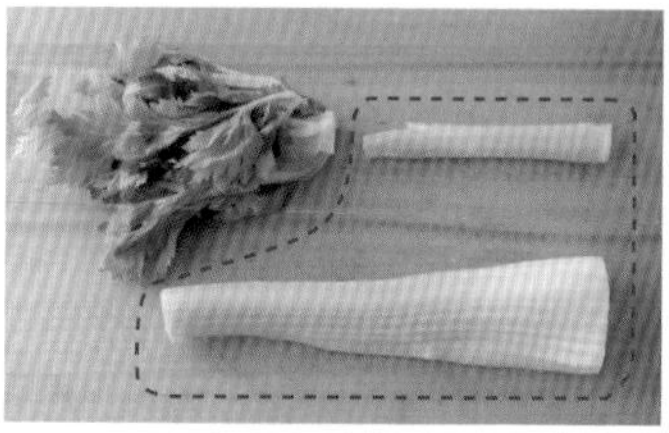

西洋芹需去除粗纖維

西洋芹莖外側的纖維很堅硬，必須去除。以菜刀從根部輕輕下刀，順勢將纖維拉除。

靠近根部的粗大纖維，直接剝除即可。另外，如果是小口切或切末時，會將纖維紋理切得小小的，不特別處理也無妨。

利用削皮器將靠近根部的地方削掉薄薄一層，也可以去除纖維。

柴魚片拌西芹葉

材料

(2 人份／每份 20kcal)

芹菜葉 (含細莖)……1 根的量 (50g)
沙拉油……1/2 小匙
醬油……1/2 小匙
酒……1/2 小匙
柴魚片……1 小袋 (3g)

1 以熱水稍微川燙西芹菜，再將水瀝乾。

2 在鍋內熱油，先拌炒 1，再加入醬油與酒一起拌炒，收汁後加入柴魚片拌一下，關火。

蠶豆

✕ 需要避免的情況

◉纖維變成褐色。

・從豆莢外觀來看，豆子形狀大小一致。
・漂亮的綠色。

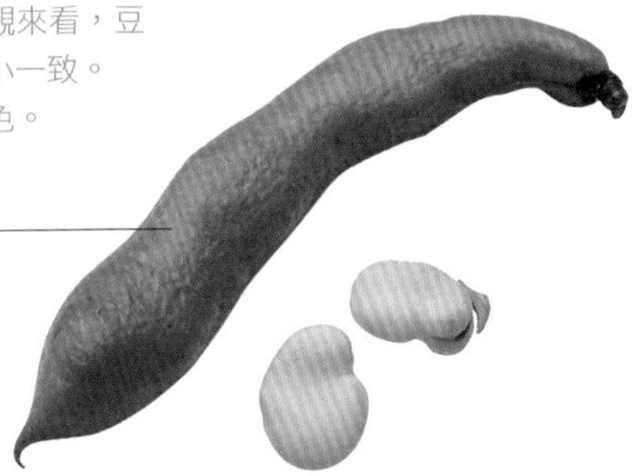

冷藏・蔬果保鮮室

包在豆莢裡可以保鮮，建議連同豆莢直接放進塑膠袋裡冷藏。

冷凍

[1個月]

將蠶豆川燙後裝進食物保存袋內，置於冷凍庫→如果要加熱烹調，先放在冷藏室半解凍後去皮；如果要用來製作沙拉，則放在冰箱冷藏室完全解凍再去皮。

將黑爪去除

利用菜刀刀跟將看起來像黑色爪子的部位剝掉。

取出豆子

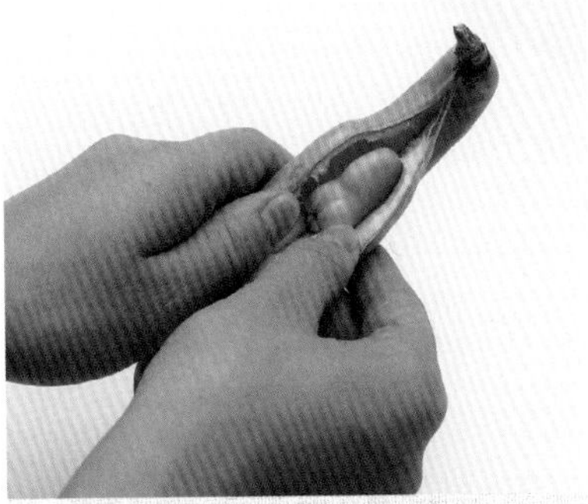

割開豆莢，將豆子取出。從豆莢中取出的豆子會馬上變硬，所以請在進行料理之前再去莢取豆。

齒黑豆與新鮮豆

蠶豆分成豆子新鮮且芽為綠色的（左），以及豆子成熟且芽變成黑色的（右）兩種。芽為黑色的豆子稱為「齒黑」，質地比綠色豆子堅硬。

切個口

在豆子下方或芽的部位劃下約 5mm 的開口，會比較容易入味。

加鹽川燙時，每 150g 豆子需熱水 600ml，加入 1 小匙鹽，川燙時間約 3 ～ 4 分鐘。

白蘿蔔

冷藏・蔬果保鮮室

如果帶有葉子，請先將葉子切除，再放進塑膠袋內。用剩的部分，要用保鮮膜將切口包起來。

冷凍

[1個月]

・切成方便使用的大小，以保持硬度的方式川燙，放涼後以保鮮膜包覆，裝進食物保存袋內，置於冷凍庫→冷凍狀態下即可加熱烹調。

・切絲後抹鹽，或者磨成蘿蔔泥。去除多餘水分後，分成數小堆，以保鮮膜包覆，裝進食物保存袋內，置於冷凍庫→在冷藏解凍後使用。

✕ 需要避免的情況

◉切開時的剖面沒有水分，或是蘿蔔坑坑巴巴的，也就是已經「產生孔洞」，這樣的蘿蔔就不好吃了。

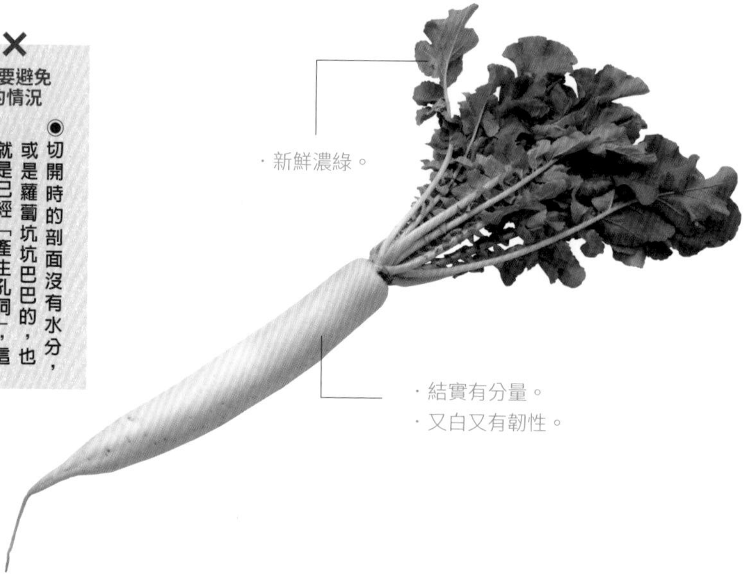

・新鮮濃綠。

・結實有分量。

・又白又有韌性。

根據料理選用適合的部位

使用的部位不同，口感與味道也會有所不同，請搭配料理選擇適合的部位使用。

前端

此部位稍微辛辣，適合用來烹煮口味較重的料理，像是味噌湯配料、醃漬品等。

中央部位

加熱使用。適合用於醬拌蘿蔔、關東煮、燉蘿蔔等料理。

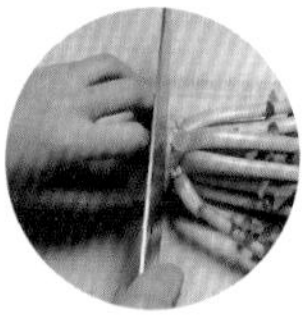

・帶葉子會容易形成空隙，必須先將葉子切除。

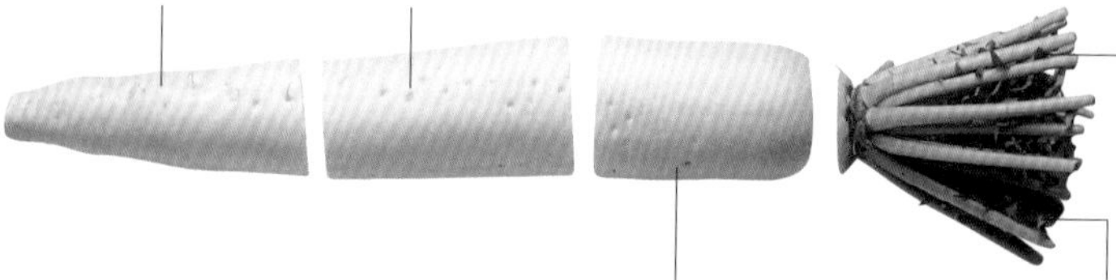

根部

具有甜味，適合生吃。可以做成蘿蔔泥、生菜沙拉或醋醃漬品等。

葉

用熱水快速川燙，泡水，瀝乾後剁碎，可以做成蘿蔔葉飯、拌芝麻，也可以翻炒或作為湯汁配料等。

銀杏葉切

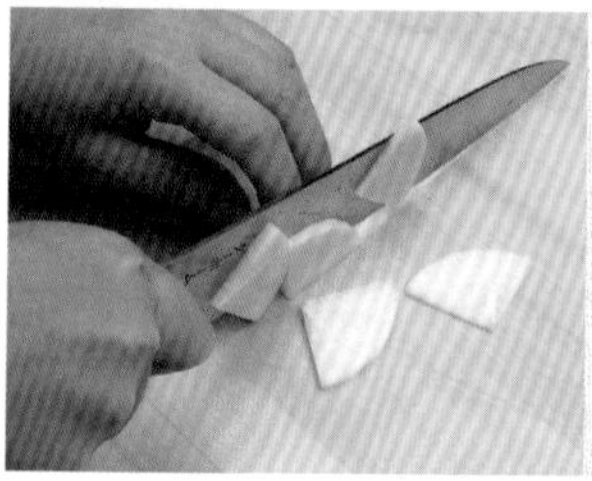

將白蘿蔔以縱向切成四塊，再從最側邊開始切。

半月切

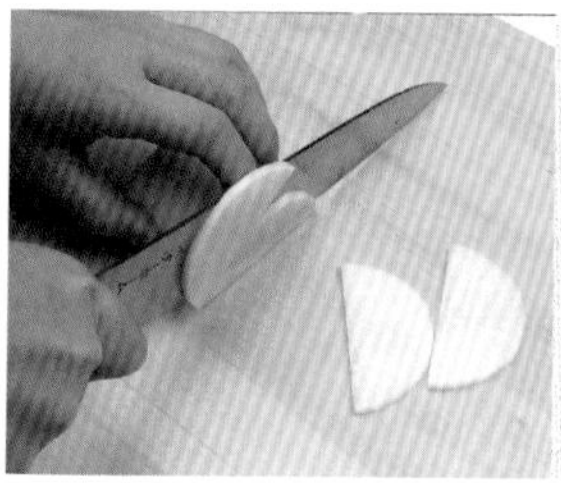

將縱向切開的白蘿蔔從最側邊開始切。

隱藏菜刀切法

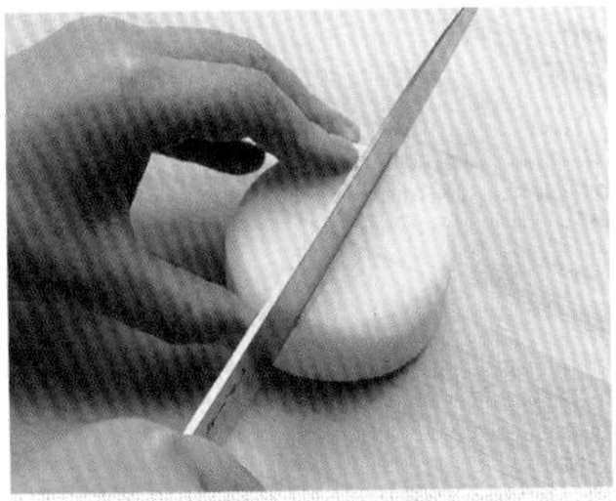

通常要將蘿蔔做成醬拌蘿蔔或關東煮的時候，會使用圓片切，並在切口的一側劃下十字切痕，有助於蘿蔔均勻受熱且能入味。

千六本

大塊白蘿蔔切絲。

先切成 5 ～ 6cm 的長度，再縱向對半切開。將切口朝下放好，從縱向切成 2mm 厚的薄片。

將片好的蘿蔔交疊放置，從最側邊開始以每 2 ～ 3mm 的寬度下刀。

稜角削

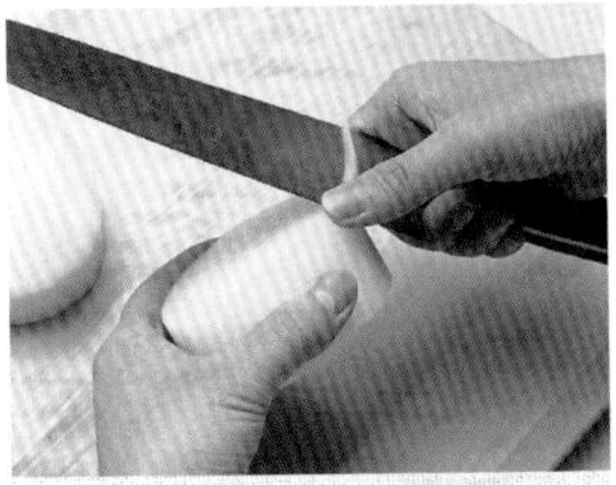

沿著切口邊緣切下細細薄薄的一層。在熬煮時，具有防止因切面邊緣煮爛而造成蘿蔔變形、軟爛的效果。

旋轉削皮

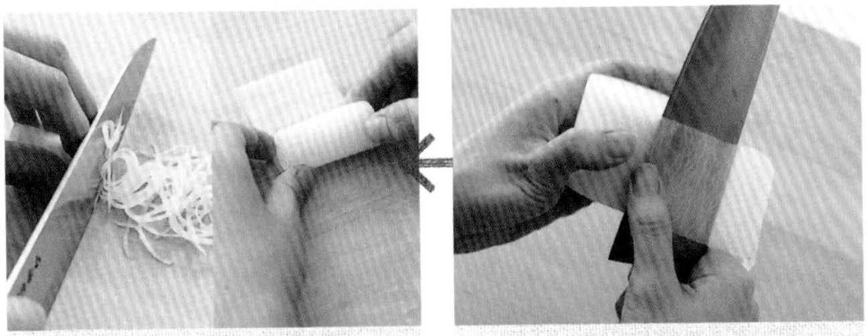

先用圓片切將白蘿蔔切成 5 ～ 6cm 長度，再用菜刀刀跟處小心上下移動，一邊微微轉動蘿蔔，一邊將其削成薄片，也就是以去皮式的切法削成一長條薄片。

將旋轉削皮後的長長蘿蔔片捲成圓筒狀，再從邊緣開始切，就可以切成長長的細絲，作為生魚片的配菜之用。

紅葉蘿蔔泥

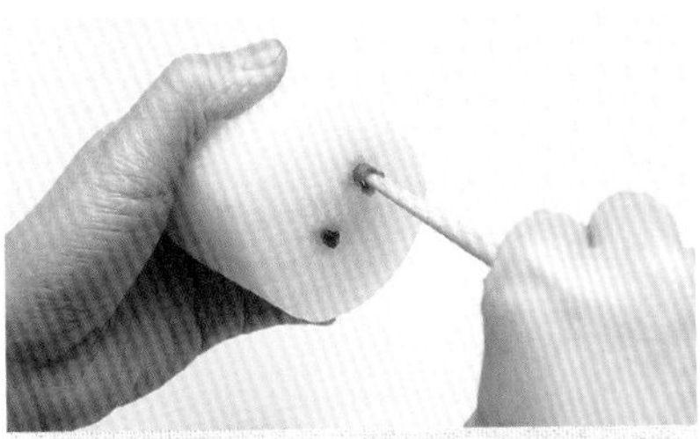

用水將紅辣椒泡軟，切成兩半後，去籽（P.160）。再利用料理筷將蘿蔔打洞，然後用筷子將紅辣椒塞進去，一起磨碎，即為紅葉蘿蔔泥。

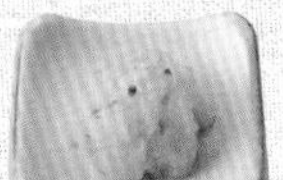

蘿蔔泥

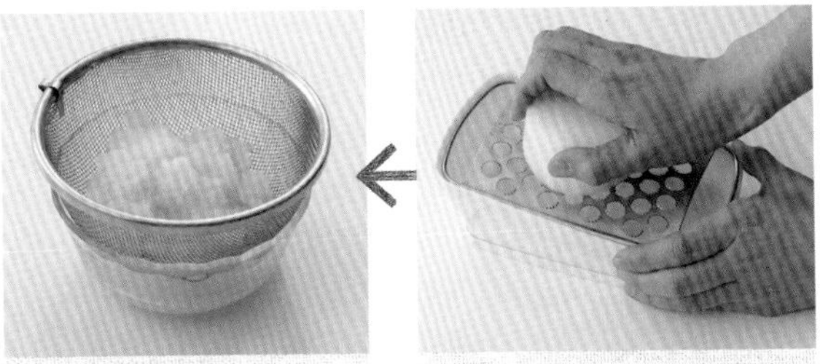

以每份約 50g（約雞蛋大小）大小來研磨較易操作，如果蘿蔔塊過大，可對半切再進行研磨。

將磨好的蘿蔔泥放在過濾網內，將水分瀝乾，可以讓狀態變得更好。

竹筍

✕ 需要避免的情況

◉看起來體積較大，實際上卻較輕。

◉切口呈茶褐色且有點濕滑。

剛挖出來的竹筍比較嫩，但隨著時間越久，口感會漸漸變粗，風味也會改變，因此要盡快加入洗米水或米糠煮過後再使用。

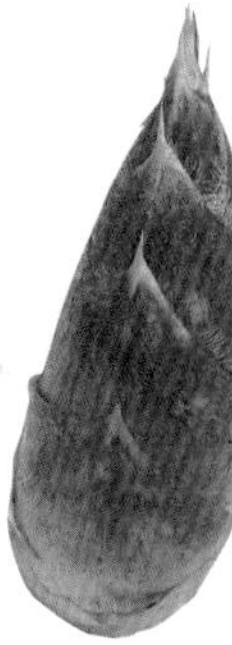

・粗粗胖胖。
・又白又水潤。
・有光澤。

帶殼水煮

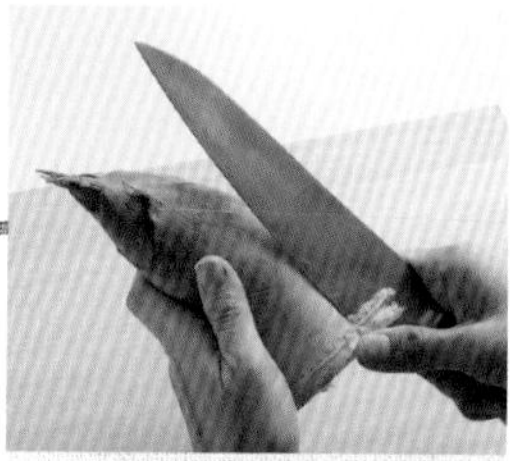

將帶殼竹筍洗淨，並將根部較硬的部位切除，尤其是根部的紅色顆粒必須削掉。

將沒有包覆筍子的前端部分以傾斜角度切除。

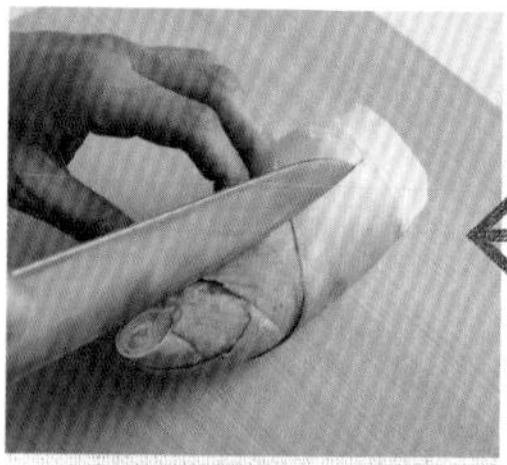

為了避免割壞筍子，從外殼下刀切入約 1/3 左右的厚度，縱向劃出切痕。

放進較大的鍋子內，注入幾乎可以蓋過竹筍的洗米水量（或者每 1L 水放入 10g 米糠），再放入一根紅辣椒，然後開火，蓋上落蓋，以中火煮 30～40 分鐘。

利用竹籤刺刺看，如果可以完全穿過就可以關火，泡在水裡放涼。

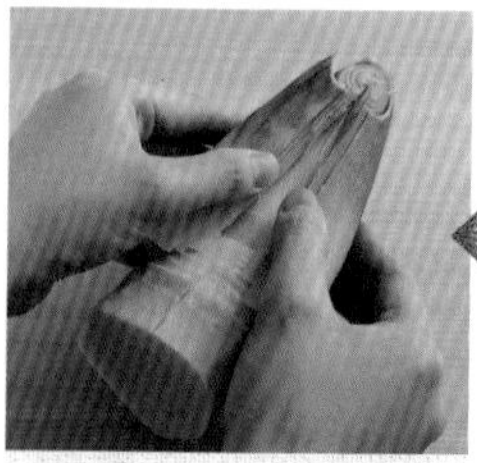

完全放涼後，手指從縱向切口伸進外殼，剝除筍殼。

竹筍的前端最為柔軟，越靠近根部則越硬。靠近前端的部分適合用來涼拌或煮湯，靠近根部的部分則適合拿來燉煮或拌炒。

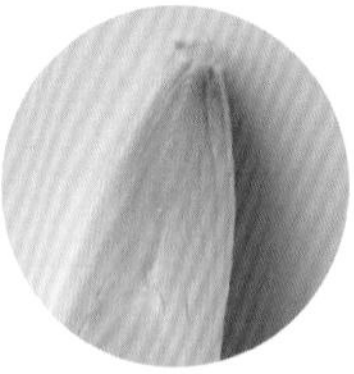

竹筍尖端的外皮在日文裡稱為「姬皮」，由於又白又柔軟，可以直接保留，不用剝除。

冷藏

買回的竹筍要馬上川燙和去殼，並泡在水裡保存。每天換水約可保存1星期。如果剩下少量的竹筍，則直接以保鮮膜包起來。

冷凍

[3星期]

切成方便使用的薄片大小，以保鮮膜包覆，放入食物保存袋，置於冷凍庫↓在冷凍狀態下直接加熱烹調（口感會稍微變粗糙）。

日式醬燒竹筍

材料

(2 人份／每份 61kcal)

川燙過的竹筍……………………200g
柴魚片………………………………5g
A
水…………………………200ml
醬油……………………………1 大匙
味醂……………………………1 大匙

1 將竹筍從尖端部分切成 4cm 長的梳形，較粗的部分切成 1cm 厚的半月形，再切成銀杏葉形。

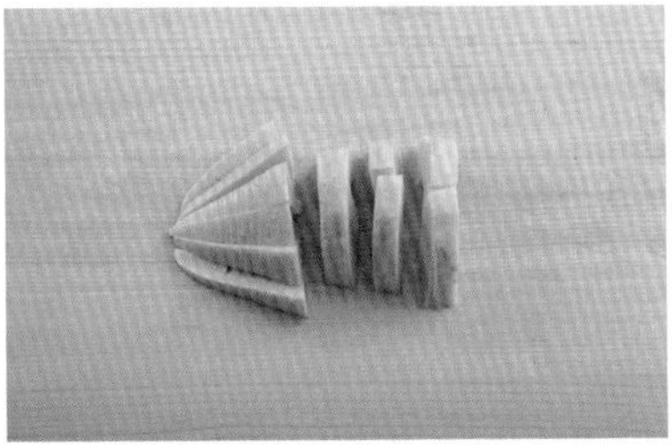

2 將竹筍和柴魚片、A 放入鍋內，開大火。

3 煮滾後，蓋上落蓋和鍋蓋，以中火煮 10～15 分鐘，煮到湯汁幾乎收乾為止。

將煮好的竹筍切絲

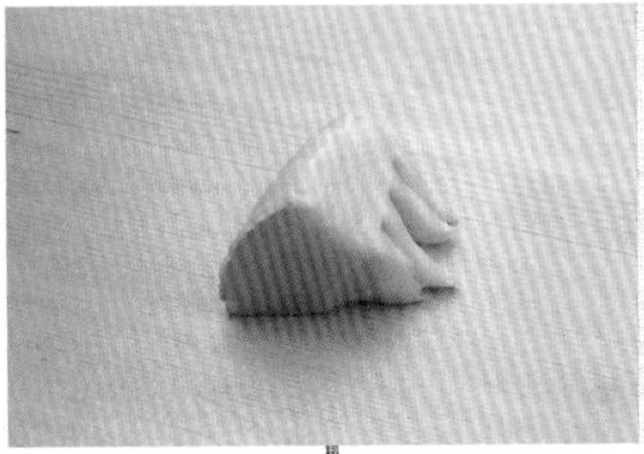

選用靠近根部的部位，會比較容易切成絲。

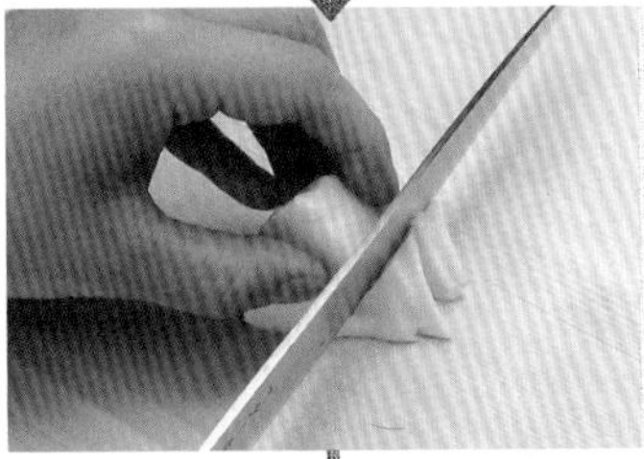

將鋸齒狀部位切掉，但千萬別丟，稍後可以混在一起使用。

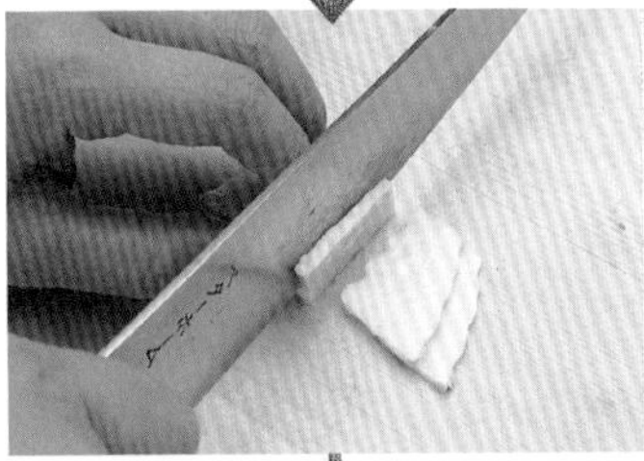

沿著纖維切薄片。

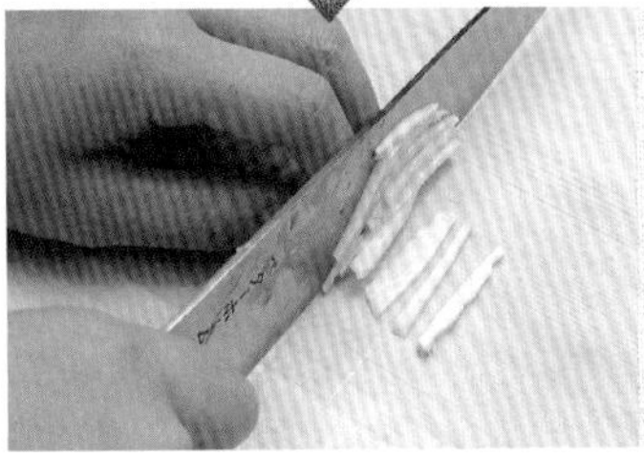

將數片薄片交疊，沿著相同纖維紋理切成條狀。

再次川燙去味

如果很在意買來的川燙竹筍和罐頭竹筍的氣味，使用前可以再燙一下。白色粉狀物體為胺基酸凝固後造成的物質，無須擔心。

將可以蓋過竹筍的水煮沸，並放入川燙過的竹筍，再次沸騰後即可置於濾網中瀝乾。

洋蔥

冷藏・蔬果保鮮室

洋蔥討厭濕氣，因此要放在通風與避免陽光直射的地方。夏天的時候，可以放在蔬果保鮮室裡。剛採收的洋蔥與紫洋蔥容易損傷，也請放到蔬果保鮮室裡。

冷凍

[1個月]

切薄片或剁碎後以保鮮膜包覆，裝進食物保存袋內，置於冷凍庫→冷凍狀態下即可加熱烹調。

✕ 需要避免的情況

- ◉按壓時感覺洋蔥很軟。
- ◉前端開始發芽。

・外皮多為乾燥的透明褐色。
・呈球形且堅硬。

當季洋蔥
是指從春季到初夏間出產的洋蔥，既香甜又柔軟。

紫洋蔥
別名為紅洋蔥，較不具辛辣感，適合用來製作沙拉。

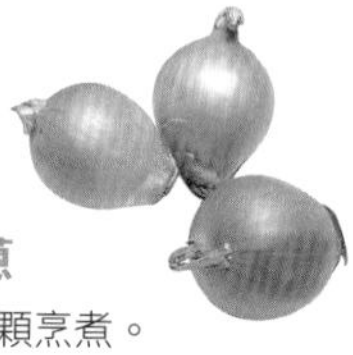

小洋蔥
通常整顆烹煮。

梳形切

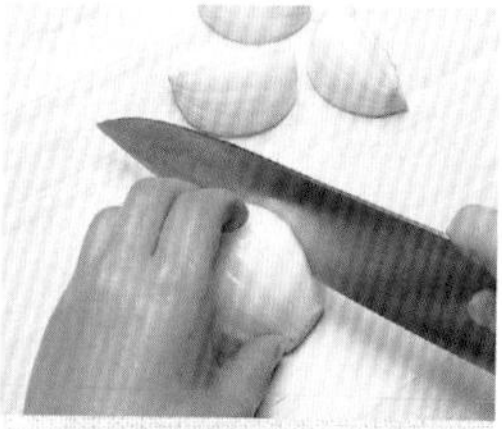

縱向對半切，將切口放在砧板上，菜刀向著洋蔥中心方向施力，沿著纖維走向切開，整齊切出同等大小的切片。

去皮

洋蔥的褐色部分原本並不是外皮，與內側白色部分是相同的東西，是因為乾掉才會變成褐色，所以只要將這部分去除即可。

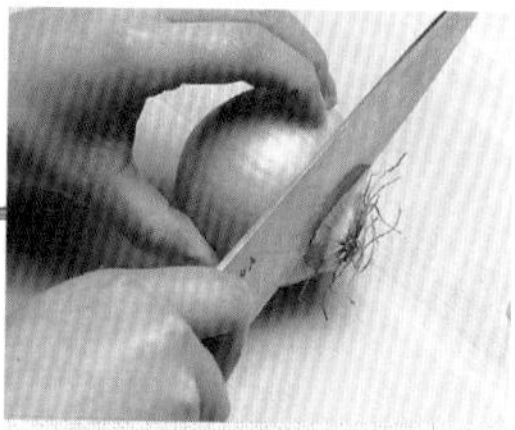

快速沖水，將根部切除後再去掉褐色外皮。

梳形切或切末時，為了避免切得七零八落，根部稍微切掉薄薄一層即可。

切薄片2

橫向切，與纖維方向垂直

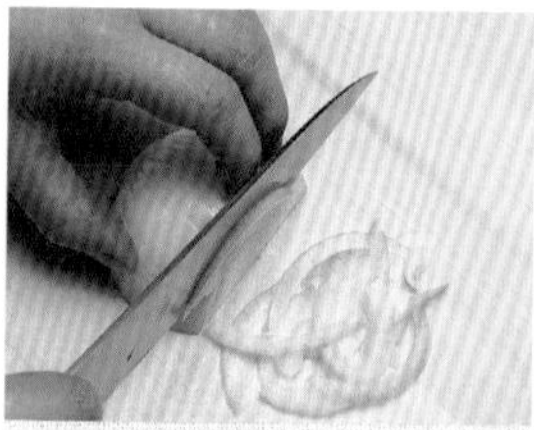

沿著將纖維切斷的方向下刀，會湧出強烈洋蔥香氣。泡水可以去除辛辣味，適合生吃（P.61）。

切薄片1

縱向切，與纖維方向平行

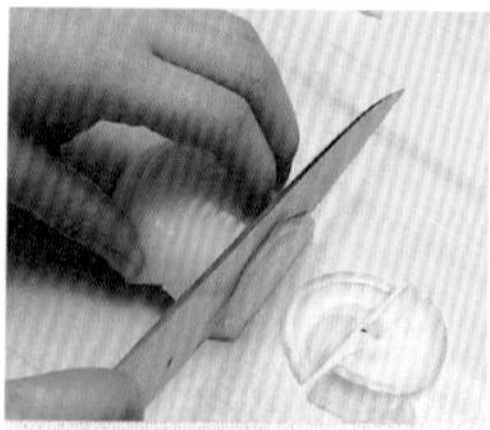

縱向對半切，將切口置於砧板上，沿著纖維方向切開（如果食譜上沒有指定切法，就以這個方式來切）。

圓片切

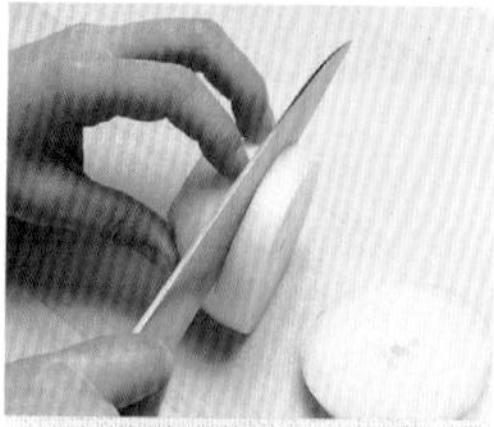

橫向將纖維切斷，切成圓片。

纖維的方向

拌炒洋蔥

由於洋蔥一旦加熱，辛辣味就會消失，甜味會湧現，所以經常都是仔細拌炒過後再調味。根據料理的不同，拌炒方法也會有所不同。圖中是以 200g 左右的中型洋蔥為例，將其切成薄片，以 10g 奶油（沙拉油則為 1 小匙）拌炒而成。切末洋蔥也是以相同方式來料理。如果拌炒的分量越多，所需的時間當然就越長。

利用厚度較厚的鍋子或平底鍋，加入奶油，熱油後拌炒。由於洋蔥會出水，所以在煮軟以前請使用較強的中火，約 3 分鐘就可以將洋蔥煮到通透。

當洋蔥開始變色時，轉小火。圖片是開始拌炒約 10 分鐘後的狀態。

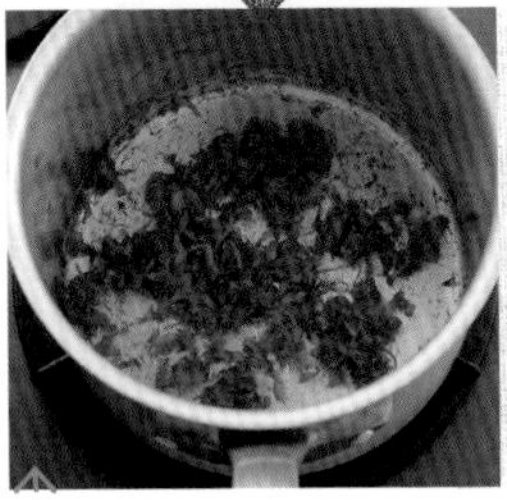

請在不會燒焦的情況下拌炒到洋蔥變成褐色為止。圖片是開始拌炒 20 分鐘後的狀態。如果要炒至溶化，大約需要 30 分鐘。

建議可以一次多炒一點，再冷凍保存，方便日後使用。在製作漢堡排等料理時，可以在半解凍狀態下與其他食材混合，如果是燉煮料理，則可以在冷凍狀態下加進去。

泡水去除辛辣味

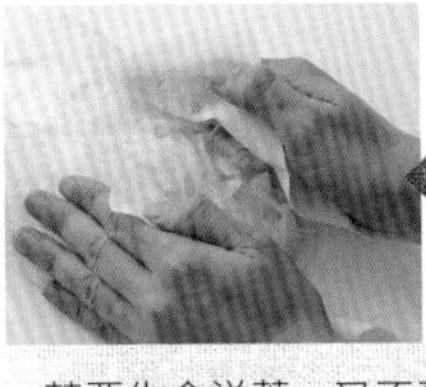

若要生食洋蔥，又不喜歡它的辛辣味，可以將切好的洋蔥泡水約 5 分鐘，再置於過濾網內將水瀝掉，然後利用廚房紙巾擦掉多餘水分，就可以使用了。

切末

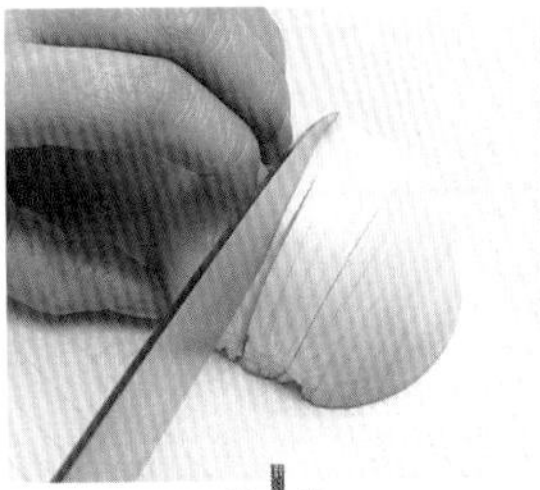

縱向對半切，將切口置於砧板上，稍微留下一點根部部位，細細切入底部。

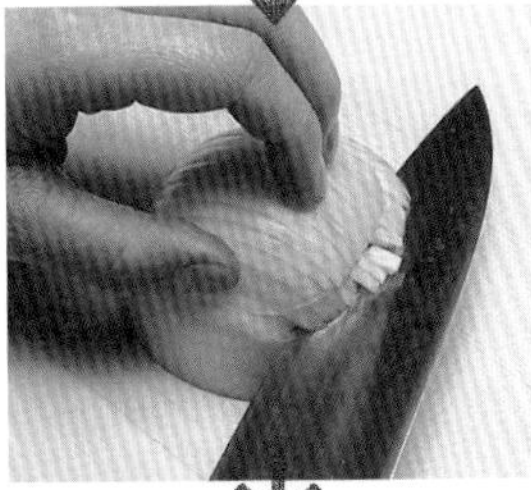

以手固定根部將洋蔥轉 90 度，橫向施展菜刀，切 1 ～ 2 刀，一樣要留下一點根部，不要完全切斷。

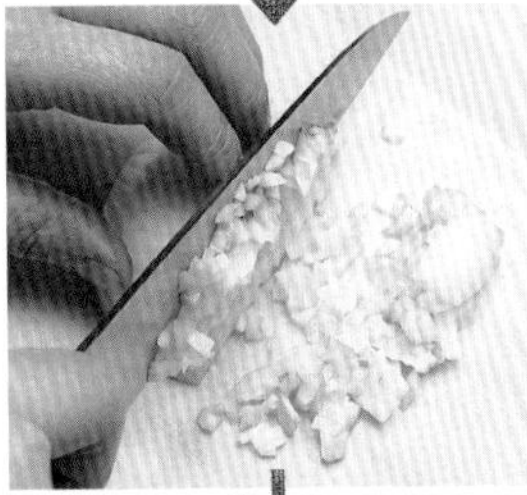

將洋蔥兩側固定好，從根部對面一側開始下刀，就能切出細丁。

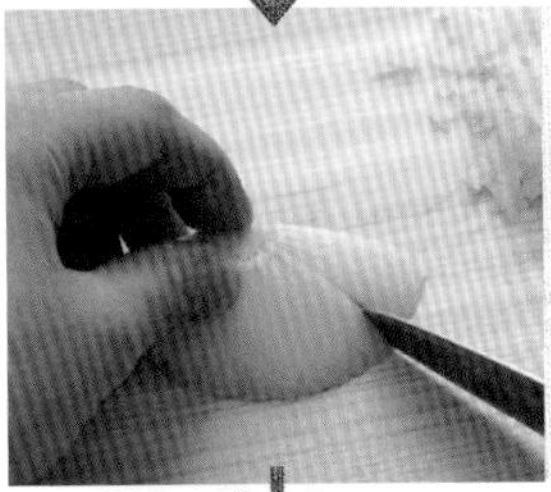

切到靠近根部的時候，從邊緣呈放射線狀下切，最後把根部也切斷。

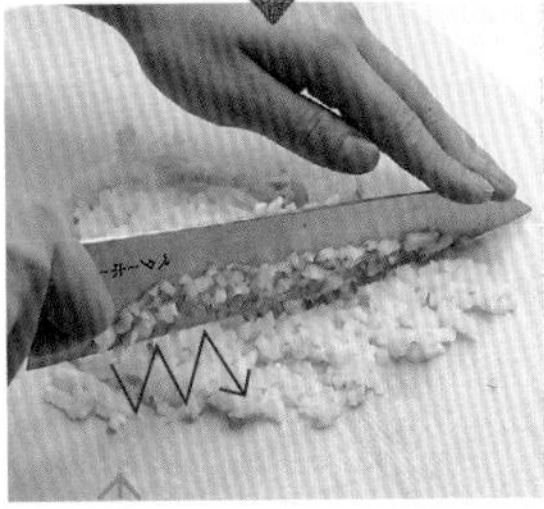

如果想切得更細，可以用左手輕壓菜刀刀尖，利用菜刀刀跟微微上下動作，從砧板上方邊切邊動，就能切得更細碎。

切末的時候，如果想避免被洋蔥刺激到流淚，祕訣是先將洋蔥放到冰箱冷藏過，再以順手的菜刀快速下刀。

青江菜

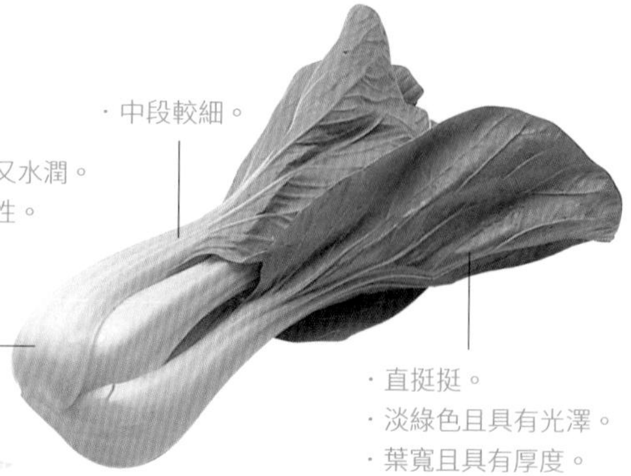

以青江菜為首，中國蔬菜的特徵是澀味比較沒那麼重，用來拌炒或燉煮時，可以直接加熱，無需事先川燙。

塌菜

味道比青江菜重，適合用來拌炒。

空心菜

名稱由來是因為莖裡面空空的。葉子稍微有點黏液，適合用來拌炒。

一片片使用時

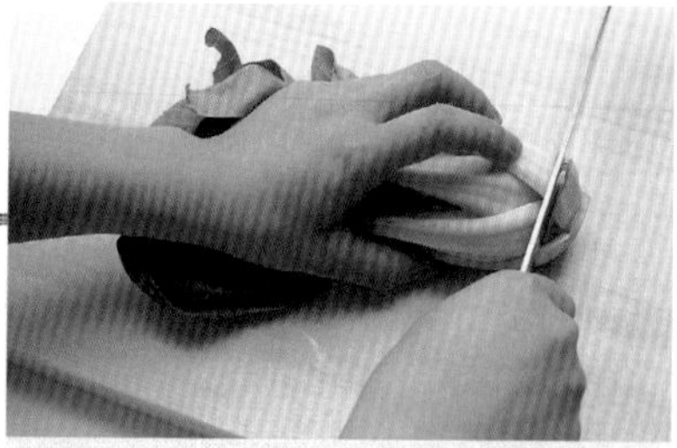

快速沖洗過後，朝根部稍微深入下刀。

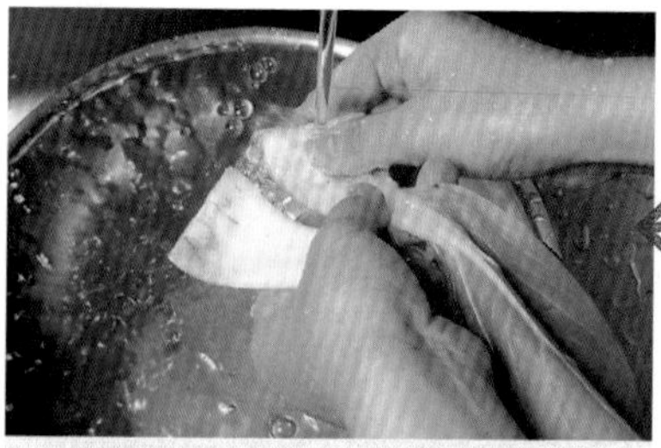

摘下葉子，仔細將莖部內側的泥沙等髒汙清洗乾淨。

整株使用時

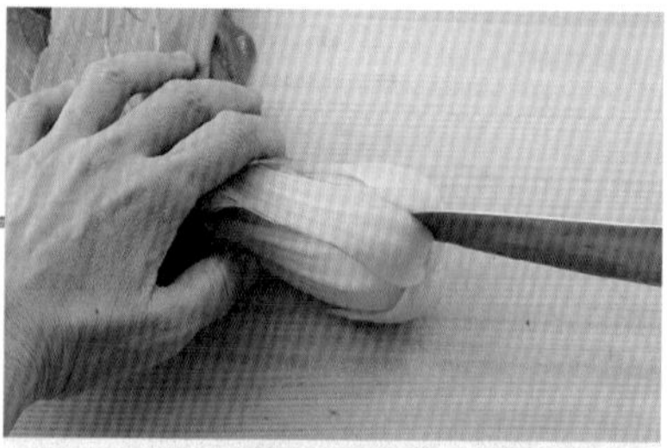

從根部劃下切痕，根據料理方式的不同可以劃 2 刀或 4 刀。

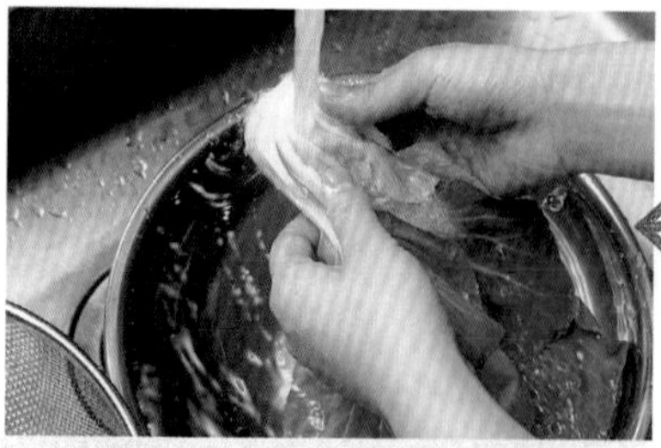

一邊沖水，一邊將根部與葉子間仔細洗淨。

冷藏・蔬果保鮮室

放入塑膠袋內，盡量立著放。

冷凍

[生/1星期]
[川燙/1個月]

生的狀態切成大塊，或以保留硬度的方式川燙，分成數小堆，以保鮮膜包覆，裝進食物保存袋內，置於冷凍庫→冷凍狀態下即可加熱烹調。

冬瓜

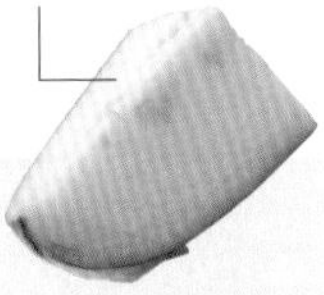

通常會將其像南瓜一樣切塊，再以保鮮膜包覆販售。

冬瓜雖然在夏季採收，但若將一整顆冬瓜放在陰涼處，可以保存到冬天，因此將其稱為冬瓜（冬天的瓜）。冬瓜可以生吃，但多半會用來製作燉煮料理或做成湯品。

去除籽與瓤

如果想將一大塊冬瓜的籽與瓤一起挖除，運用湯匙即可做到。

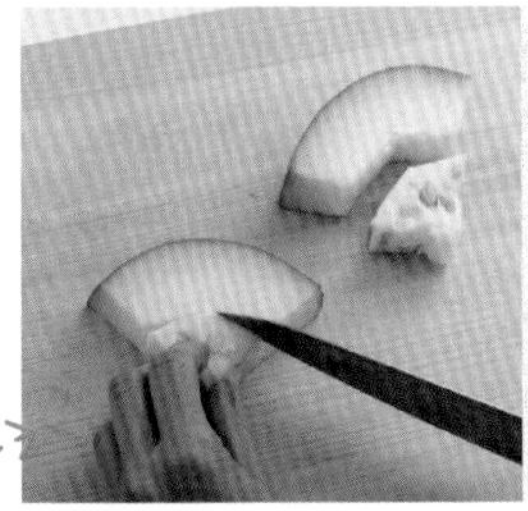

也可以切塊後再去除籽與瓤，這時運用菜刀刀尖即可辦到。

如果是質地較硬的冬瓜，這個做法比較容易將籽與瓤除去。

完全去皮

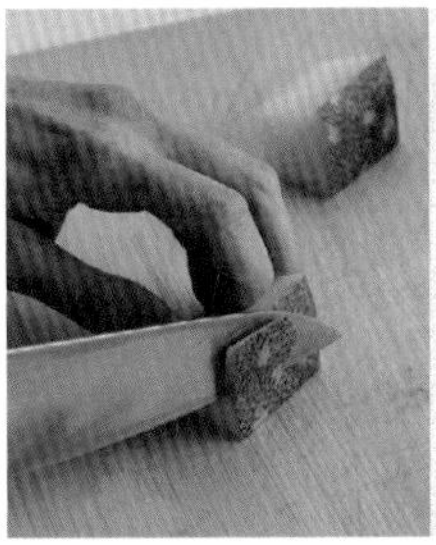

由於外皮堅硬，可將冬瓜切成一塊塊之後在砧板上擺好，再用菜刀切掉外皮。

削薄皮

如果想善加利用外皮下的翠綠色部位，可以利用削皮器削去薄薄一層表皮即可。

冬瓜燒雞

材料

（2 人份／每份 125kcal）

- 冬瓜……200g
- 雞腿肉……100g
- 薑……1 小段（5g）
- A
  - 鹽、胡椒……少許
  - 太白粉……1 小匙
- B
  - 水……200ml
  - 酒……1 大匙
  - 砂糖……1/2 小匙
  - 中式味精……1/2 小匙
  - 醬油……1/2 小匙
  - 鹽……少許

1. 將冬瓜的籽與瓤去掉，切成 3～4cm 大小的塊狀，再削掉薄薄一層外皮。將薑切成薄片。
2. 將雞肉切成一口大小，倒入 A 一起揉捏。
3. 將 B 倒入鍋內，開大火。煮滾後，將1與2倒入，去除浮沫。將鍋蓋半蓋，以小火烹煮約 15 分鐘。

冷藏・蔬果保鮮室

切過的冬瓜容易損傷，要將籽與瓤的部分去掉，用保鮮膜包起來。

冷凍

[3星期]

去皮，切成方便使用的大小，以保持硬度的方式川燙。用保鮮膜包覆，裝進食物保存袋內，置於冷凍庫→冷凍狀態下即可加熱烹調。

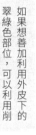

番茄

・蒂頭鮮綠。
・切口新。
・顏色紅得很平均。
・堅硬結實。
・圓滾滾的。

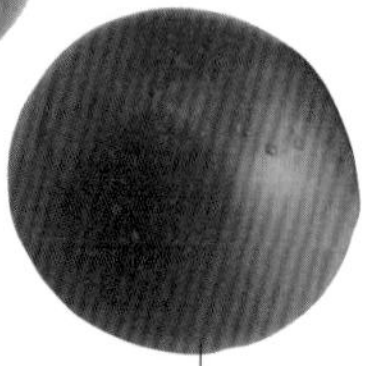

・將蒂頭朝下放置時，從上方觀看的話，星星形狀的白色筋脈會非常清晰。

迷你番茄

✕ 需要避免的情況

◉表面不平整的番茄其實是內有空隙。
◉接近蒂頭處有裂痕。

冷藏・蔬果保鮮室

放在塑膠袋內，將蒂頭朝下置放，就不容易損傷。

冷凍

[1個月]

可以切成一口大小分裝，或將整顆以保鮮膜包覆，裝進食物保存袋內，置於冷凍庫→冷凍狀態下即可加熱烹調。整顆番茄直接在冷凍狀態下泡水，便可以輕鬆去皮。

熱水去皮

如果想用番茄製作醬汁或拌炒、烹煮時，帶皮番茄的口感不佳，可先泡熱水去皮，再進行烹調。

將番茄放在湯杓裡，在熱水裡約浸泡3～5秒。

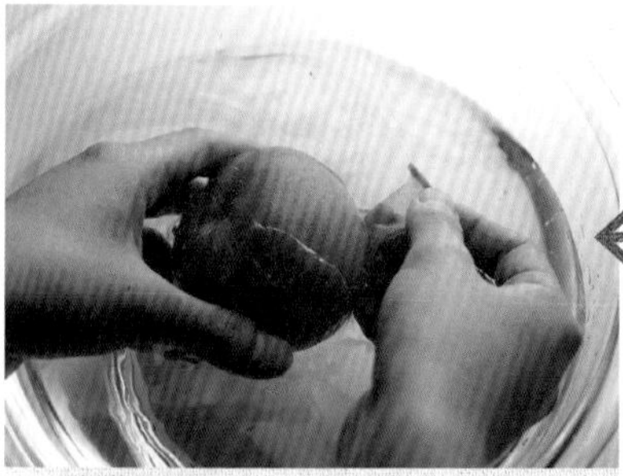

馬上放進冷水中，外皮會有些脫落，此時便可用手將外皮剝掉。

去籽

製作醬汁的時候，為了追求口感與美味，會去除番茄籽。

從側邊將番茄切成兩半，利用湯匙將籽取出。

圓片切

將番茄橫向擺放後下刀。

欲切更小塊時

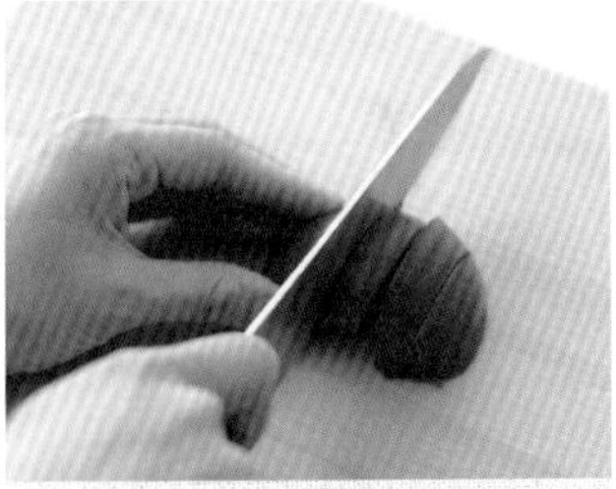

將平坦切口朝下放在於砧板上擺好，將菜刀刀刃以滑動的方式朝番茄下刀，就可以切出漂亮的切口。

梳形切

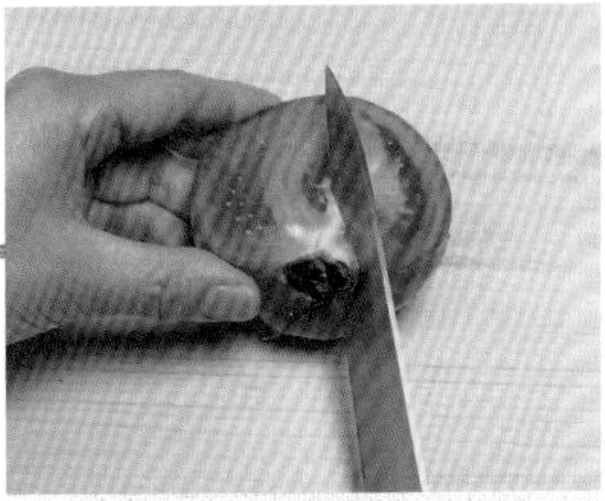

縱向對半切，以切三角形的方式將連接蒂頭的部分切除。

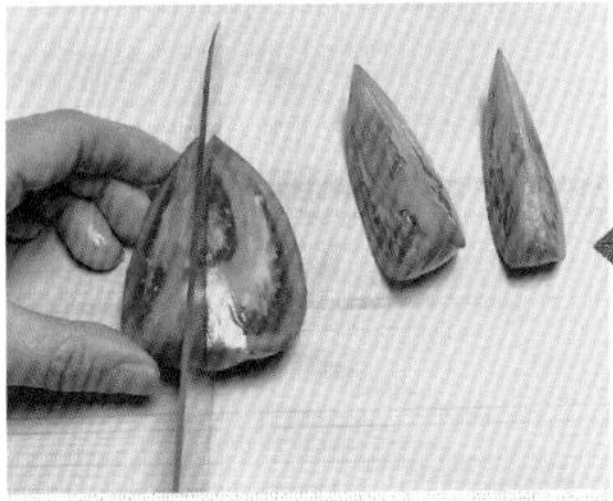

將兩個半邊各自切成放射線狀。

超便利番茄加工食品

番茄罐頭

將熱水去皮後的番茄加入純番茄醬或番茄汁製作而成。如果是整顆番茄就叫做「整粒去皮番茄」，切過的則稱為「切塊番茄」。可以用來製作番茄醬，或是各種需要使用番茄來熬煮的料理之中。

番茄乾

將番茄乾燥製成，經常用於義大利料理。番茄乾濃縮了番茄的美味，用於料理之中，可以讓味道更有深度。使用時先置於清水或熱水裡泡發，接下來的使用方式就和一般番茄相同。由於番茄乾含有鹽分，所以烹調時必須留意鹽的用量。

番茄泥（糊）

將熟透的番茄煮熟後過篩，並熬煮濃縮而成的產物，濃度比純番茄醬更高。可以用來製作番茄醬、為燉煮料理提味，或運用在只想增添紅色而不想讓料理中的番茄酸味太過明顯時。

純番茄醬

將熟透的番茄煮熟後過篩，再熬煮濃縮而成的產物。由於番茄的含水量高達 90％以上，要熬煮濃縮可說是相當費時，但純番茄醬在使用時只需要一點點就能創造濃厚風味，而且可廣泛運用在各種使用番茄的料理之中。

茄子

✕ **需要避免的情況**
- ◉外皮有損傷。
- ◉日漸枯萎。

米茄
果肉結實，適合用奶油煎炒，或是用於燒烤、炸物等料理。

蛋形茄、長茄
果肉硬度適中，口味清淡，可以用在各式各樣的料理之中。

- 蒂頭周遭有刺。
- 蒂頭切口新鮮。
- 深紫色。
- 有光澤。

劃出切痕

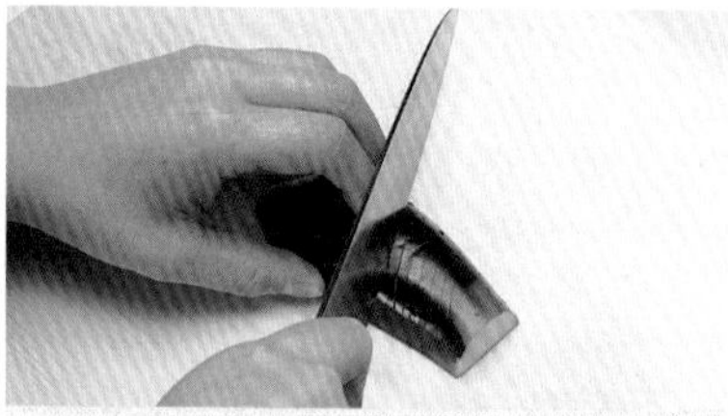

如果要用茄子圓圓的形狀來做料理，或想切成大塊使用時，在外皮劃入淺淺的切痕，可以幫助茄子入味。切痕可以選擇斜切、格痕、縱切等各種切法。

將部分外皮剝開也有相同的效果。

切除蒂頭

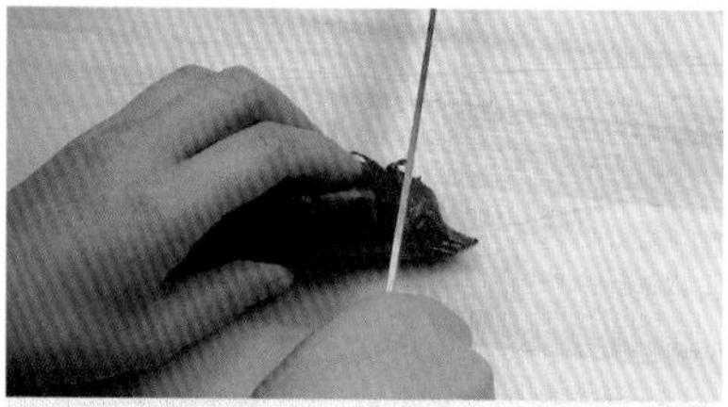

用水沖洗，在花萼和果肉相接合處下刀，便能同時去除蒂頭和花萼。

留下蒂頭，僅取下花萼時

如果是烤茄子等保留蒂頭的料理方式，只要將蒂頭前端切除。

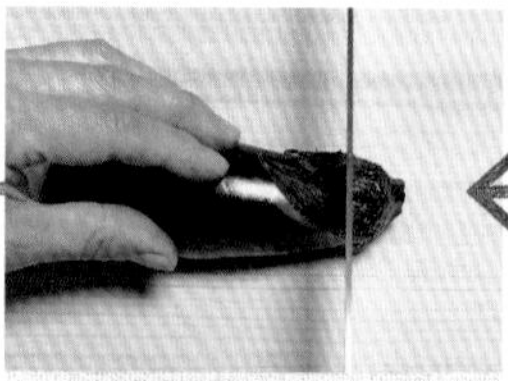

在花萼和果肉相接合處下刀，轉圈劃下淺淺刀痕。

將多餘的花萼部分去除。

泡水

由於茄子裡有一種酚氧化酶的物質，接觸到空氣會變色，所以切下來後要馬上泡水。泡水時間約為1～2分鐘，如果浸泡太久，會導致養分流失。

如果要油炸或拌炒，則無需泡水，切下來馬上進行烹調。以油進行烹調時，茄子的苦澀味會變成甜味。

室溫

不適合太低溫。若想儲存兩、三天再使用的話，可將其放在塑膠袋內，置於陰涼處存放；如果要放更久，就必須放入蔬果保鮮室內。

冷凍

[1個月]

生茄子不適合放在冷凍庫，如果是已經烤過或炸過的則較可行。將處理好的茄子分成數小堆，以保鮮膜包覆，裝進食物保存袋內，置於冷凍庫↓冷凍狀態下即可加熱烹調。

韭菜

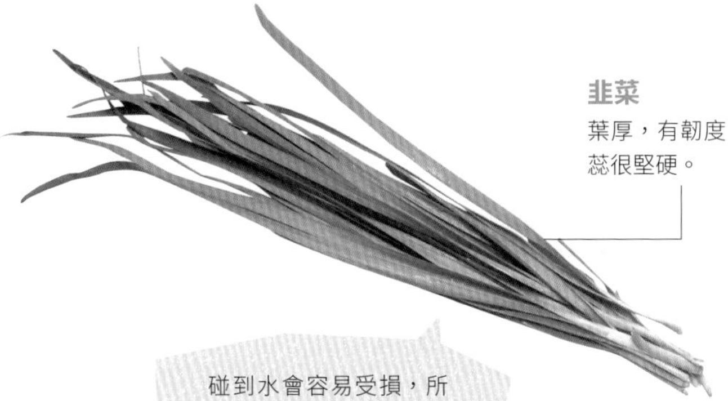

韭菜

葉厚，有韌度，花蕊很堅硬。

碰到水會容易受損，所以使用前再清洗，稍微切掉一點根部再使用。

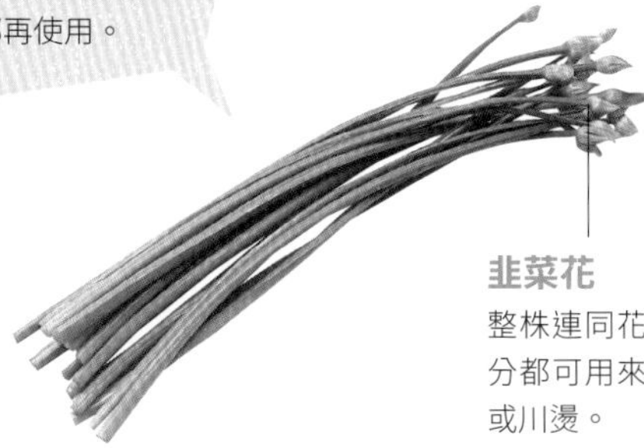

韭菜花

整株連同花蕊部分都可用來拌炒或川燙。

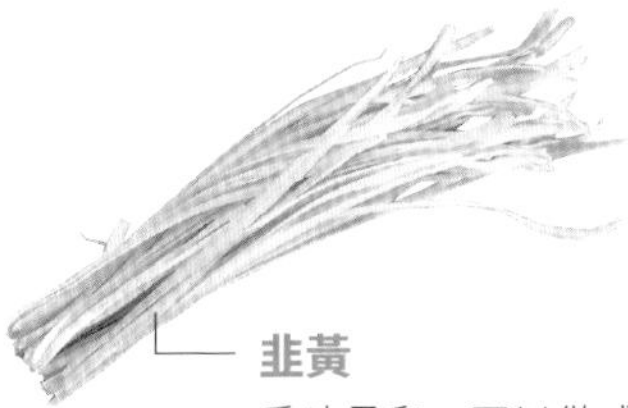

韭黃

香味柔和，可以做成沙拉生吃，或是拌炒後再食用。

冷藏・蔬果保鮮室

放到塑膠袋內。

冷凍

[2～3星期]

生韭菜可直接冷凍。切成易於入口的大小，再放入食物保存袋內，置於冷凍庫→冷凍狀態下即可加熱烹調。

韭菜炒豬肝

材料

(2 人份／每份 113Kcal)

- 豬肝……100g
- A 醬油……1/2 小匙
- A 酒……1 小匙
- 韭菜……1 把 (100g)
- 大蒜……1 小片 (5g)
- 沙拉油……1/2 大匙
- B 酒……1/2 大匙
- B 醬油……1/2 大匙
- B 鹽……少許
- B 胡椒……少許

1. 將韭菜切成 4cm 長，將大蒜切成薄片。

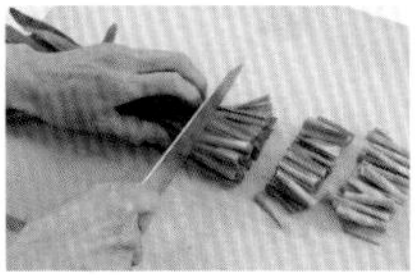

2. 將豬肝切成一口大小，用水沖洗（P.132）。
3. 將多餘水氣去掉，抹入 A。
4. 攪拌 B。

5. 在平底鍋內放入油和大蒜，開小火，大蒜香味湧現後，將火調大，開始拌炒豬肝。待豬肝上色後，加入韭菜拌炒，再加入 B 大動作翻炒，馬上停火。

胡蘿蔔

冷藏・蔬果保鮮室

以保鮮膜包覆，放進塑膠袋內。用剩的部分則以保鮮膜封住切口。

冷凍

[1個月]

切成薄片，以保留硬度的方式川燙（A），或切成絲後抹鹽（B）。分成數小堆後用保鮮膜包覆，放入食物保存袋，置於冷凍庫→（A）冷凍狀態即可直接加熱烹調；（B）在冷藏室解凍，去除水氣後使用。

✕ 需要避免的情況

- ●外皮有凸起。
- ●切口發黑。
- ●頂端呈綠色。

・顏色漂亮。
・外皮平滑。
・芯直徑小。

削皮

有的胡蘿蔔在販售之前會先清洗，一併去除外皮和鬚，而我們以為的外皮其實是皮下方的部位，如果賣相好，可以水洗後不去皮就直接使用。

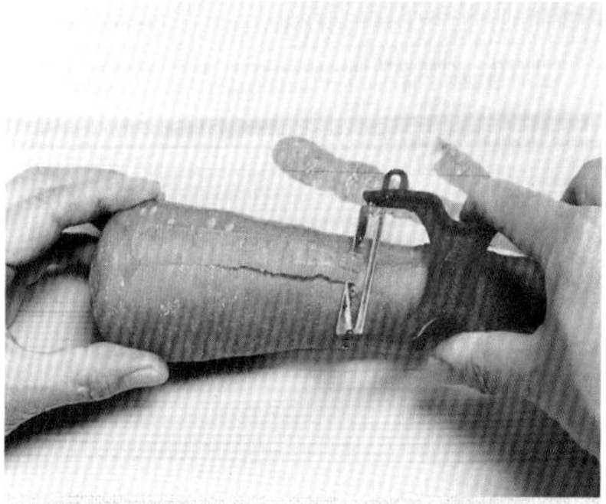

胡蘿蔔的外皮加熱會變黑，若想讓料理色澤更美時，請削皮後再使用。如果想盡量削出薄薄的皮，使用削皮器是最方便的。

將胡蘿蔔的前半部放在砧板上，削起皮來會更方便。

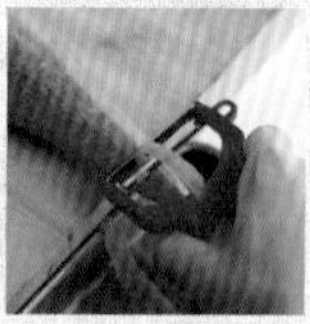

不規則切

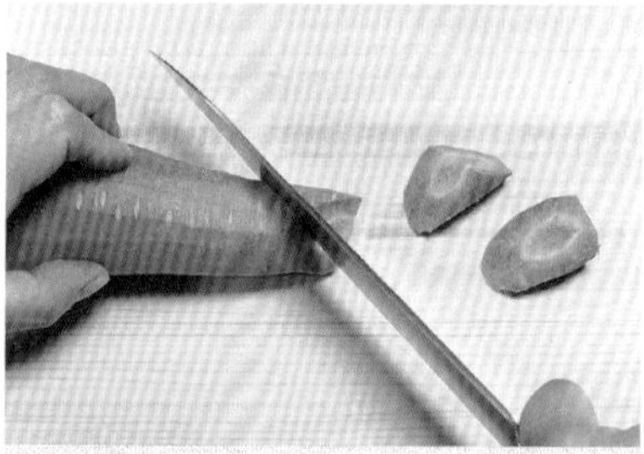

從斜面下刀，再將胡蘿蔔朝前方轉 90 度，切口朝上，菜刀再朝斜面切入。

由於表面積變大，可以更容易煮透，也更容易入味。

切絲（沿著纖維方向的切法）

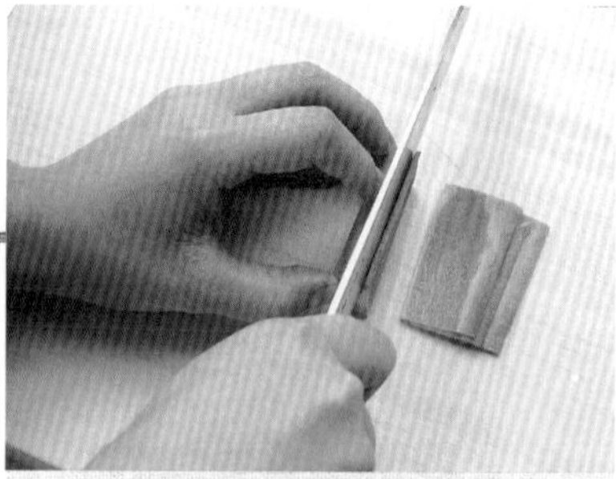

切成需要的長度之後，縱向切成薄片。

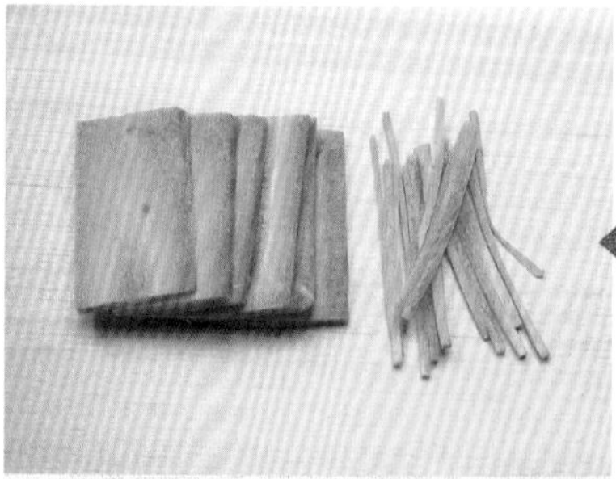

稍微堆疊在一起，從邊邊開始切成細絲。

梅花胡蘿蔔

活用胡蘿蔔的橘紅色來製作成梅花形狀，可以增添料理的繽紛。

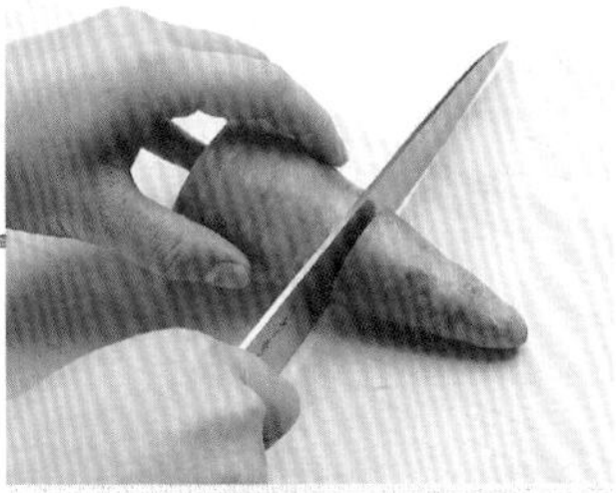

要從比模型直徑大的位置來切成 4 ～ 5cm 的厚度。

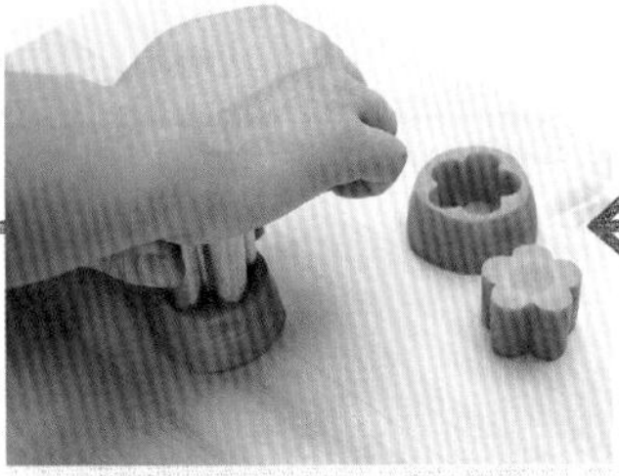

將模型從切口用力往下壓到底，再將模型中間的胡蘿蔔取出來。

再切成 5 ～ 6mm 厚即完成。切成薄片後可以加到湯或米飯裡一起悶煮。

扭轉梅花

利用模型壓出梅花狀的胡蘿蔔後，利用菜刀刻出花瓣的凹凸和立體感。招待客人或做年菜時最為合適。

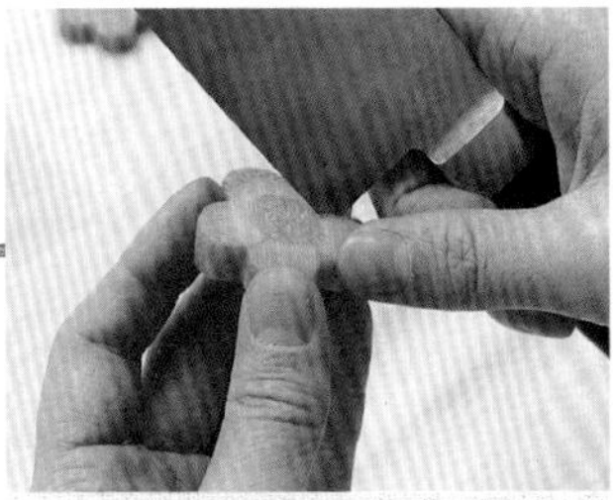

菜刀從梅花胡蘿蔔的切口邊緣朝中心輕輕下刀。

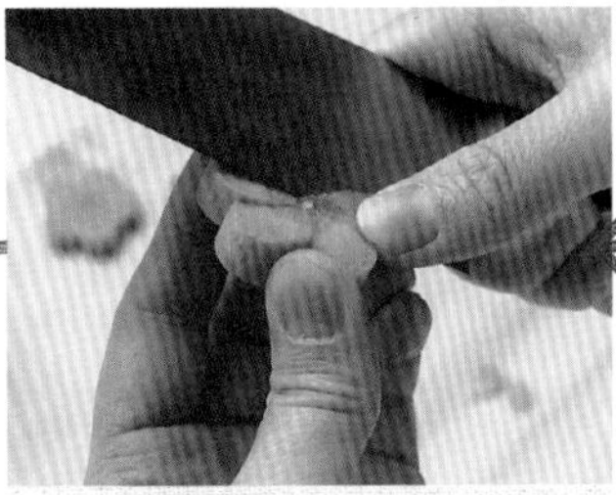

傾斜削向隔壁花瓣的邊緣。

另外四枚花瓣亦朝相同方向斜削，即完成。

糖煮胡蘿蔔

1 胡蘿蔔去皮後，切成 1cm 厚度的圓片狀。

2 在鍋內注入約略可以蓋過胡蘿蔔表面的水量，將 A 倒入，蓋上鍋蓋後轉小火，煮到軟為止，大約需要 6 ～ 7 分鐘。

3 打開鍋蓋煮到湯汁幾乎收乾，轉大火煮出有光澤的顏色。

材料

(2 人份／每份 41kcal)

胡蘿蔔……1/2 根 (100g)

A 砂糖……1 小匙
A 奶油……5g
A 鹽……少許

蔥

蔥可大致區分成著重食用白色部分的大蔥，以及著重食用綠色柔軟部分的青蔥，而青蔥包含了九条蔥、小蔥等。

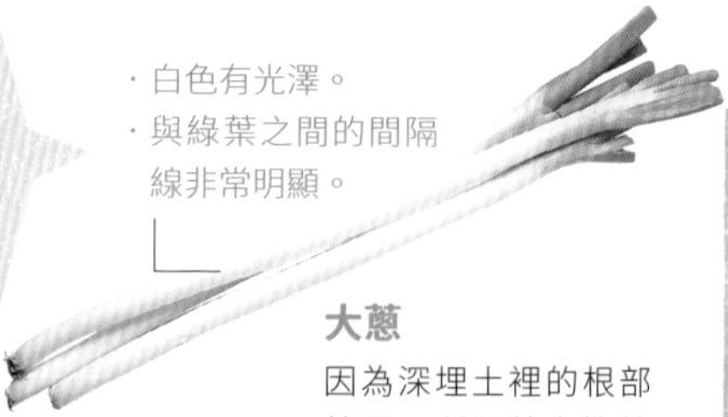

大蔥

因為深埋土裡的根部較長，所以蔥白比較多，也可稱為長蔥、白蔥，在日本則稱為根深蔥，受到日本關東地區民眾的喜愛。

・有韌性，呈鮮綠色。

青蔥

葉長而柔軟。在日本又稱為九条蔥，以京都九条為主要生產地，西日本的栽培範圍廣泛。

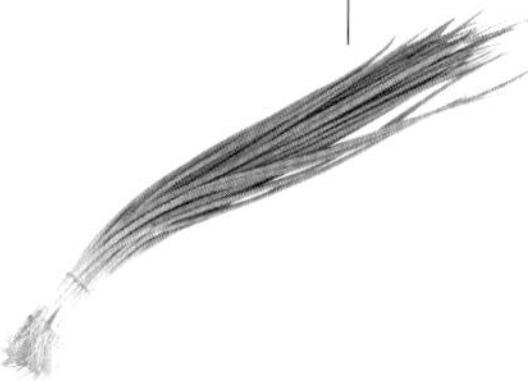

小蔥

在青蔥還小的時候就摘採下來的產物，又稱「萬能蔥」，是廣為人知的品種。

冬蔥

是與洋蔥混合後的交配種，葉子軟，也比一般蔥更不辣。

淺蔥

與蔥是不同種類，味道較辛辣，大多作為佐料使用。

✕ 需要避免的情況

◉大蔥：蔥白鬆鬆軟軟的。

◉青蔥：表面鬆鬆軟軟的。

冷藏・蔬果保鮮室

・**大蔥**：切成適當大小後，以保鮮膜包起來。

・**青蔥**：放入塑膠袋內保存。

冷凍

[1個月]

・**大蔥**：切成方便使用的大小，分裝成數小堆，以保鮮膜包覆，裝進食物保存袋內，再放到冷凍庫。

・**青蔥**：去掉水氣，以小口切法處理後，分裝成數小堆，以保鮮膜包覆，裝進食物保存袋內，再放到冷凍庫。

→兩種皆可在冷凍狀態下直接加熱烹調。作為佐料時，也可在冷凍狀態下加到湯汁，或置於冷藏室半解凍。

大蔥的使用方法

先將帶泥的髒汙外皮去掉，洗淨後放乾，如果有無法洗淨的部位，可以剝掉一層薄皮。

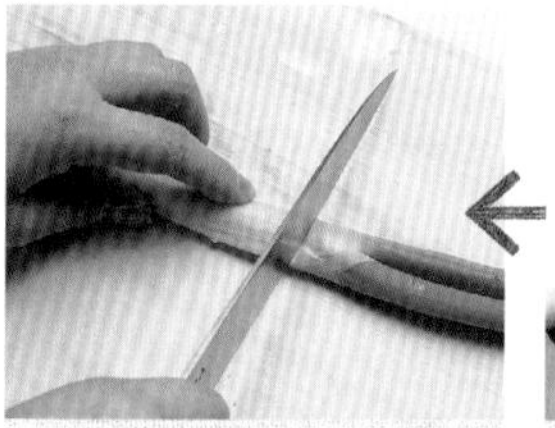

由於綠色根部附近柔軟，所以要稍微留一小段再下刀。

小口切

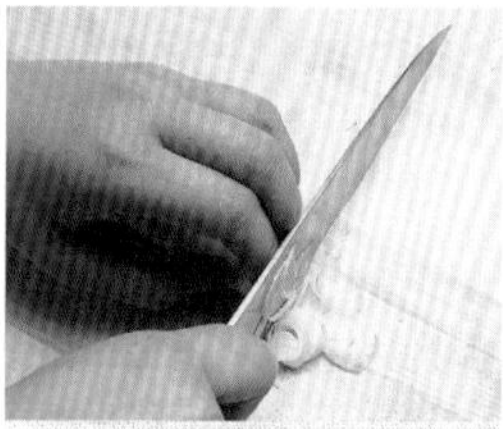

從最側邊開始將蔥白切成薄片。

大蔥蔥綠的妙用

大蔥的綠色部位由於偏硬且香氣較重，不適合生食，但可以運用在翻炒料理等加熱烹調的時候。另外，冷凍過的蔥可在煮湯時用來增添香氣，或者煮肉時用來去除腥味。如圖所示，用手將其捏碎，香氣會更容易散發出來。

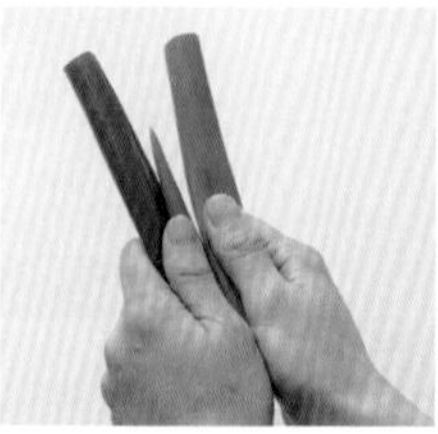

切末1：垂直切割法

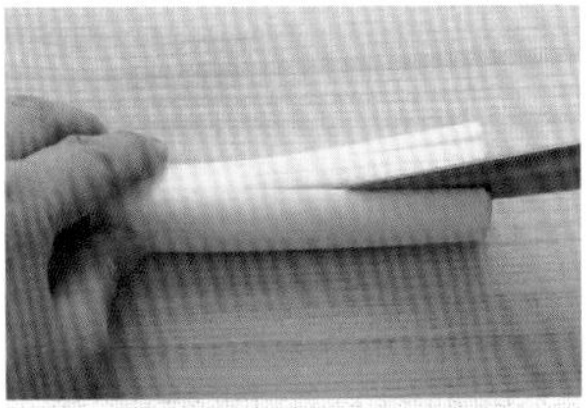

邊緣留下一小段（蔥才不會散開），順著蔥白纖維每隔 2～3mm 劃一道切痕，環繞一周。

菜刀與切痕方向垂直，將劃下切痕的部位切成末。

切末2：斜角切割法

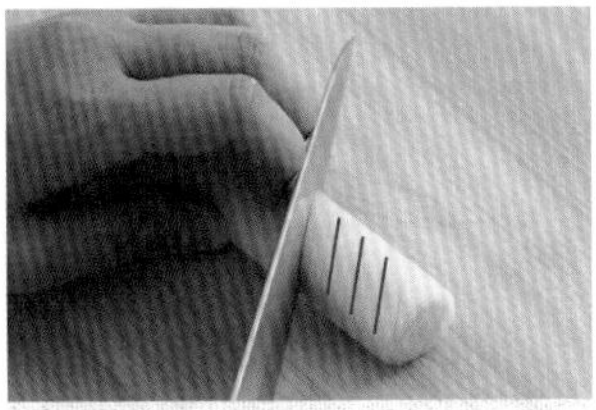

在蔥白上斜切數刀，深度約至蔥厚度的一半，翻面後以同方向劃入切痕。

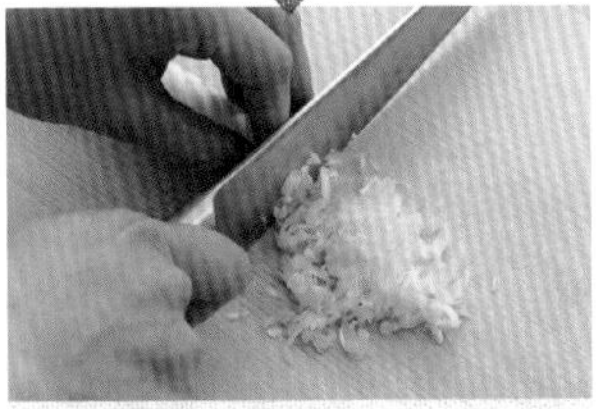

從最側邊開始切末（蔥末顆粒會較粗）。

切絲

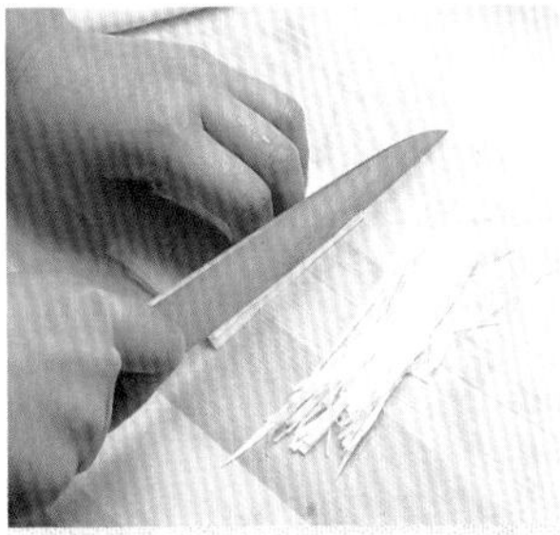

將蔥切成 5～6cm 長，順著蔥白纖維切開，取出奶白色的芯，再將其餘部分攤開，縱向切成絲（沿纖維走向）。可以將 4～5 片蔥白疊在一起切。

白髮蔥

與切絲的技巧相同，但要切得更細，泡水後會變得更有韌性。

放在過濾網中將水瀝掉，一定要充分瀝乾。

長度與重量的關係

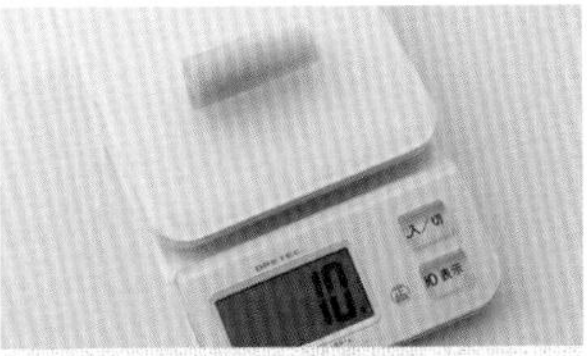

一般較粗的蔥白，5cm 長約 10g 重。不妨將此記下來，日後使用起來會更加方便。

隱藏菜刀切法

食用煮過或烤過的蔥時，有時一咬下芯就被擠出來，如果用隱藏菜刀切法，以深度達蔥 1/3 厚度的方式，每隔 1cm 劃一刀，芯就不容易飛出來了。

青蔥的小口切

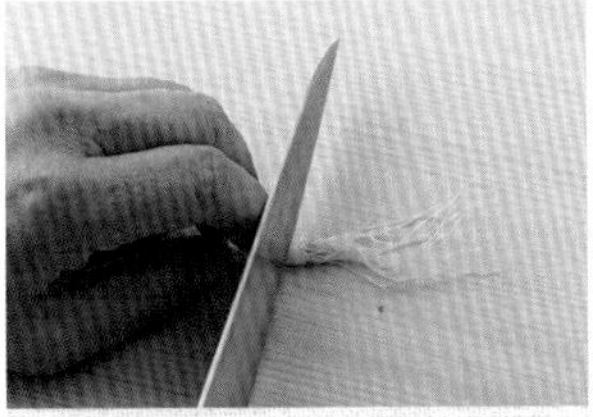

將一小截蔥白連同根部一起切除。

為了方便切，先將青蔥分成 3～4 等分，將前端較細的部分與近根部較粗部分交錯擺放，用手抓住輕輕壓攏，從最側邊開始切薄片。

白菜

✕ 需要避免的情況

◉芯的周遭變成褐色，表示白菜已過熟。

切開販售的白菜，可以藉由芯來判定新鮮度

放置時間越久，切口芯的部位會越來越熟。因此如果中心可以看得見綠葉，那就是不太新鮮了。

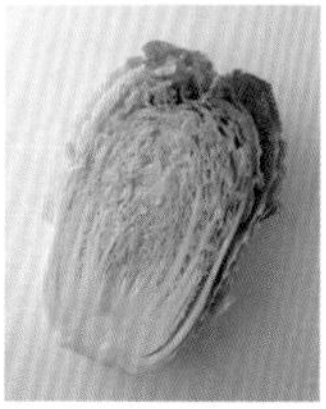

・捲得很堅硬結實。
・沉甸甸且具有重量感。
・外側葉子顏色較深、較厚。

整顆使用時的清洗法

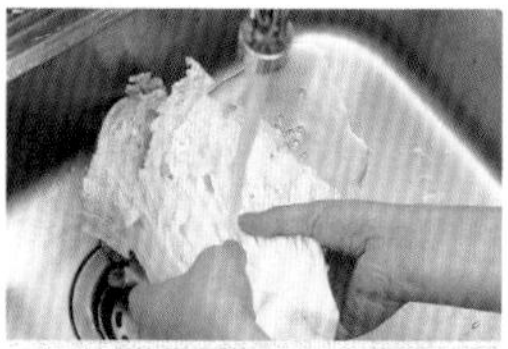

保持葉菜與芯相連的狀態，將葉子與葉子之間打開來清洗。

一片片使用時的清洗法

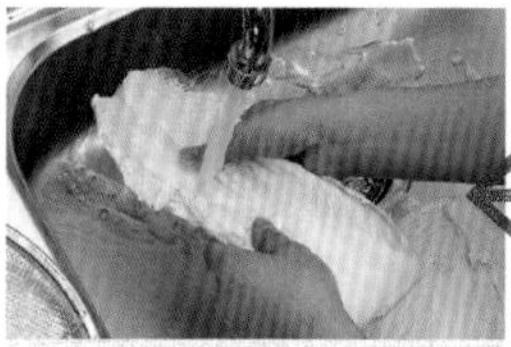

一片片清洗。

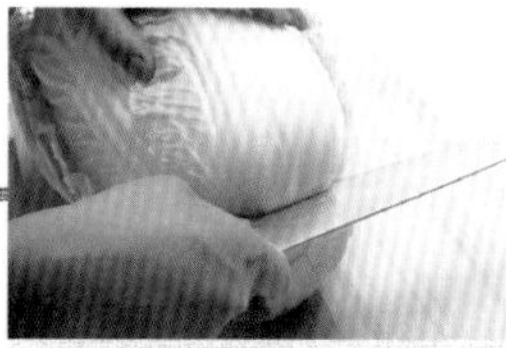

一片片使用的時候，以菜刀朝葉子根部的切口處下刀，就能輕鬆剝下菜葉。

切分整顆白菜

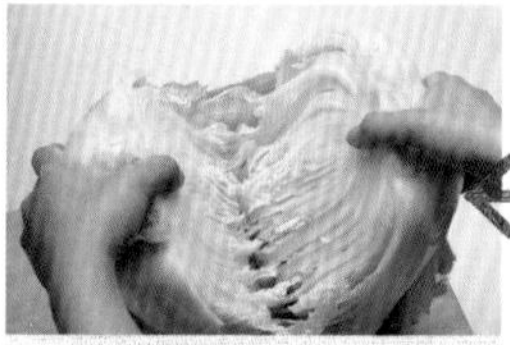

用雙手伸入下刀處，便能將白菜分一半，然後再分成4～6份。

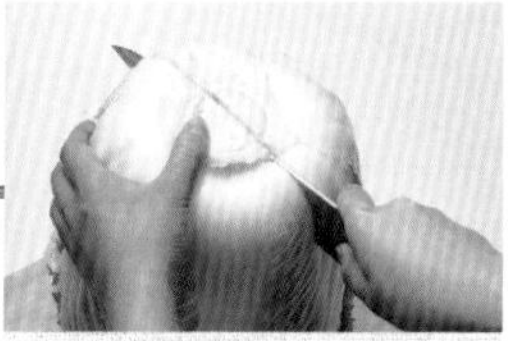

將芯朝上，以十字方式深入下刀。

將葉子和中心切開

菜葉與白色軸心部位的軟硬度不同，以致加熱熟成時間會有落差，在備菜時，可先將菜葉與中心分開來，再根據料理的需要來切。

微波爐烹煮法

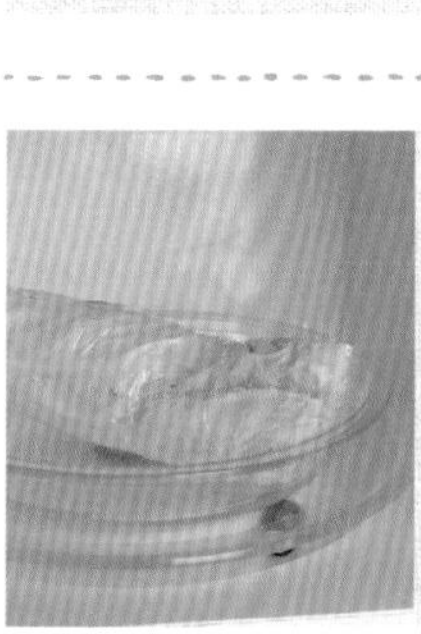

洗好的白菜葉，趁水分尚未乾時，將葉子前端與軸心部位交錯疊放，並以保鮮膜包住，放入微波爐加熱（白菜200g，以500W加熱，約需3分30秒）。

川燙法

將適量的熱水煮滾後，以白色的部位先入水，再整片放進去川燙，之後置於過濾網鋪開放涼。

冷藏・蔬果保鮮室

將切好的白菜，以保鮮膜包覆後放入塑膠袋內，如果可以的話，最好能立著放。

冷凍

[1個月]

切成容易使用的形狀後，以保持硬度的方式川燙，去掉水氣，以保鮮膜包覆，裝進食物保存袋內，置於冷凍庫

↓冷凍狀態下即可加熱烹調。

青椒

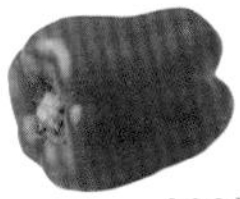

燈籠椒

比青椒更加厚實，具有甜味。

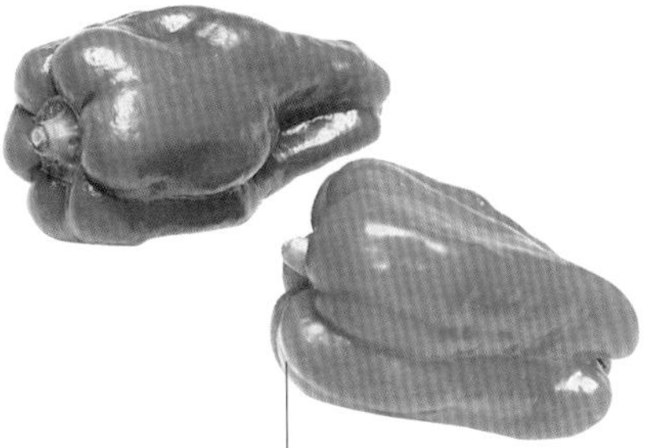

・深綠色。
・切口新鮮。
・有光澤。
・果實具有厚度和彈性。

紅椒、黃椒

是青椒的好朋友，果實比左上圖的更加厚實，尺寸也大得多，具有甜味。

除去芯和籽

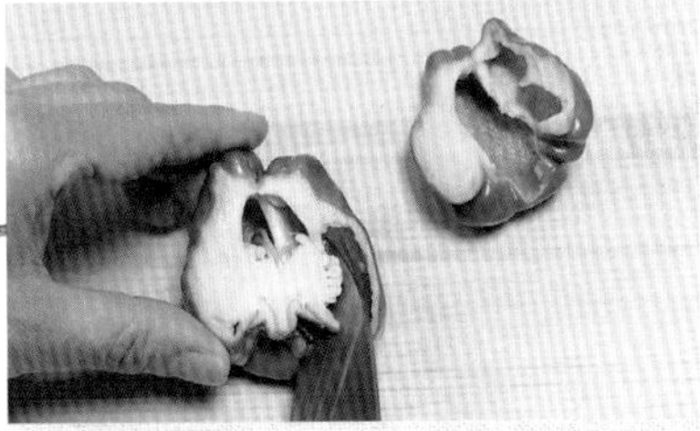

縱向切成兩半後，朝蒂頭V字形下刀。

將芯和籽一起除去。

以圓片切切成輪狀

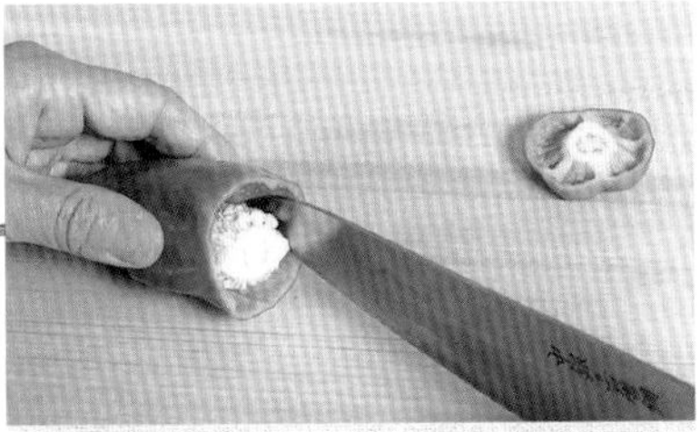

切掉蒂頭，將菜刀刀尖伸進內部，將芯切斷，再將其取出。

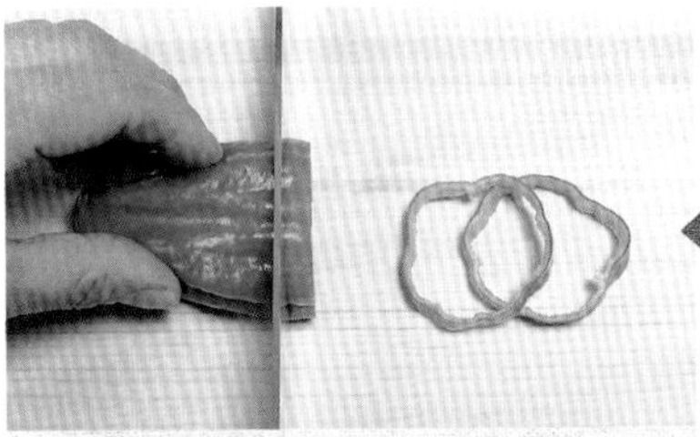

小心輕壓，切成圓片。

切絲

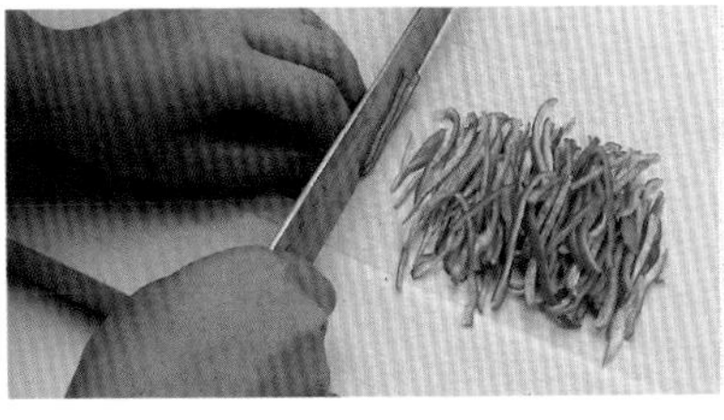

縱向切成兩半，去除芯和籽。反過來（內側朝上），從最側邊縱向切絲較好切。根據用途的不同，也可以轉成橫向，切成短絲。

冷藏・蔬果保鮮室

放進塑膠袋內。

冷凍

[1個月]

切成方便使用的形狀後，快速川燙。分成數小堆以保鮮膜包覆，裝進食物保存袋內，置於冷凍庫→冷凍狀態下即可加熱烹調。

日本蜂斗菜

×需要避免的情況

◉莖細。

◉有褐色斑點。

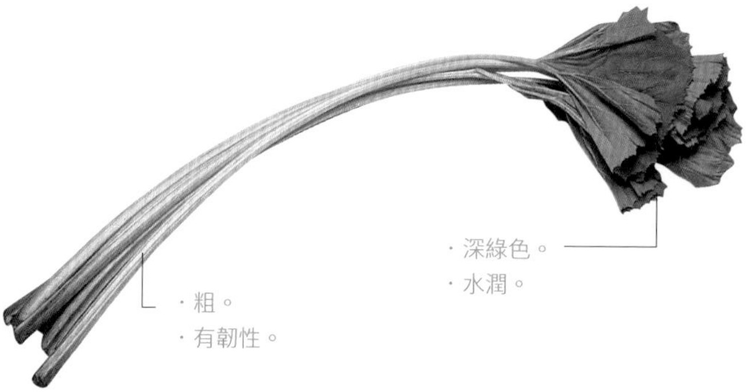

冷藏・蔬果保鮮室

將葉子去掉，切成適當長度大小，放入塑膠袋內。川燙過的蜂斗菜，可泡水放入冷藏室存放，需換水，在兩日內食用完畢。

冷凍

不適合。

事先川燙

由於澀味較重，必須先川燙再進行烹調。將適量的熱水煮沸，把沾著鹽的蜂斗菜從較粗的部分開始放進水裡。1～2分鐘後抓出一根，用手壓壓看，確認川燙狀況。

板磨

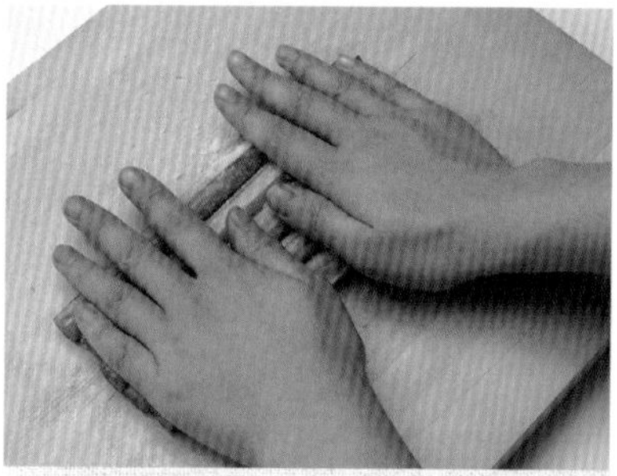

用水清洗過，將葉子去掉。依照鍋子直徑，將其切成可以放進鍋內的長度。為了讓顏色保持翠綠，要使用板磨手法。在砧板上撒鹽（蜂斗菜與鹽比例為蜂斗菜200g加1小匙左右的鹽），以手掌心壓著滾動，讓蜂斗菜沾滿鹽。

去皮

轉動根部附近（比較粗的部位）就可以一口氣將皮去掉。

去澀

川燙完成後，放入水中浸泡，不時換水以利迅速降溫。如此一來，便能煮出漂亮的綠色，澀味也得以去除。

綠花椰菜

✕ 需要避免的情況

- ◉切口有裂痕與縫隙。
- ◉有斑點，開出黃色的花。

低溫會使花蕾上方一部分稍微變成紫色，對味道沒有影響。

分成小株

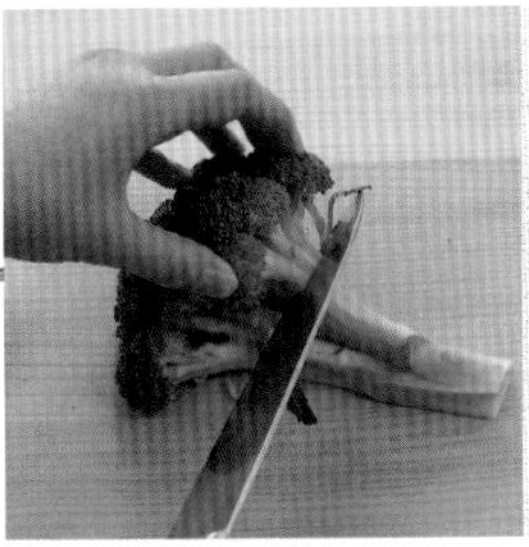

仔細沖洗綠花椰菜，並把花與莖大致切分。

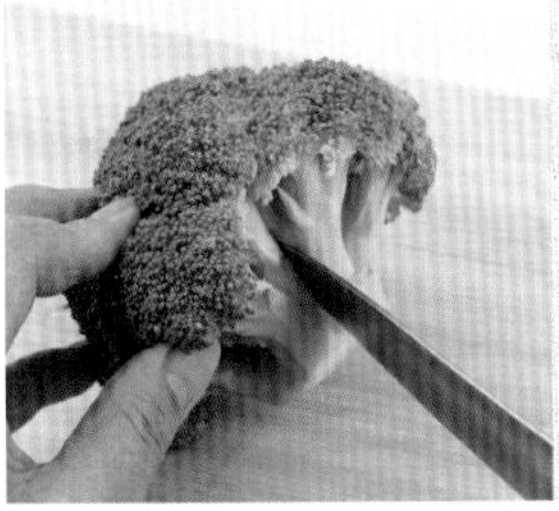

從莖的側邊下刀，切成一小株、一小株。如果從靠近花蕊的部分下刀，花蕊會散掉。

莖也可以食用

粗莖也是可以食用的，先將外側纖維較堅硬的部分切除，再將其切成薄片。

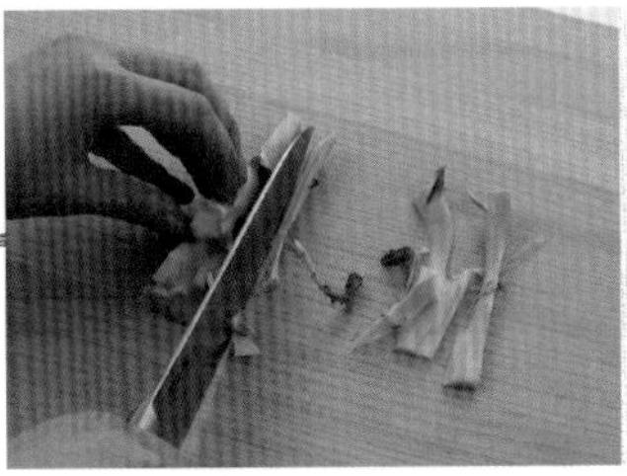

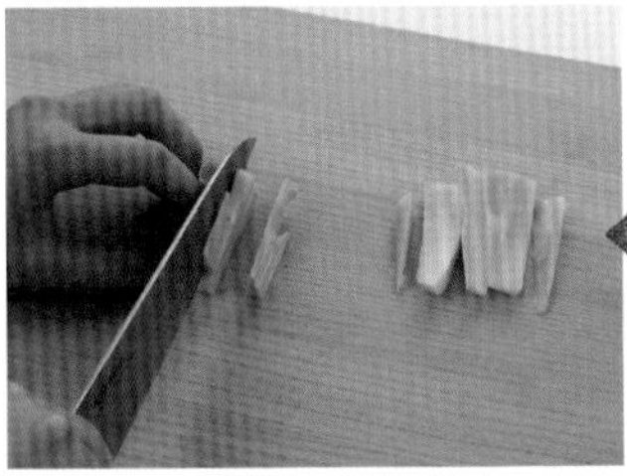

事先川燙

將適量的熱水煮沸，先把莖的切片放進水裡，接著再將分成小株的綠花椰菜放進去。

約川燙 2 分鐘後，使用竹籤穿刺來確認硬度。在覺得還有點硬的時候關火，利用餘溫使綠花椰菜熟透，千萬不要燙太久。

綠花椰菜不太有澀味，因此無須泡水，直接攤開放在過濾網內瀝掉水分，不要疊放在一起。

冷藏

以保鮮膜包覆後放入塑膠袋內，直接放進冷藏室，比存放在蔬果保鮮室要來得好。

冷凍

[1個月]

分裝成小株，以保持硬度的方式川燙（約40秒）。分成數小堆，以保鮮膜包覆，裝進食物保存袋內，置於冷凍庫→冷凍狀態下即可加熱烹調。

鴨兒芹

帶根鴨兒芹

是指保留根部販賣的鴨兒芹。莖又白又粗，口感鮮明，非常適合拌炒或烹煮。

‧具有韌性。
‧香味濃郁。

小鴨兒芹

在室內以水耕方式栽種，販售時保持連接海綿的狀態。

切開的鴨兒芹

莖為白色且微粗，從根部邊緣切開，將莖以上的部分綑綁成束販賣。

✕ **需要避免的情況**

- ◉切開的鴨兒芹切口呈褐色。
- ◉葉子枯萎。

冷藏・蔬果保鮮室

將包好的鴨兒芹直接放入塑膠袋內。如果海綿乾了，必須維持海綿的含水量再保存。

冷凍

[3星期]

將鴨兒芹切段，每段約3～4cm長，再將水煮沸，把切好的鴨兒芹快速過水（不要煮熟），再把水分輕輕擰掉，分成數小堆，以保鮮膜包覆，裝進食物保存袋內，置於冷凍庫→冷凍狀態下即可加熱烹調（口感會稍微變差）。

鴨兒芹結

如果要放在湯裡，綁成三個結的鴨兒芹最為優雅。

用料理筷在鴨兒芹莖上輕壓旋轉，可以讓莖變得柔軟。

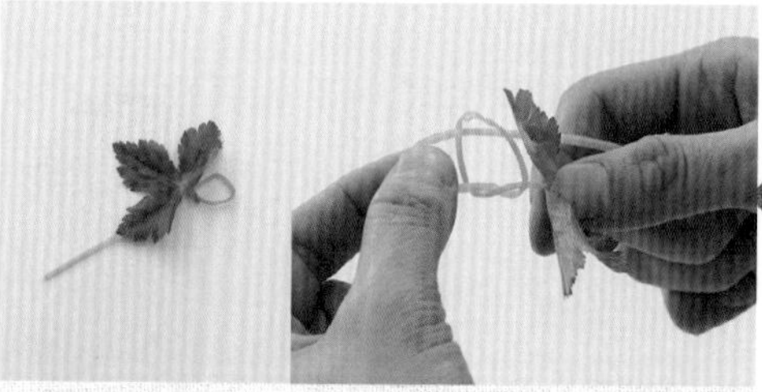

將莖折成兩段再輕輕打結。

魚板鴨兒芹湯

材料

(2 人份／每份 15kcal)

鴨兒芹	2 根
魚板	2 片
高湯 (P.167)	300ml
鹽	1/6 小匙
醬油	1/2 小匙

1. 將鴨兒芹綁成三個結。在碗裡放入魚板和鴨兒芹。
2. 在鍋裡將高湯加熱，加入鹽、醬油調味。將湯舀到碗裡。

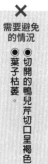

豆芽菜

冷藏・蔬果保鮮室

盡量將袋內空氣排除掉，再封住袋口。由於容易壞掉，務必兩天內用完。

冷凍

[1～2星期]

洗淨後將多餘水分去除。分成數小堆，以保鮮膜包覆，裝進食物保存袋內，置於冷凍庫→冷凍狀態下即可加熱烹調。

✕ 需要避免的情況

● 顏色變褐色。
● 出現怪味道。

黃豆芽

是黃豆發芽的產物，豆子部分又大又硬，市面上也有豆子顆粒較小的類型。

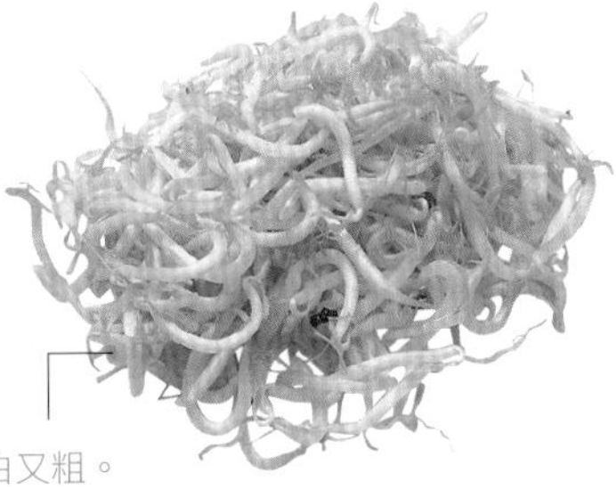

・又白又粗。
・前端細毛也呈白色。

除了黃豆芽，還有綠豆芽、黑豆芽等。

去除細根

前端連著毛狀細根，不僅口感不好，看起來也不美觀，如果可以的話，請用手將每一根細根去掉。

清洗

在盛滿水的料理盆內掏洗，並將浮起來的種皮去除，需換水重複清洗 2 ～ 3 次，再放在過濾網內將水分瀝乾。

韓式涼拌豆芽菜

材料

(2 人份／每份 64Kcal)

黃豆芽……………………200g
蔥…………………………5cm

A
- 砂糖…………1/2 小匙
- 醬油……………2 小匙
- 醋…………………1 小匙
- 芝麻油…………1 小匙
- 純辣椒粉…………少許

1 豆芽菜前端如果有細根的話，請將其去掉。將蔥切末。

2 依序將 A 放入料理盆內混合，並拌入蔥。

3 在鍋內放入豆芽菜與差不多可蓋過豆芽菜的水量，蓋上鍋蓋並開火。沸騰後將火轉小，約川燙 4 分鐘。將水瀝掉，趁熱將 2 加入攪拌。

※ 如果使用綠豆芽的話，大約川燙 1 分鐘即可。

食用黃麻

✕ 需要避免的情況

◉分枝的切口變色。
◉部分葉子顏色轉黑。

由於沒什麼特別氣味，因此使用範圍很廣，可直接拌炒、油炸，或是川燙後做成醬油拌菜、日式涼拌菜等。如果將川燙過的黃麻剁碎會釋出黏液。

・深綠色。
・整體有韌性。

事先川燙

澀味重，必須先川燙再使用。

將適量的熱水煮沸後，放入葉子。由於葉子很輕，容易浮在水面上，可以使用料理筷邊壓邊煮。全部葉子都浸到熱水裡後就會變軟了，然後撈起、泡水，再將水瀝掉。

摘下葉子

莖部堅硬，故摘下葉子使用。由於需要加熱食用，所以葉片仍連著部分細莖也無妨。

切碎葉片，釋放黏液

完成川燙之後，以菜刀切碎葉片，會釋放出黏液。

輕壓菜刀刀尖，利用刀跟部位上下邊移動邊切。切得越碎，黏液越豐富。

黃麻湯

材料

(2 人份／每份 85kcal)

食用黃麻	50g
洋蔥	30g
雞腿肉	50g
奶油	5g
水	300ml
味素	1 小匙
鹽	少許
胡椒	少許

1 將黃麻的葉子摘下，利用適量的熱水快速川燙，泡水，再將水分擰乾。利用菜刀將黃麻葉剁碎，放進料理盆裡備用。

2 將洋蔥切成薄片，雞肉切成1.5cm大小的方塊。

3 將奶油丟進鍋內加熱融化，以中火翻炒洋蔥2～3分鐘，加入雞肉，炒至變色為止。

4 按照比例加入水和味素，煮滾後，撈出浮沫，以中火約煮5分鐘。

5 從鍋內撈取少量湯汁，加進1的黃麻葉中，利用湯匙拌開。到一定程度後，倒入鍋內，蓋上鍋蓋，一口氣煮滾，加入鹽和胡椒調味。

冷藏・蔬果保鮮室

放入塑膠袋內。由於容易損傷，請盡早用完。

冷凍

[2星期]

容易損傷，所以建議冷凍保存。

❶將葉子摘下，切成4～5cm長，維持未煮過的狀態放入食物保存袋中，置於冷凍庫→以冷凍狀態烹調。

❷川燙後剁碎，以保鮮膜包覆，放入食物保存袋中，置於冷凍庫→冷凍狀態下即可加熱烹調。

山藥

冷藏・蔬果保鮮室

如果是整根完整的山藥，只要用報紙包好，放在陰涼處就可以了。用剩的山藥必須將切口以保鮮膜包好，放到蔬果保鮮室裡。

冷凍

[1個月]

❶磨成山藥泥或切成山藥絲後，分裝成數小堆，以保鮮膜包覆，裝入食物保存袋，置於冷凍庫→放在冷藏室解凍。

❷削皮後以保鮮膜將整根山藥包好，裝入食物保存袋，置於冷凍庫→在冷凍狀態下磨泥。

・選擇具有重量感、表面沒有傷痕的。
・如果是切開販售的，要選擇切口沒有變色的。（全部適用）

佛掌山藥

多半出產於日本關西。黏性很強，磨碎後很適合拿來放進山藥湯裡。

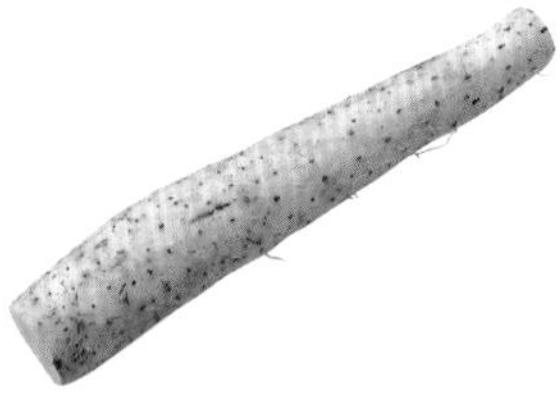

長芋

水分很多，較不具黏性，口感清脆，很適合切成細細的，做成日式涼拌菜等料理，煮過後則會變得鬆軟。

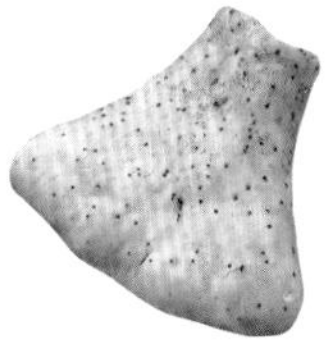

大和芋

別名「銀杏芋」。黏性較重，很適合拿來製作山藥湯等料理。也有棒狀的型態。

削皮

由於很容易滑開，所以用刨刀削皮會比較容易操作。

磨泥

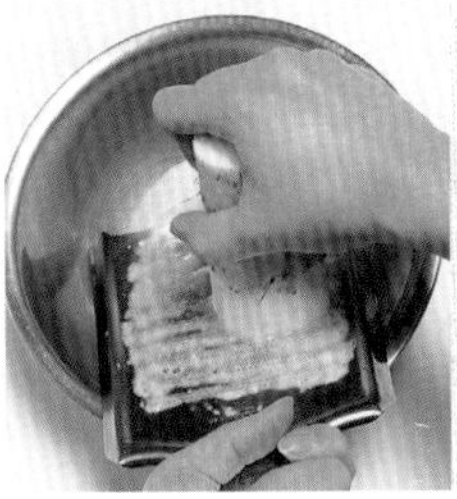

如果將外皮全去掉再磨泥，會因容易手滑而無法順利進行，因此要預留一些外皮，抓著該處來磨泥。

去澀

大和芋與佛掌山藥的澀味較重，接觸空氣就容易酸化變色。無論是切開直接吃，還是磨泥吃，去皮後要在醋水（水與醋的比例大約是200ml加1小匙醋）裡浸泡約2～3分鐘，去除澀味。由於觸感很滑，所以要仔細將水擦乾後再切。

削皮的時候，如果擔心會手癢，可以先用醋水洗手，能夠稍微預防發癢的情形。

山藥拌山葵醋

材料

（2人份／每份55kcal）

	山藥	150g
A	醋	1/2大匙
A	山葵醬	1小匙
A	鹽	1/8小匙
A	砂糖	少許

1 將山藥去皮，裝進塑膠袋內，利用擀麵棍在塑膠袋上敲打，不用敲得太碎（可以稍微保留些許硬度）。

2 在1中加入A，均勻混合。

蓮藕

冷藏・蔬果保鮮室

如果是一整根完整的蓮藕，就用報紙包起來放在陰涼處。如果是用剩的蓮藕，要將切口以保鮮膜包起來，再套上塑膠袋。

冷凍

[2～3星期]

切成方便使用的形狀後，加少許醋於熱水中，以保持硬度的方式燙熱，然後放入食物保存袋內，置於冷凍庫→冷凍狀態下即可加熱烹調。

✕ 需要避免的情況

◉切口變褐色。

◉蓮藕洞孔因氧化而變黑。

・又大又沒有傷痕。
・色澤自然、有光澤。
・藕肉厚實，洞孔要小。

去皮 用筷子清理洞孔內的黑膜

蓮藕洞孔內的黑膜是接觸空氣而造成的氧化現象，並不是泥沙帶來的髒汙。當蓮藕洞孔出現黑膜時，可以用筷子磨擦清洗。

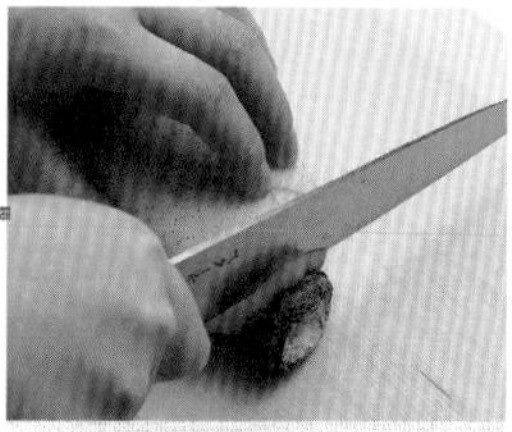

將蓮藕頭的部分稍微切掉，如果切口因為氧化而變黑，請將這部分也一併切除。

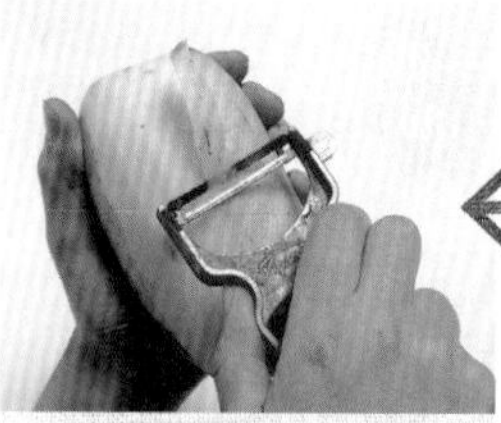

以削皮器削去一層薄薄的蓮藕外皮。

花形蓮藕

活用蓮藕的圓形洞孔，將蓮藕切得像花朵的切法。
可以用來擺盤，或做成烤魚裝飾用的醋醃蓮藕。

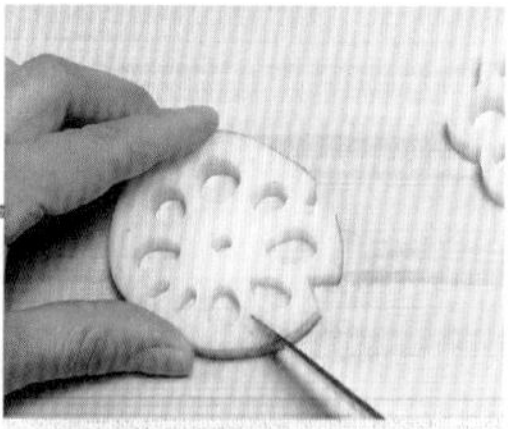

在帶皮狀態下將蓮藕切成圓片，再利用菜刀尖端在洞孔周圍切出V字形。

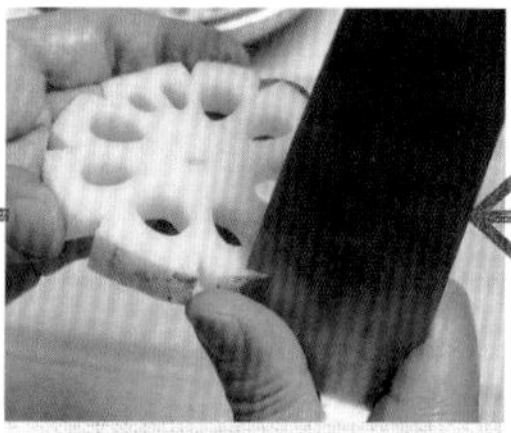

沿著洞孔形狀朝V字形切口方向削去外皮，要削出圓弧狀。

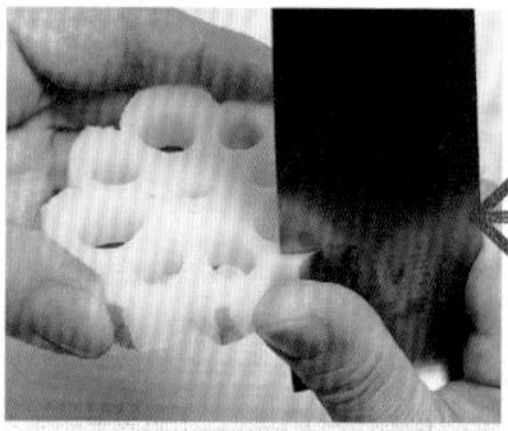

沿著外側削一圈即完成一片，其他圓片也以相同方式處理。

加醋川燙

在沸騰的熱水裡加入少許醋，可以將蓮藕燙得嫩白。

泡水防變黑

由於切口一接觸到空氣會馬上變黑，切好要立刻放進水裡。

香味蔬菜

【紫蘇葉】

冷藏・蔬果保鮮室

用沾濕的廚房紙巾包裹住紫蘇葉柄，裝入瓶子中。由於葉子沾到水會變黑，請小心留意。

・有韌性。

紫蘇大致可分成青紫蘇與紅紫蘇。青紫蘇味香，其葉又稱作大葉；紅紫蘇經常被拿來作為染色用途，例如紫蘇梅干。

✕ 需要避免的情況

- ●有傷痕。
- ●枯萎。

切絲

清洗後，先將柄切除，再將數片葉子堆疊一起，可以提高切絲的效率。

將堆疊好的葉子捲成圓柱狀，再從最側邊開始細切成絲。

去澀

切好後，通常會快速泡水，以去除澀味。

這個步驟是為了去除苦澀味，並防止變色。

由於香氣會流失，所以不要泡太久，稍微浸泡後就放在過濾網裡將水瀝乾。

【茗荷】

冷藏・蔬果保鮮室

茗荷一旦受潮就容易損壞，所以要放進密閉容器，或以保鮮膜包覆。

冷凍

[2～3星期]

切成薄片，分裝成數小堆，以保鮮膜包覆，裝入食物保存袋，置於冷凍庫↓當成佐料使用時要先半解凍，如果要放在湯裡，則以冷凍狀態直接烹調即可。

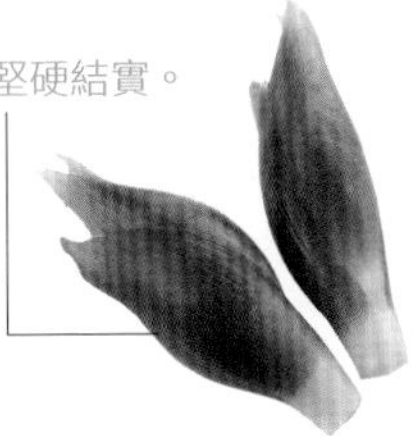

・堅硬結實。

去皮後清洗

剝下帶有髒汙的菜葉，並將泥沙清洗乾淨。

茗荷甜醋漬

生鮮茗荷的保存期限短，因此非常珍貴。不妨照著下面的方法將茗荷預先處理起來，需要時便能隨時取用，例如作為烤魚或肉類料理的裝飾配菜就非常適合喔！

1. 在保存容器裡放入醋50ml、砂糖1大匙、鹽少許，請充分混合。
2. 將3個茗荷縱向對半切。大約川燙1分鐘，放入過濾網內瀝乾。
3. 趁熱將茗荷放到1製成的甜醋裡。

【薑】

冷藏・蔬果保鮮室

葉薑有濕氣，根薑則是表面乾涸，因此要以保鮮膜包覆。

冷凍

[1個月]

將外皮磨掉，切成方便使用的大小或磨成泥。分成數小堆，以保鮮膜包覆，裝進食物保存袋內，置於冷凍庫↓冷凍狀態下即可加熱烹調。如果要作為佐料使用，請先半解凍。

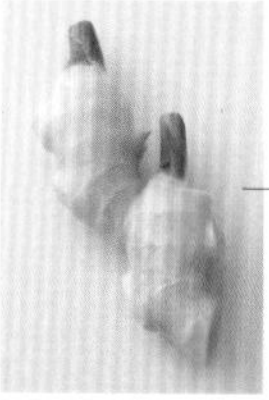

嫩薑

・柔軟、飽滿、有水分。

葉薑

根薑

薑分成葉薑與根薑。在每年六月至十月左右採收的新薑，經過貯藏後就變成老薑。

✕ 需要避免的情況

- ◉外皮有傷痕或皺褶。
- ◉乾乾的薑（有很多纖維）。

根薑的使用方法

切下夠用的部分

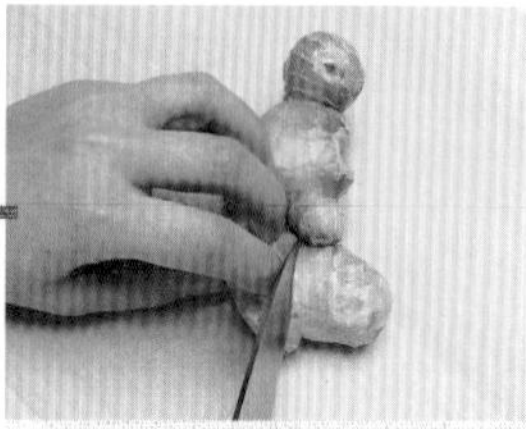

僅切下要用的量。

將外皮磨掉

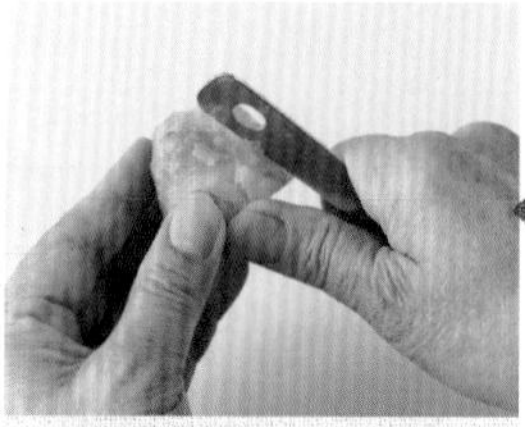

可以利用湯匙柄磨擦，就能去掉薄薄的一層皮。較老的薑不好磨皮，可以用菜刀削。

由於根薑外皮有顯著香氣，如果不介意外皮口感，可以連皮使用。燉肉、煮魚、拌炒料理或作為湯汁的香料使用時，可以保留外皮增添香氣。

切絲

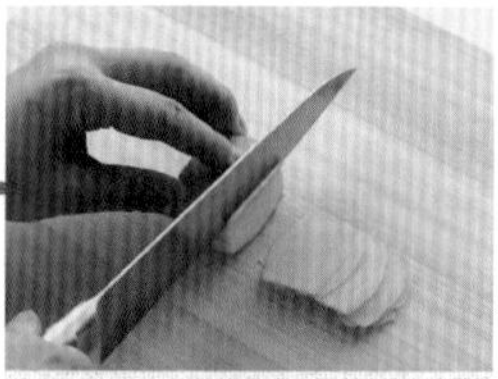

沿著纖維切成薄片。

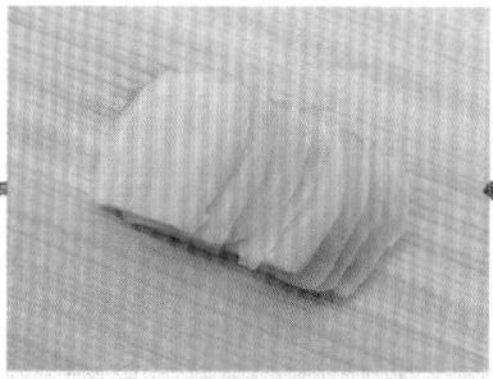

稍微層層疊放。

從最側邊開始切絲。

薑「1塊」大約有多少分量？

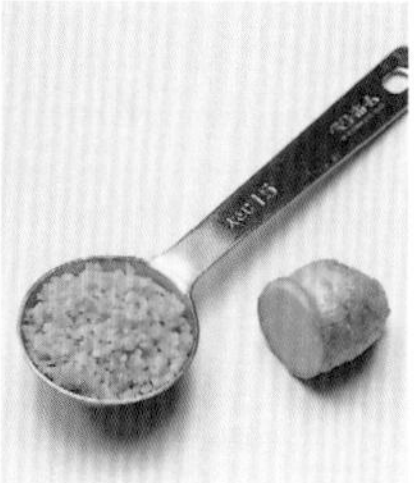

「1塊」薑大約10克，約為大拇指前端大小，有2cm長。如果切成末，約有1大匙。榨成汁則約有1小匙的量。

切末

將薑絲橫放，再繼續更仔細地切成末。

葉薑的使用方法

將葉薑的綠葉和大部分的莖切除，稍微調整一下形狀，直接沾味噌吃就很美味囉！

去皮

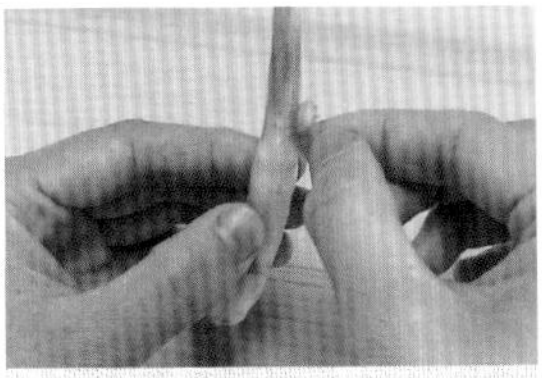

將髒汙的外皮去掉。

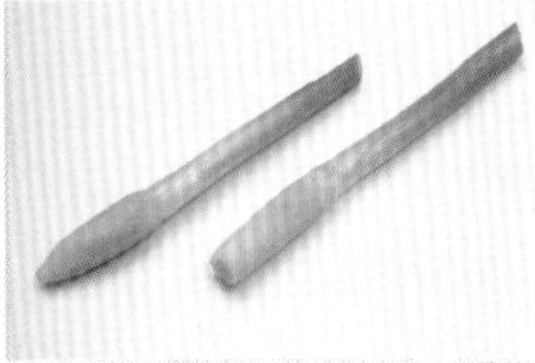

將前端部分稍微削尖，即為「筆薑」（左）；稍微切掉部分前端，即為「杵薑」（右）。

纖維方向

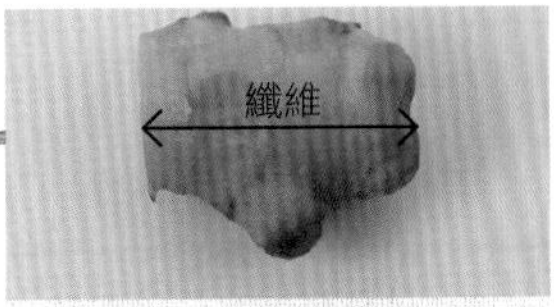

與外皮的環節呈直角方向，即為薑纖維的方向。可在去皮前先確認。

針薑

將切得極細的薑絲比喻為針，即為「針薑」。切好後要稍微用水浸泡一下。

磨泥

如果只取用薑汁的部分，可以直接連皮一起磨汁；如果要將磨成泥的薑拿來使用，要去皮後再開始磨。

把沾濕的抹布墊在磨泥器下方，讓磨泥器不會滑動，即可開始快速磨動薑塊。

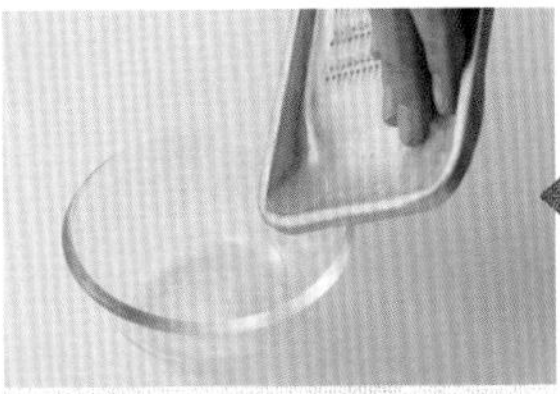

如果只使用薑汁的話，一邊將裝薑的磨泥器邊緣傾斜，一邊用手指壓住薑末，慢慢就能擠出薑汁。

【巴西里】

冷藏・蔬果保鮮室

裝進塑膠袋內。

冷凍

[3星期]

用廚房紙巾將水氣吸掉，保持原有形狀裝入食物保存袋內，放進冷凍庫→可在冷凍狀態下取下葉子，用手搓揉或切末。

義大利巴西里

香味比一般巴西里要來得溫和，經常直接以生鮮狀態加入料理之中。

切末

清洗後，摘取葉子的部分，用廚房紙巾仔細將水氣吸掉。

將吸乾水氣的巴西里放在砧板上，以菜刀剁碎。

【大蒜】

室溫或蔬果保鮮室

裝進網袋，放在乾燥處或放進蔬果保鮮室內。

冷凍

[1個月]

切成方便使用的形狀後，磨碎。分成數小堆，以保鮮膜包覆，裝進食物保存袋內，置於冷凍庫→冷凍狀態下即可加熱烹調。

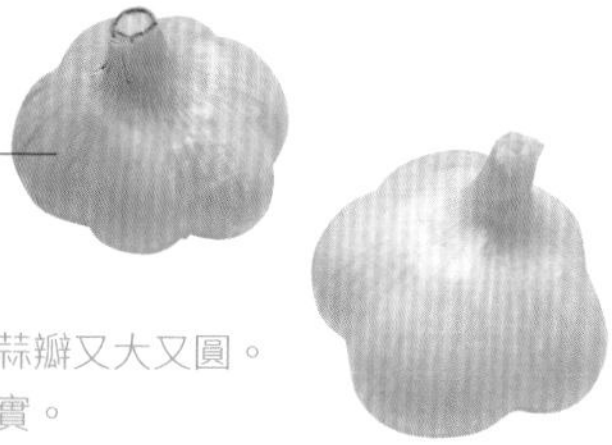

· 大蒜瓣又大又圓。
· 硬實。
· 還沒長出綠芽。

大蒜1小片約多少分量？

大蒜 1 片約 10g，若較小片約 5g（左）。如果將 1 片（右）切半當作 1 小片來使用也無妨。

一瓣瓣剝下來使用

剝下一點外皮。

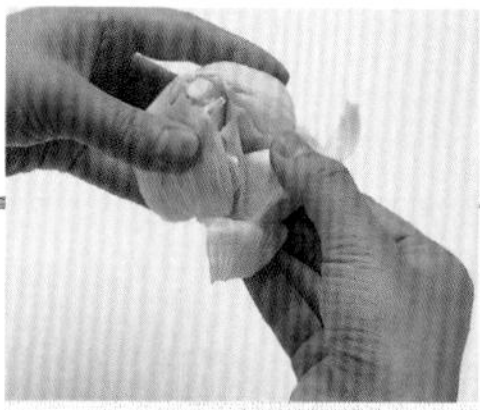

只取要用的一瓣。

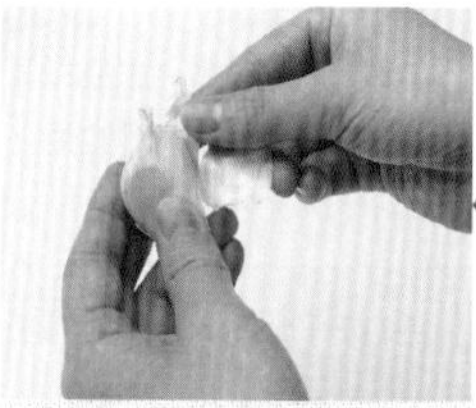

將根部切除，剝下內層薄皮。

由於將外皮剝除會容易乾掉，所以請剝取會用到的分量即可。

切薄片

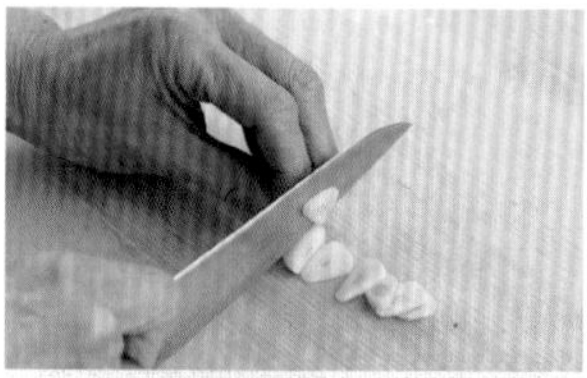

將根部切除之後，從最側邊開始切薄片。

當你想要使用蒜片的時候，可以活用圓片切將蒜粒切成薄片。

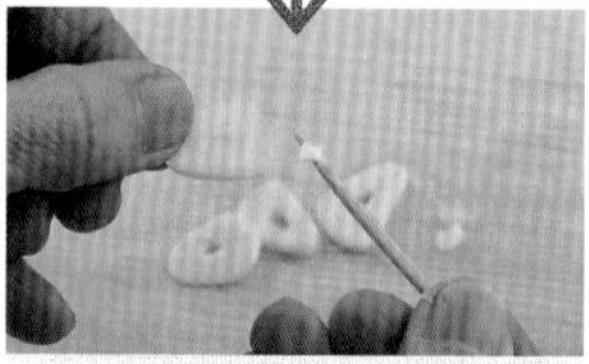

由於大蒜核心芽苗在翻炒時容易燒焦，會影響到菜餚的風味，如果大蒜切片後還殘留核心芽苗，可以利用牙籤剔除。

切末

或可使用大蒜擠壓器，能夠很輕易地就將大蒜壓成末。

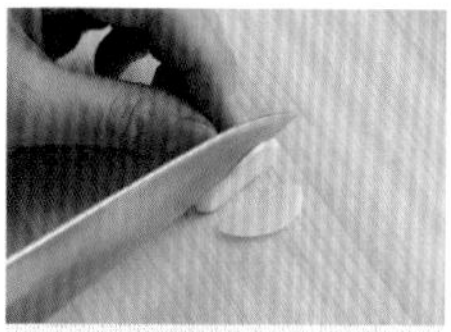

縱向切薄片。

稍微錯開疊放，從最側邊開始切絲。

轉向橫放，再切得更細。

切過大蒜的菜刀與砧板容易沾染大蒜味，因此使用後要馬上沖洗。在使用前也別忘記要將砧板弄濕。從砧板的最側邊開始切會比較好操作。

【山葵】

·表面的凸起堅硬不平。

冷藏

將廚房紙巾沾濕後包住山葵，放入密閉容器，置於冷藏。

冷凍

[1個月]

·磨碎後分裝成小袋，再以保鮮膜包覆，裝入食物保存袋→半解凍後使用。

·用保鮮膜將整塊山葵包起來，裝入食物保存袋，置於冷凍庫→冷凍狀態下即可加熱烹調。

我們拿來磨泥使用的部位看起來像根部，其實是山葵的莖，下面的白鬚才是根部。雖然從春天到夏初都有山葵的蹤影，但栽培不易，故價格很高。

磨泥

接近葉子的部分也可以使用，所以並非直接切掉葉子，而是運用削鉛筆的手法來削，接著再從切面方向削掉部分的外皮。

利用細密的磨泥器，將山葵靠在上面慢慢研磨，可增加辛辣味。最好現磨現用。

【木之芽】

冷藏・蔬果保鮮室

放進密閉容器或以保鮮膜包覆。

冷凍

[1個月]

洗淨後瀝乾，仔細包好保鮮膜，裝進食物保存袋內，置於冷凍庫→冷凍狀態下即可加熱烹調。

·柔軟且生意盎然。
·深綠色。

激發香氣

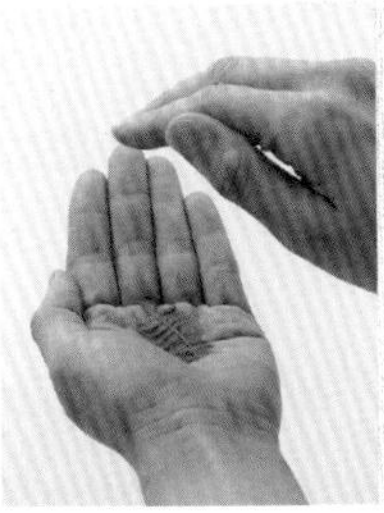

洗淨，並將水瀝乾後，一隻手掌呈凹形，將木之芽置於掌心，另一手也呈凹形覆蓋在木之芽上，輕輕下壓，使兩掌間產生氣壓流動。

如果直接將手掌貼蓋在木之芽上，會將木之芽壓壞，故利用氣流刺激使其產生香氣。

【香草】

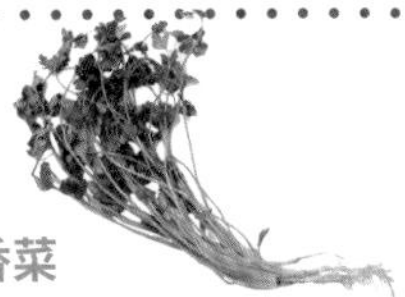

香菜

別名芫荽、胡荽，經常被用於中華料理或具有民族特色的料理之中，特色是擁有獨特的強烈香氣。

羅勒

經常用在義大利料理或使用番茄的料理之中。乾燥時容易枯萎，在使用前請妥善放在冷藏室保存。只取要用的量，約略沖洗過，以廚房紙巾將水氣吸乾，如果葉子潮濕就容易變黑。

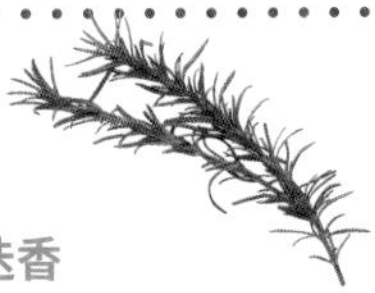

迷迭香

擁有強烈香氣，主要是取枝葉加入料理一起烹調，無論用來製作肉類、魚類或蔬菜料理都非常適合。買來的袋裝香草可直接放在冷藏室保存。如果要放冷凍庫，請先約略沖洗，再將水氣去除，以保鮮膜包覆後裝入食物保存袋。冷凍狀態即可加熱烹調。

季節性小蔬菜

春季【楤木芽】

楤木長出來的新芽，也可以透過人工栽種。將根部的茶色部位去掉即可使用。由於澀味不明顯，故無需事先川燙。通常用在日式甜不辣，或是芝麻涼拌菜中。

【蜂斗菜花蕾】

從土壤裡開花後，莖會伸長（見P.74蜂斗菜）。可以拿來製作味噌蜂斗菜或翻炒料理。由於澀味重，除了做日式甜不辣之外，都要事先川燙後泡水去澀。

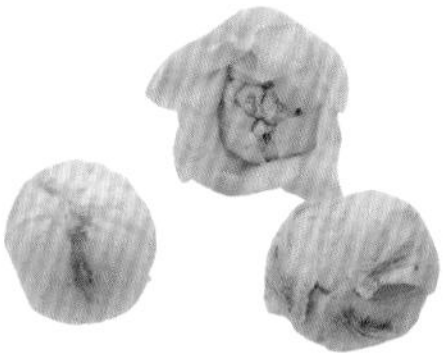

夏季【蓴菜】

蓴菜是一種水草，其葉子會浮在水面上，從莖長出來的嫩芽可以拿來食用，上面會附著如同果凍一般的黏液。通常市面上販售的是水煮過的，可以瀝乾後拿來做涼拌或湯菜類的配料。

秋季【食用菊】

栽種作為食用的菊花，花瓣吃起來口感清脆且帶有香氣，還能替料理增添色彩。可以生食，也可以川燙後做成涼拌菜。除了常見的黃色，在雛菊之中也有紫紅色的品種。

川燙花瓣

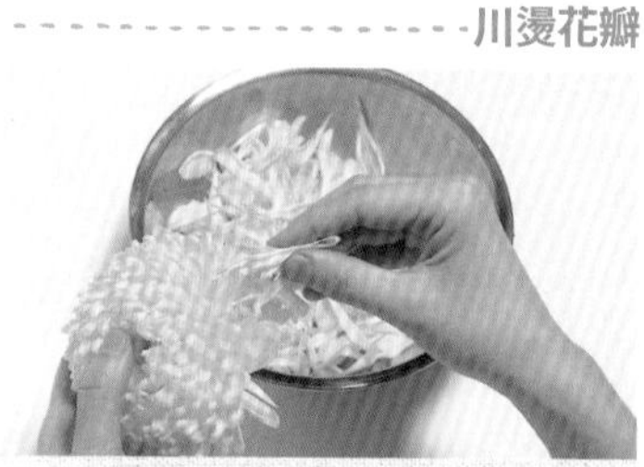

拆取菊花花瓣。

用鍋子將水煮沸，加入醋（水與醋的比例是200ml水加1小匙醋）。將花瓣放入水中，以筷子輕壓，避免花瓣浮上水面，略為川燙後，馬上泡冷水後瀝乾。

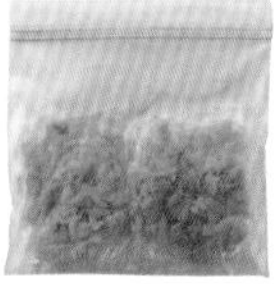

將川燙過的菊花分成數小堆，以保鮮膜包覆，裝進食物保存袋，放在冷凍庫保存，隨時可以用來煮湯或做醬油拌菜等。使用前，先放在冷藏室解凍。

【山藥豆】

是山藥（P.79）葉腋間生出的珠芽，直徑約為1cm，體型小且帶有黏性。可以帶皮川燙後食用，或是放在米飯裡一起烹煮，做成山藥豆飯。

秋季

【地膚子】

地膚的果實，被稱為陸上魚子醬，其特徵為具有「噗滋、噗滋」的口感。以生鮮狀態即可做成涼拌菜，或是當作沙拉及義大利麵等配料使用。

清洗

如果是真空包裝，可以直接拿來料理。若擔心沾到髒汙，可以稍微清洗一下。清洗時，地膚子很容易浮起隨水流漂走，建議放在泡茶用的濾網中輕輕沖洗。

【百果】

為銀杏樹的果實，一般直接稱為銀杏。將殼剖開，去掉薄皮後使用。

剝殼

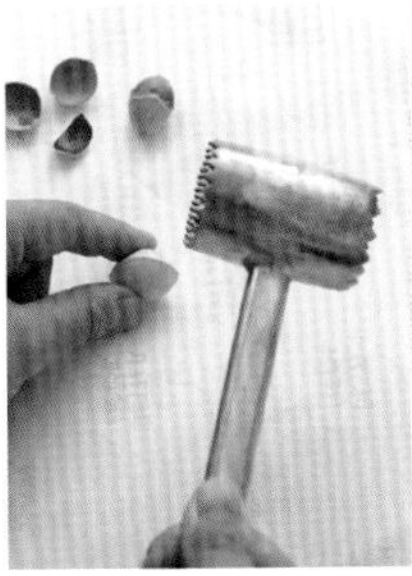

先以鐵鎚或敲肉槌等工具將殼槌出裂縫，再從裂縫將殼剝開，去掉薄皮就可使用。

川燙去皮

在鍋內放入銀杏，以及可蓋過銀杏的水量，開火。

以湯杓翻動銀杏，外層薄皮會變得容易剝除。約川燙3～4分鐘，泡冷水，用手將殘留的薄皮去除。

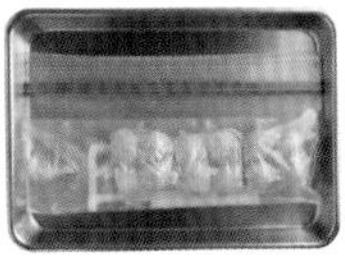

將川燙好的銀杏以保鮮膜包覆，裝入食物保存袋內，放入冷凍庫保存，需用時便可立即取用。使用前放在冷藏室退冰。

冬季

【百合根】

是栽種作為食用的百合球根。加熱會使口感變得鬆軟，產生類似稻穗的甜味，也略帶一點苦味，可以做成日式涼拌菜、湯品、茶碗蒸配料或金團配料等，常出現在日本年菜料理之中。市面上也有販售已經剝好一瓣瓣的白合片。

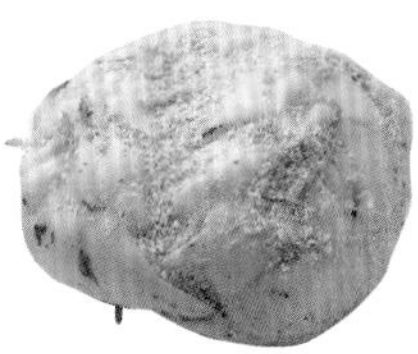

剝下鱗片川燙

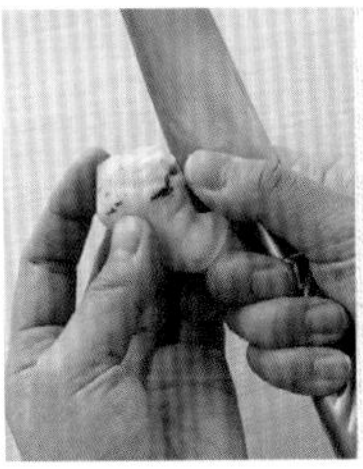

利用刀跟往根部劃入切痕，便能將鱗片一瓣瓣剝下，再將褐色部分削掉，略為川燙，可置於冷凍庫保存。

【慈菇】

和芋頭有一點像，為球狀。由於長得很茂盛，所以經常被日本人當作節慶食材做成年菜。外皮是從底部朝芽的方向生長，所以去皮方式與芋頭（P.44）相同，芽的部分要留下來。澀味很重，去皮後要先沖水，再利用加入洗米水煮沸的熱水川燙約5～6分鐘。

經常入菜的果實

【酪梨】

・酪梨外皮呈咖啡色是正適合吃的時候。如果外皮又綠又硬，可以放在常溫下催熟。

冷藏・蔬果保鮮室

熟成的酪梨可放入塑膠袋內冷藏保存。由於酪梨切開處一接觸到空氣就會變黑，所以要在保留籽的情況下於切口抹上檸檬汁，再以保鮮膜包覆住，就能避免變黑。

冷凍

[3～4星期]

將籽和皮去除，在切口抹上檸檬汁。放入食物保存袋內，放入冷凍庫↓可在冷藏室半解凍，搗碎之後進行烹調。

去皮

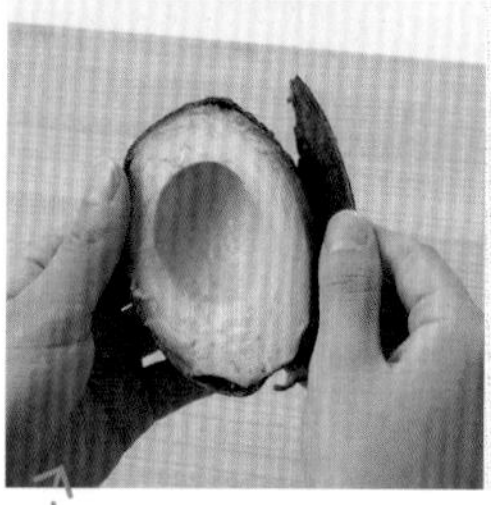

以手或菜刀去皮，切成方便品嘗的大小。如果要做成泥狀，也可用湯匙將果肉挖出來。

切開的果實容易變色，因此要抹檸檬汁防止變色。

去籽

沿著籽縱向轉一圈劃下切痕。

↓

以扭轉方式將酪梨轉成兩半。

↓

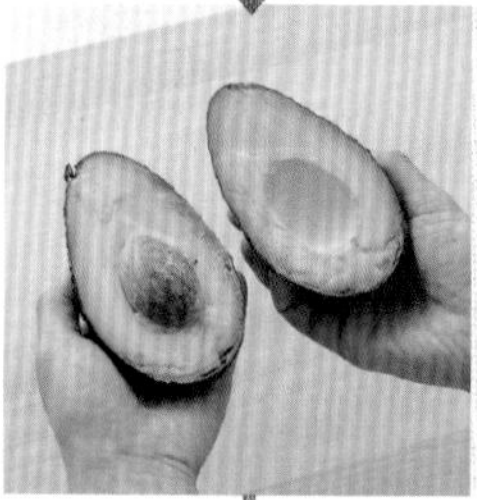

一邊呈現帶籽的樣子，另一邊是脫籽狀態。

↓

利用菜刀刀跟刺向籽，以扭轉方式將籽轉出來。

特別專欄

水果的可愛切法

❶兔子蘋果

將蘋果切成梳形（P.20），將芯取出。在外皮淺淺切出V字形切痕。

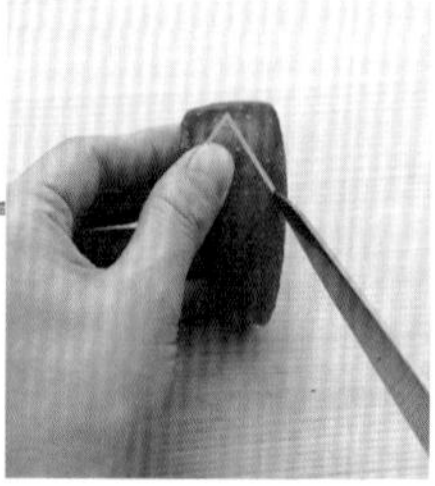

←

將皮削至V字形切痕處。為了預防切開的蘋果變色，要浸泡淡鹽水。

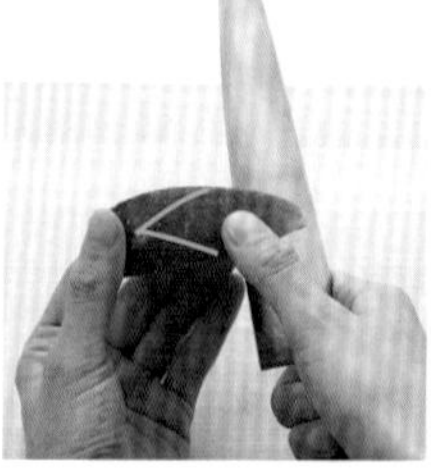

【栗子】

栗子外頭的深褐色硬殼，在日文裡有「鬼皮」之稱，內層的薄皮則稱為「澀皮」。留下澀皮直接烹煮，就成了一種稱作「澀皮煮」的日式點心，但通常會連澀皮都剝除再煮來吃。

· 有光澤，具有分量。

冷藏

洗淨，並去除水氣，用報紙包起來。要放在溫度比蔬果保鮮室更低的冷藏室保存。

冷凍

[1個月]

❶將生栗子放入食物保存袋內，置於冷凍庫（是否已去除鬼皮皆可）→將帶有鬼皮的栗子以熱水烹煮30分鐘，待其變軟後再剝。如果是已經剝除鬼皮再冷凍的栗子，可於冷凍狀態下直接烹調。

❷川燙後，剝除栗子的鬼皮和澀皮，用保鮮膜包覆，置於食物保存袋內，放進冷凍庫→在冷藏室解凍。

去除鬼皮與澀皮

以熱水浸泡約 20 分鐘，鬼皮就會變得柔軟易於剝除。

切除底部後，從切面沿著栗子形狀剝。澀皮也以同樣的方式剝除（若與鬼皮相連，一起剝也無妨）。剝好的栗子，請大約浸泡 20 分鐘去澀。

川燙栗子

將栗子洗淨，置於鍋內，並放入適量的水。蓋上鍋蓋，開大火，水滾後轉小火，大約川燙 30 分鐘。

將栗子浸泡在水中，到水涼為止。

如此一來，不僅可以去澀，還能夠提升美味。

❷笑臉切

從側面對半切。

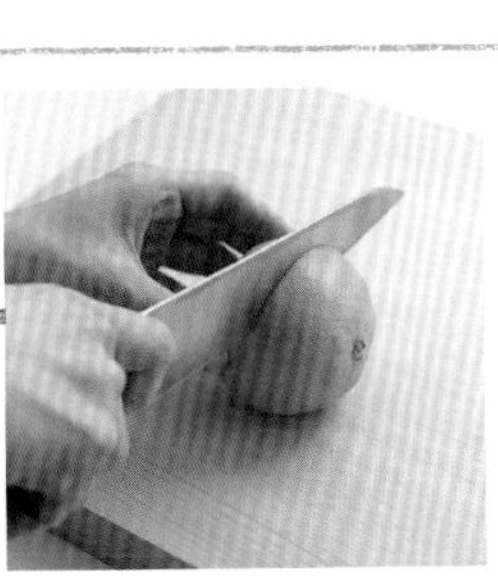

再切成3～4片。

由於看起來就像是笑開的嘴形，所以稱為「笑臉切」。用手將兩端撐開，會更容易入口。

【柑橘類】

冷藏・蔬果保鮮室

以保鮮膜包覆後放入密閉容器內。用剩的部分則以保鮮膜仔細包好切口。

冷凍

[1個月]

❶去皮後，以保鮮膜包覆，裝入食物保存袋，置於冷凍庫→冷凍狀態即可使用。
❷榨汁後，放入保存容器內→常溫解凍。
❸榨汁後的殘餘物可以用保鮮膜包覆，裝入食物保存袋，置於冷凍庫→以冷凍狀態磨碎。

檸檬

柚子

・剝下來的皮很厚。
・有韌性。
・色澤漂亮。
（全部適用）

酸橘

臭橙

冷凍檸檬片可直接加在紅茶等飲品之中。做法是先將檸檬切片，分成數小堆，再以保鮮膜包覆，裝入食物保存袋，置於冷凍庫即可。

檸檬取汁

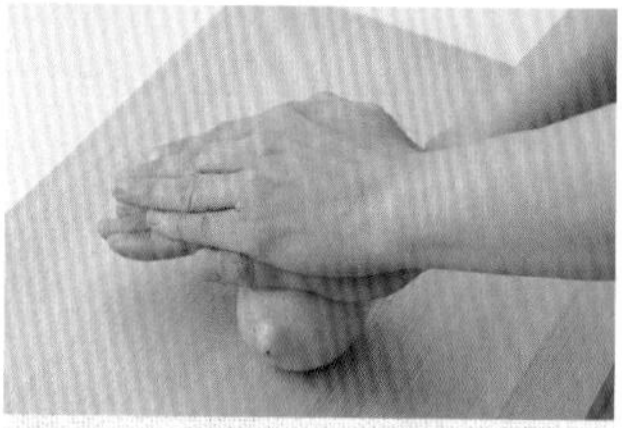

在下刀前，稍微出力滾動檸檬，等檸檬稍微變軟後，會更容易榨汁。

研磨柑橘皮

將洗淨的柑橘擦乾，表面靠在磨泥器上研磨，再以竹籤或竹棒將黏在磨泥器上的皮弄下來。

如果磨到白色部分，會使味道變苦。

薄削柚子皮

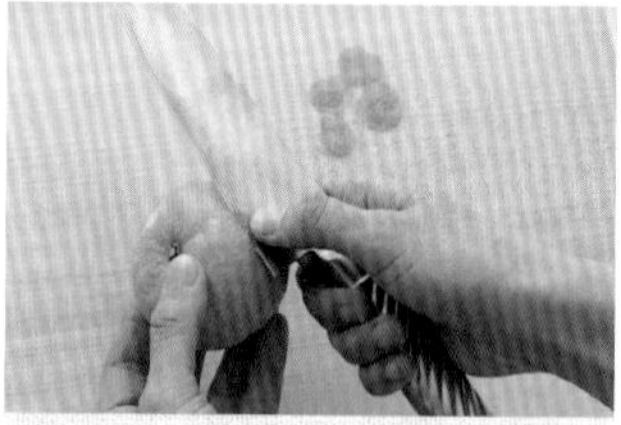

削除薄薄的一層柚子外皮，可以拿來提味或作為料理點綴用。

榨汁好方法

將柑橘類擠出汁液的動作稱為「榨汁」。先將果實橫向對半切，並將籽取出。

以手捏果實榨汁。許多料理會搭配臭橙或酸橘片，通常食用前再榨汁即可。

食材的處理方法 水產

魚類的基本切法

「三片切」是最基本的切魚方式。從中骨將魚身左右兩側切開，分成魚身（魚肉）兩片和中骨一片，總計三片，而這種切魚的方法又可分成「大名切魚法」和「兩面切魚法」兩種。

三片切的事前準備工作

大名切魚法和兩面切魚法的事前準備工作相同，請參照下列步驟：

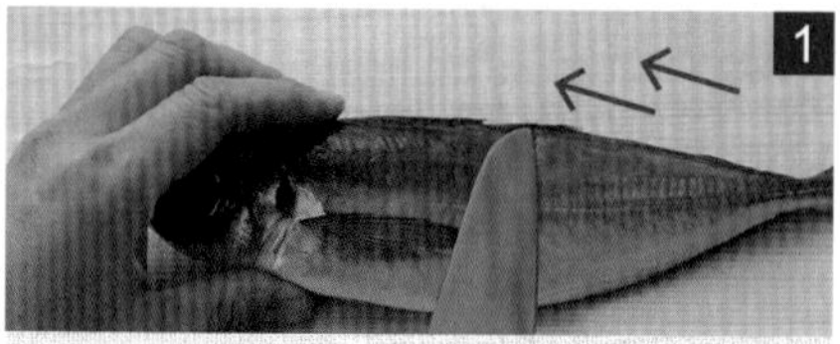

去除魚鱗

首先，將魚清洗乾淨。如果留有魚鱗會影響口感，也不容易入味，所以要去掉。去除魚鱗時，要利用菜刀刀尖，從魚尾朝魚頭方向將鱗片刮除（鱗片很多的時候，可將魚放進大塑膠袋中，在袋內作業，以免魚鱗亂飛）。根據魚種的不同，也有不需要處理魚鱗的魚類。

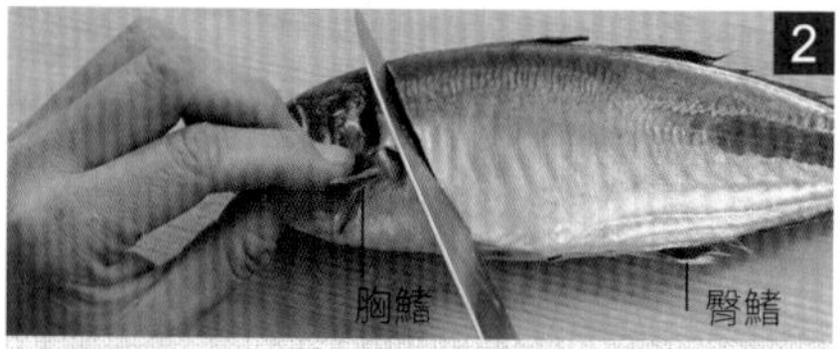

切斷魚頭

切魚頭的時候，菜刀要從胸鰭下方刀起直落。如果是鯛魚一類較具厚度的魚，則魚身兩面都要下刀，才方便切開魚頭。

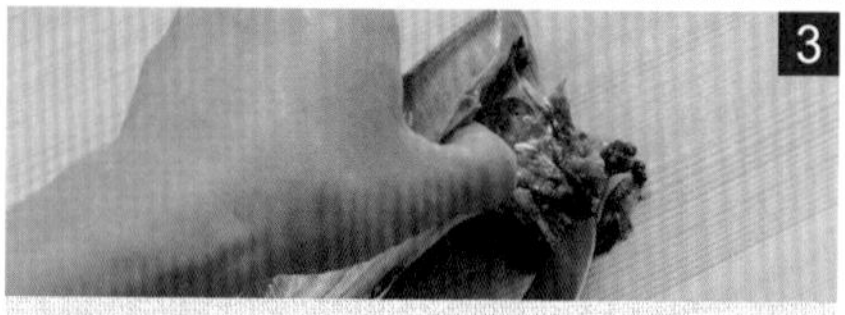

取出內臟

從魚腹側下刀，自魚頭方向切到臀鰭，再將內臟挖出。

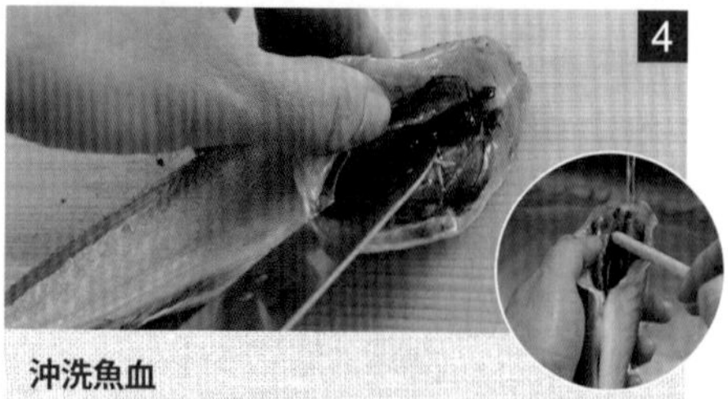

沖洗魚血

利用刀尖將魚腹內側近中骨處的膜切除，較容易拿出血塊。如果留有血塊，會產生腥味，請用料理筷或以手指協助沖水，務必將其洗淨，然後把水瀝乾。

大名切魚法 vs. 兩面切魚法

切魚法的選用主要是根據魚的體型，請參考下列兩種切魚法的比較，你就能了解該用哪種切魚法來處理手中的魚貨了。

●大名切魚法

竹筴魚或秋刀魚等身體部位較小、較窄的魚，可使用大名切魚法將其分成三片。大名切魚法是從魚頭側用菜刀一氣呵成地將魚身與中骨分離的方法，由於是中骨部位還殘留魚肉的奢華切法，才有「大名」之稱。

●兩面切魚法

此種切魚法經常被拿來處理鯛魚或鯖魚等體型較寬、較大的魚。從腹部與背部（兩側）下刀劃開，最後再從魚尾側將魚肉分開。

全魚利用的事前準備工作

如果要以整條魚進行烹調，必須先去除魚鰓（P.96），再將內臟取出來（P.97）。如果要讓整條魚完美上桌，取內臟時必須將切口留在看不見的地方，而且要盡量切小一點。接下來，就能根據各式魚類料理特有的烹調方式進行準備工作。

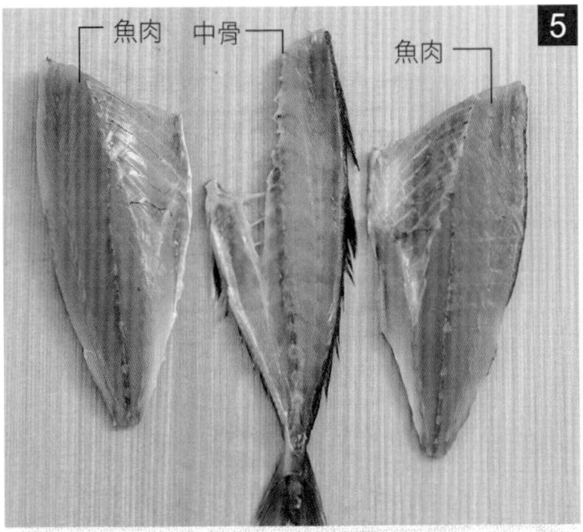

「三片切」成型

魚肉兩片，中骨部分一片，這就是「三片切」的標準狀態。

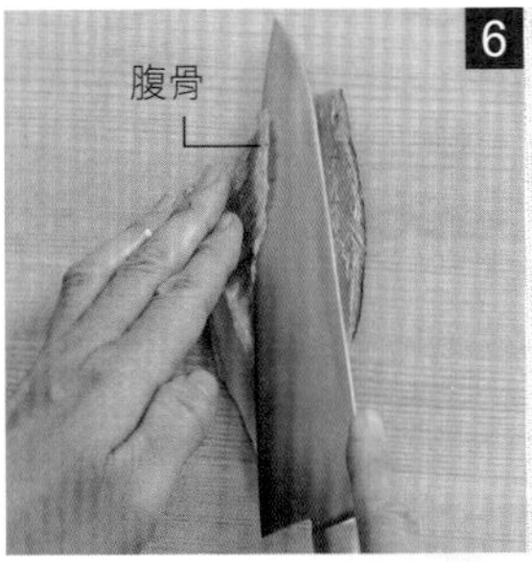

取下魚腹骨

沿著兩側將魚肉的腹骨處取下。這時要將兩片魚肉的腹骨朝左擺放。

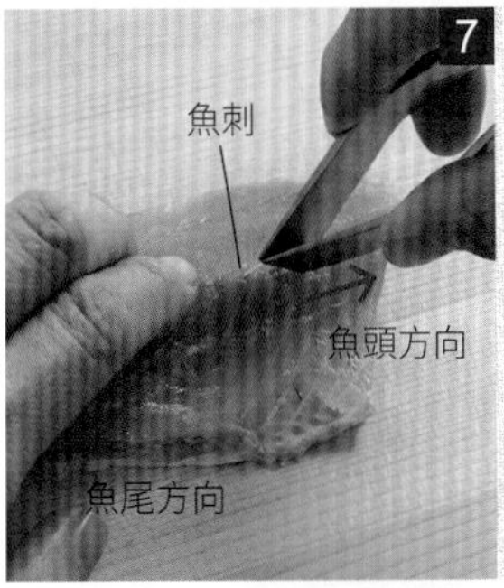

取魚刺

魚肉中央（取下中骨後）可能還殘留著魚刺，要用指尖摸索檢查，如果有刺就拿夾子將其拔除。

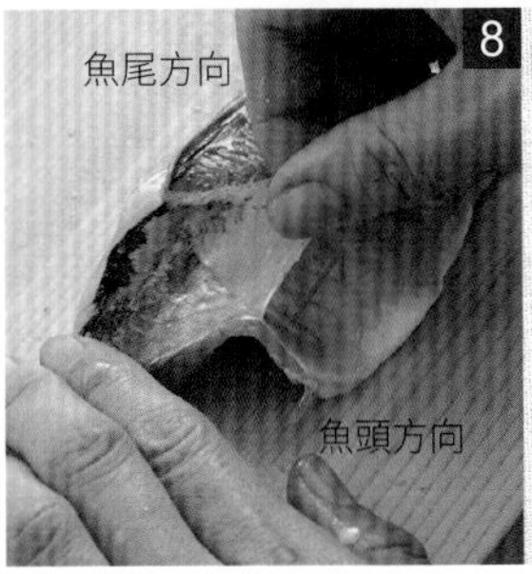

去皮

竹筴魚或沙丁魚由於皮薄而柔軟，故能以手剝除。只要捏住魚頭側的皮，朝魚尾方向拉開即可。

大名切魚法

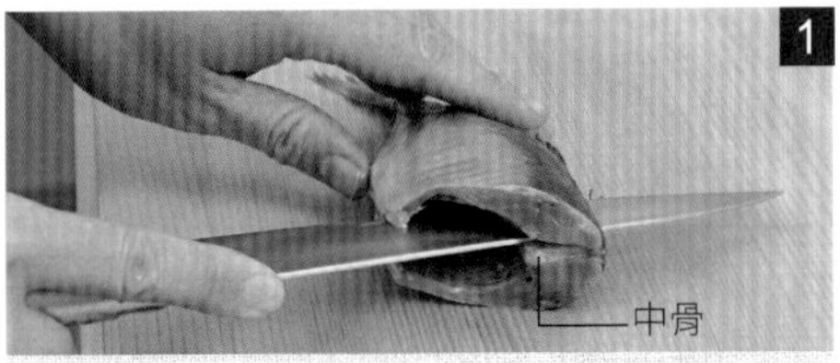

將上邊的魚肉切開

將魚腹置於前方，自魚頭側中骨略為上方的部位水平下刀。

水平切向魚尾

從下刀部位朝魚尾方向水平切過去。

整理第一片魚肉

此時已將魚切分成兩片，這個狀態稱為「兩片切」。將完成的魚肉尾側稍加整理，並調整形狀。

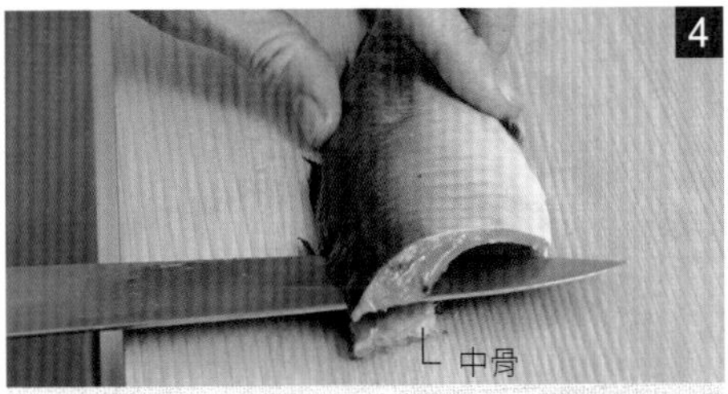

繼續處理另一面

將帶骨的魚肉翻面置於手前方，菜刀朝中骨稍微上方的部位下刀，水平切至魚尾，將魚肉和魚骨分開。

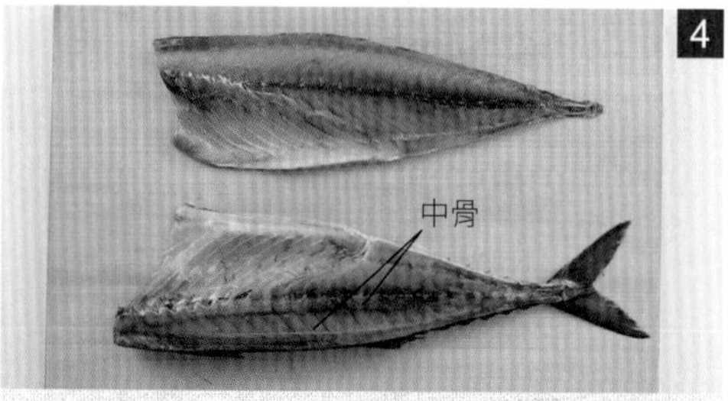

完成兩片切

此時將魚分成了帶骨與不帶骨的兩片魚肉（此為「兩片切」的狀態，鯖魚經常以這種形式販售）。

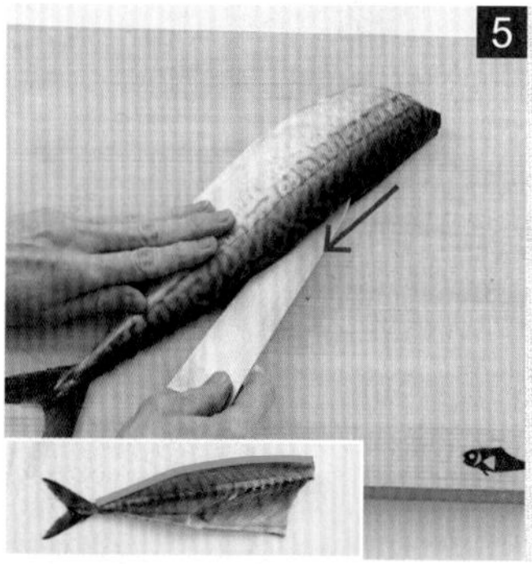

翻面後先從魚背鰭下刀

將帶著中骨的魚身，骨頭朝下放，從魚頭側背鰭上方（中骨之上）的位置下刀，一直切至魚尾。

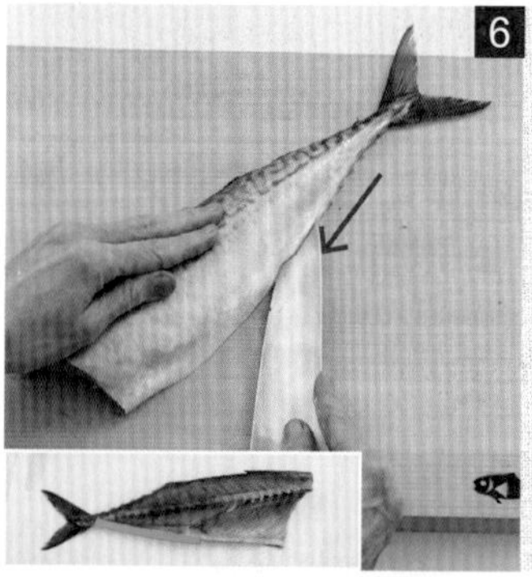

再切開魚腹

魚尾朝右，魚腹面對菜刀，刀刃從尾鰭上方位置（中骨之上）下刀，一直切到魚腹附近。

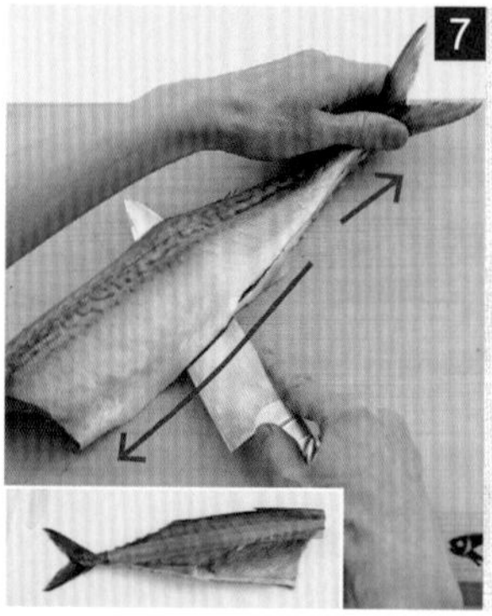

切分魚尾

從魚尾附近下刀，刀尖要刺穿魚身，抓住魚尾邊壓邊切，一口氣朝魚頭方向切，將魚肉與中骨分開。切開魚尾連接處。

兩面切魚法

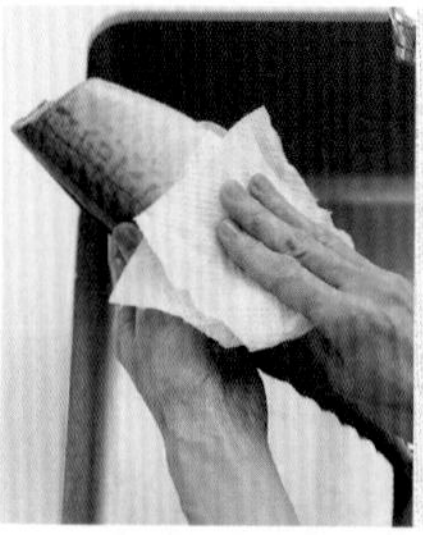

事前處理

在下刀切魚前，要去除魚鱗、魚頭和內臟，沖洗後擦乾（P. 92）。根據魚種不同，也有一些魚不需要處理魚鱗。

先從魚腹下刀

魚尾朝左，左手壓住魚背，先從魚腹開始，以刀尖從臀鰭稍微上方的位置（中骨之上）下刀，切至魚尾。

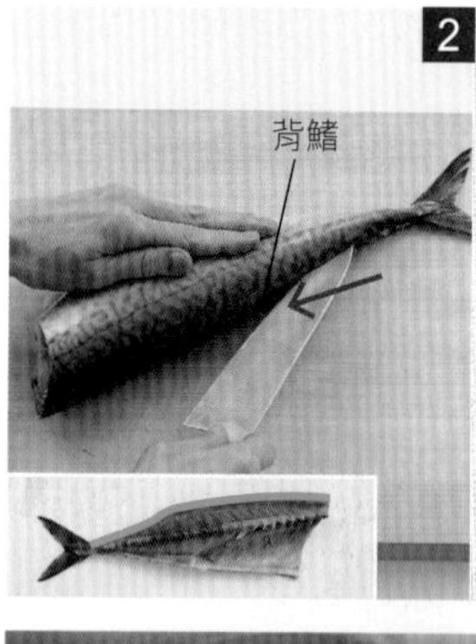

再切魚背

魚尾朝右，以手壓住魚腹，在背鰭稍微上方的位置（中骨之上）下刀，從魚尾切至魚頭方向。

切分魚尾

切魚尾的時候，要將刀尖刺穿魚身（刀刃在中骨之上），邊抓住魚尾邊移動刀，一口氣將菜刀切向魚頭位置，將中骨與魚肉分開，魚尾相連的部分也要切開。

水產的處理原則

魚會從內臟開始腐壞，所以一拿到新鮮的魚就要盡速處理。

●處理

去除魚鱗、魚頭（還有魚鰓）、內臟。要將魚腹內的汙血洗淨，並將水氣瀝乾（詳見 P.92）。

●冷藏

在正式料理之前，可以抹上少許鹽，並以廚房紙巾包裹，再包上保鮮膜，置於冷藏室保鮮。記得要在當天內食用完畢。

●冷凍

要冷凍水產時，會根據種類的不同預先調味，加熱後再行冷凍（請參照本書介紹）。

購買「解凍」水產要注意……

店家經常會販賣冷凍又解凍的魚貝類。如果標示為「解凍」的種類，味道容易流失，也容易敗壞，購買後要盡早使用完畢。

準備工作要做好

●切魚器具

處理水產需要的工具有砧板、菜刀（如果是體型大且帶骨的魚，則須準備出刃菜刀）、拔刺夾、料理筷、去鱗器（如果有的話）等，依據需要處理的水產種類，先將所需器具準備好，避免邊切邊找。

●其他周邊用具

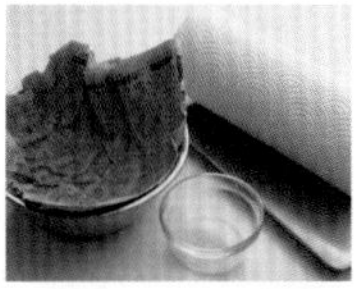

除了處理水產的器具，還須備妥料理盤、廚房紙巾、處理垃圾用的報紙與塑膠袋等，如果要立刻進行烹調，記得還要準備鹽。

●注意衛生

要用清水與清潔劑將砧板仔細洗淨（如果用熱水的話血會凝固），最後再用熱水殺菌。

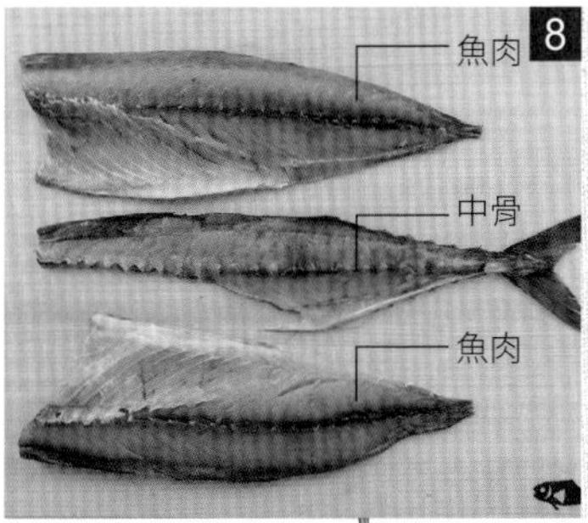

「三片切」成型

魚肉兩片，中骨一片，此為「三片切」的狀態。

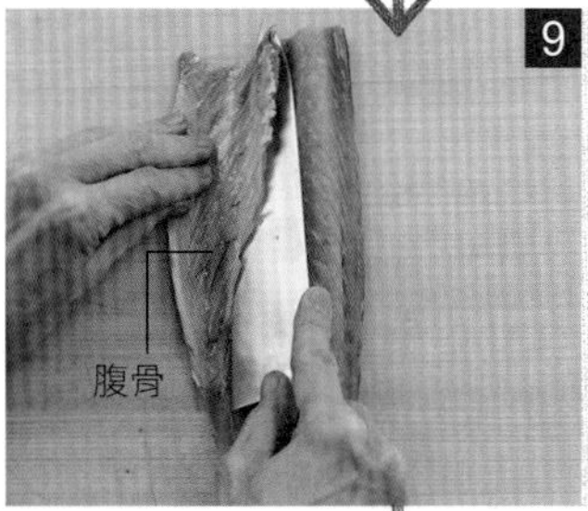

取下魚腹骨

沿著兩邊魚肉取腹骨。將兩塊魚肉腹骨朝左放，菜刀放平沿著腹骨切。

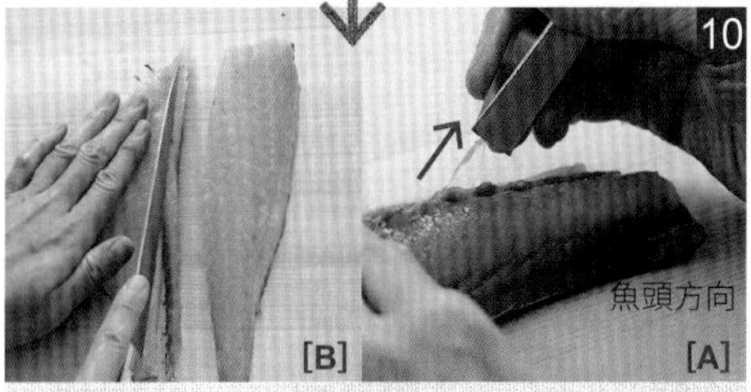

取魚刺

取下中骨之後，魚肉中央仍殘留了魚刺，必須仔細拔除。取魚刺的方法如［A］，以指尖摸索，拿夾子將魚刺拔除；或如［B］，切開中央部位去除魚刺（如果魚肉很大塊，也可能需要將魚背側與魚腹側切開）。

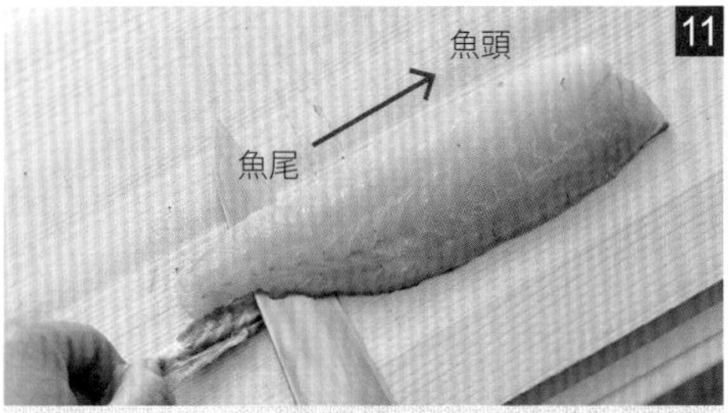

去皮

像鯛魚等魚皮具有厚度的魚，要從魚尾的魚皮與魚肉間下刀，一邊拉扯魚皮，一邊移動刀刃將魚皮去除。

竹筴魚

季節
夏。

種類

較常見的是「寬竹筴魚」，而在日本關西地區還有一種「圓竹筴（青竹筴）」，雖然品種類似，但比寬竹筴魚更胖更圓，故有此名。日本的「縞鰺」則是一種拿來做成生魚片的高級魚種。

適用料理

炙燒、以醋和醬油調味、鹽燒、裹粉油炸、日式涼拌菜、酥炸魚柳條、奶油香煎、醋漬魚等。

・眼睛澄澈。
胸鰭
腹鰭
・整個身體呈銀色，並發亮。

冷藏

由於會從內臟開始腐壞，所以必須迅速將魚鰓與內臟去掉，洗淨後放到冷藏室。要在當天內進行烹調。

冷凍

[2～3星期]

趁新鮮將魚鰓與內臟去掉，並以三片切方式處理抹上少許鹽，將水分擦掉，以保鮮膜包覆，放入食物保存袋，並置於冷凍庫↓欲退冰的時候，請放在冷藏室或冰水內進行解凍，也可以在冷凍狀態直接料理。

帶頭帶尾的處理方法1

不去除魚尾和魚頭，保持整條魚的樣貌，稱為帶頭帶尾。
如果要鹽燒或燒烤的時候，經常會以整條魚來做料理。
由於竹筴魚有個被稱為「硬脊」的硬鱗，
如果以整條魚進行烹調時，務必要將硬脊去除。

去除魚鰓

打開魚鰓骨，以廚房剪刀將魚腹與魚背之間連接魚鰓的部位切除。

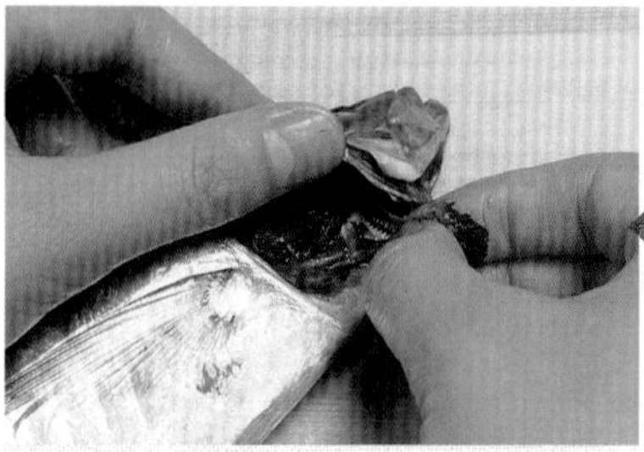

用手指將魚鰓取出。另一側的魚鰓也以同樣方式處理。接著去除魚鱗（→ P.92「三片切的事前準備工作」**1**）。

去除稜鱗

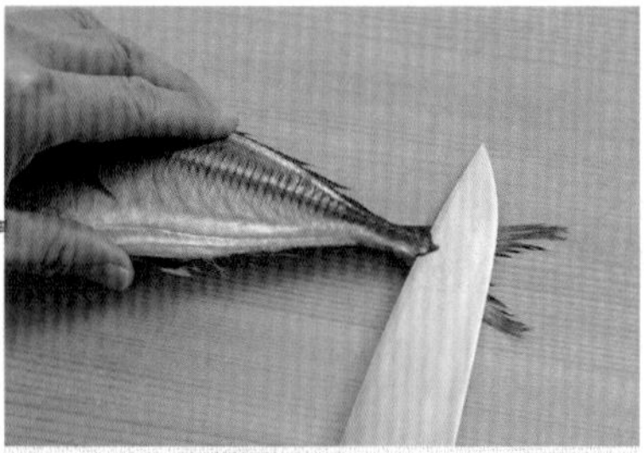

接下來處理稜鱗，菜刀要從魚尾的根部下刀。

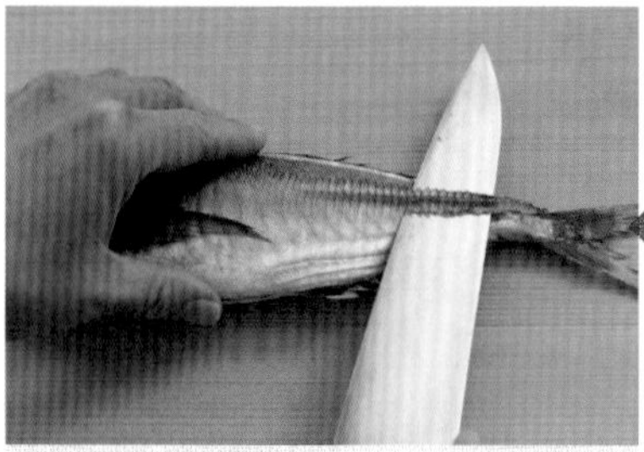

以菜刀一邊前後緩慢移動，一邊以手指摸索，一直切到感覺不到稜鱗為止。另一側也以同樣方式處理。

如果要將一條魚完美擺盤的時候，要從看不見的內側下刀，繼而將內臟取出。

取出內臟

右手持刀，魚放在左邊，魚腹朝著下刀面，從胸鰭下方約3～4cm處下刀，以刀尖向內刺入，並將內臟挖出。

一邊以清水洗淨，一邊用手指朝切口深入，挖出殘留的內臟，並清洗汙血。位於中骨附近的血塊是魚腥味的主要來源，如果以手指不容易洗淨的時候，可以將料理筷伸入其中清洗。最後利用廚房紙巾將水分擦乾。

鹽燒竹筴魚

魚頭朝左，將魚腹朝上盛盤，可以拿蘘荷或茗荷甜醋漬（P.81）、蘿蔔泥等來裝飾。

1 去除竹筴魚的魚鰓、魚鱗、稜鱗和內臟。洗淨後擦乾。

2 如果魚肉較厚，為了使其容易熟透，可以在表面劃上切痕。

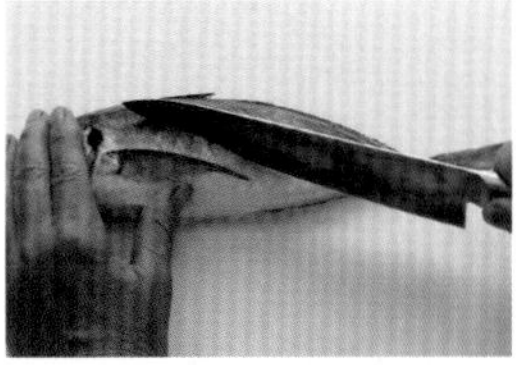

3 將魚放在過濾網裡，從大約20cm的高處撒鹽。撒鹽（比例約為魚重量的1～2%）的時候，要從手指之間朝魚的兩面撒下。大約靜置15分鐘，略為清洗後將水擦乾。

透過「撒鹽」，不僅能讓魚染上鹹味，還可以將魚的水分與腥味逼出，而且在燒烤時也會變得較不易破損。放在過濾網內，是為了讓魚的水分和腥味可以流出，防止腥味又沾上魚肉。至於鹽的使用量，大約是一條竹筴魚撒1/2小匙鹽的比例。

魚在撒過鹽後，如果放置太久就會失去鮮味，魚肉也會變硬。如果是沙丁魚一類體型較小的魚，大約放置5～10分鐘，鯛魚等較大的魚則是放置大約30分鐘。

4 在準備烤魚前，以指尖將鹽塗抹在魚尾、胸鰭、背鰭。這個動作稱為「鹽化妝」，是為了避免魚尾和魚鰭在燒烤過程中脫落，也可讓魚看起來更美觀。

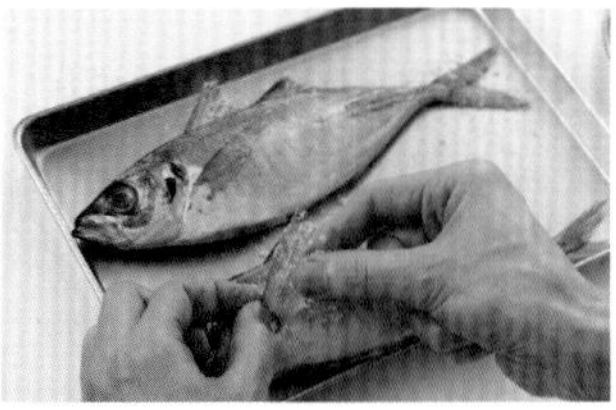

5 烤架要預熱。將表面朝上，以大火烤6～7分鐘，烤成焦黃色。如果在燒烤過程中，魚尾和胸鰭快要脫落的話，可以在其上抹油防止脫落。

※ 如果是單片烤架，只能放在火上。先將內側烤5分鐘，接著翻到另一面，烤大約4分鐘。

烏賊與章魚

【烏賊】

季節
槍烏賊為夏季～冬季。

冷藏

由於會從內臟開始腐壞，所以必須迅速將內臟去除並放到冷藏室。要在當天內進行烹調。

冷凍

[2～3星期]

去除內臟與軟骨、將身軀與足部分開。以保鮮膜包覆，放入食物保存袋，置於冷凍庫。欲退冰的時候，請放到冷藏室或置於冰水內進行解凍，也可以在冷凍狀態下直接加熱烹調。

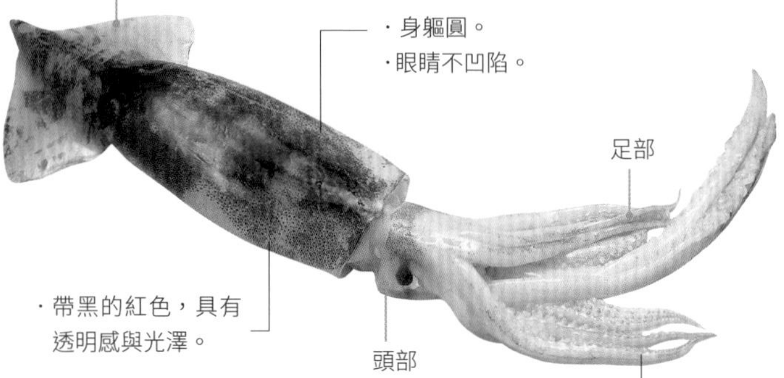
烏賊鰭
・如果碰觸足部，吸盤會有吸的感覺。

種類

圖片上的是「槍烏賊」，其他還有「長槍烏賊」、「劍尖槍烏賊」、「紋甲烏賊」等。

適用料理

可以做成生烏賊切片、照燒、醬煮、日式涼拌菜、醋拌涼菜、天婦羅、炸什錦、酥炸烏賊等。

烏賊的處理方式

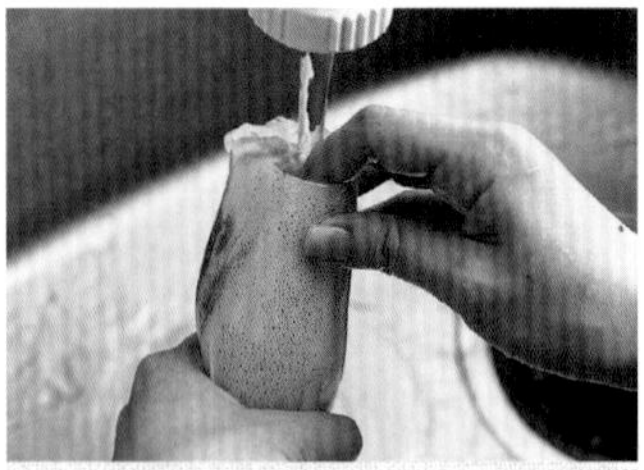

用清水清洗腹腔內部，並仔細擦乾。

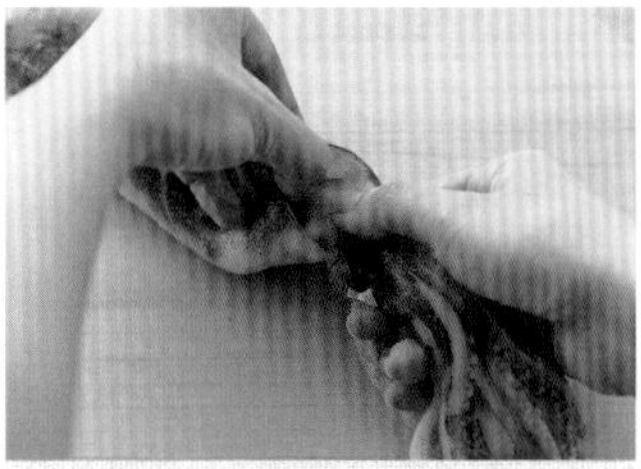

將手指伸入軀體內，將軀體相連的部位拉開。

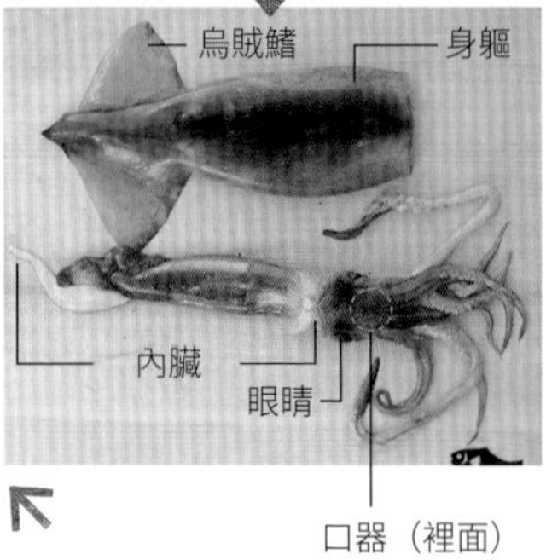

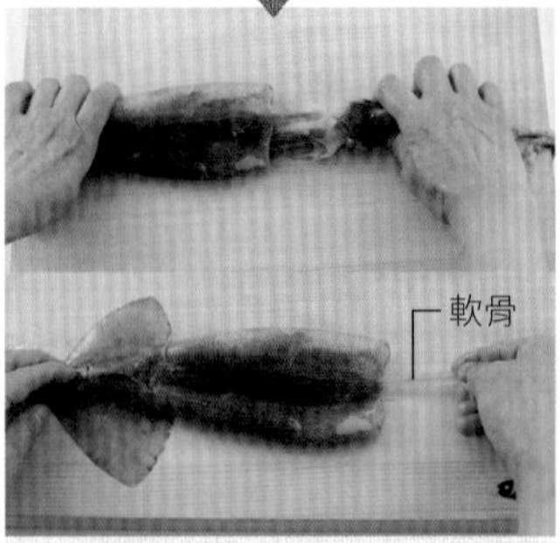

左手壓住烏賊鰭，右手抓住連接足部的根部位置，便可將內臟拔除，然後把手指伸進裡面掏出軟骨。

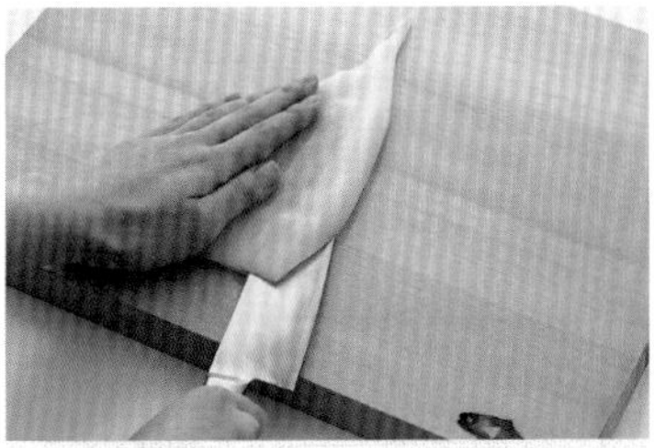

如果要整片切開進行烹調的時候，將菜刀伸入烏賊身軀，刀刃朝外切開。

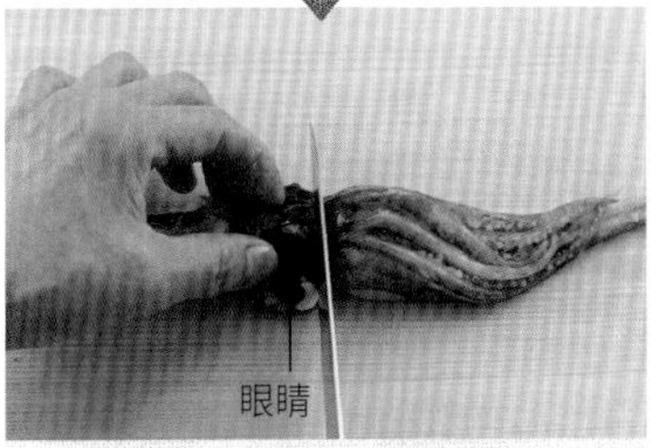

從眼睛下方位置將烏賊腳切開。

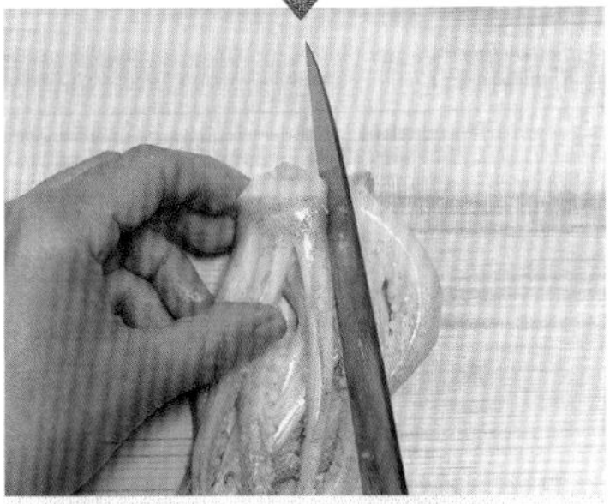

將烏賊足部的圈圈切開。

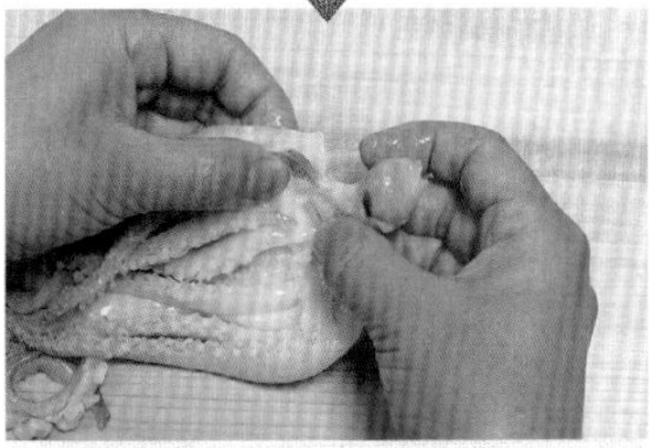

在烏賊足部中心有堅硬的口器，以指尖朝口器推壓，然後將它拉出來。

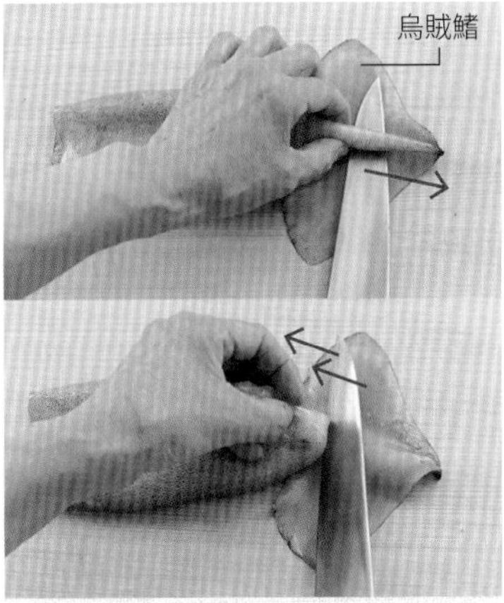

將連接烏賊鰭的部位朝下，菜刀由身軀和烏賊鰭之間下刀，從烏賊鰭的上方來剝除。

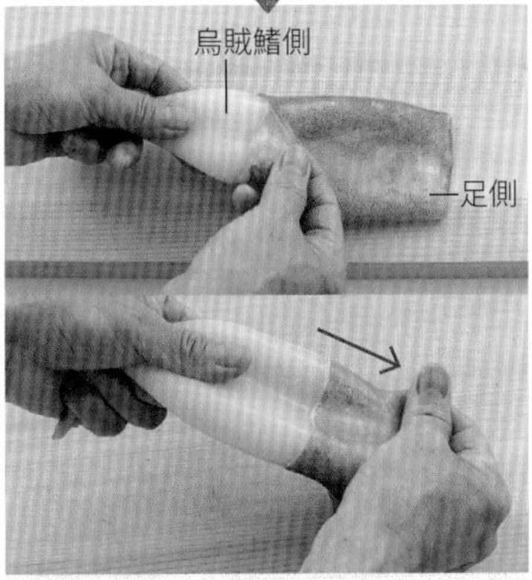

從烏賊鰭連接的部分，一口氣將烏賊身體上的皮用力往外拉。

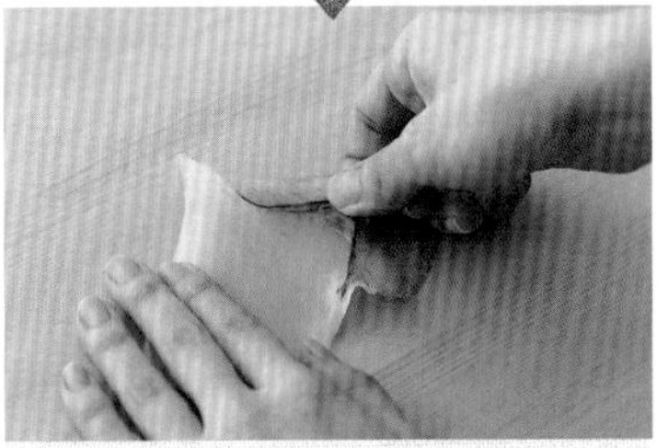

在烏賊鰭的表面中央縱向劃下切痕，並從這裡將皮剝掉。

處理足部

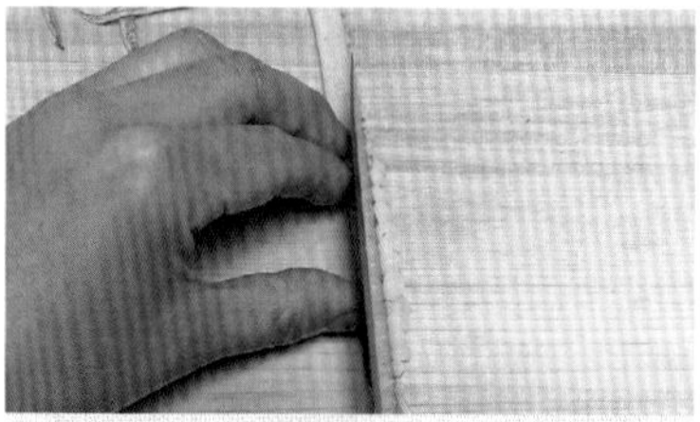

足部的吸盤可以用手指抓出來，或以菜刀切斷。

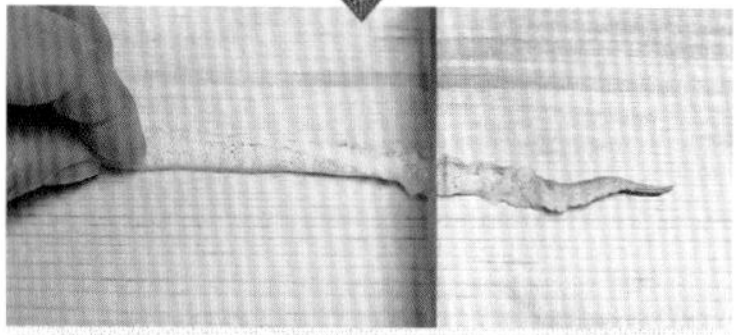

由於足部前端堅硬不易入口，所以要切除 1～2cm。

細切

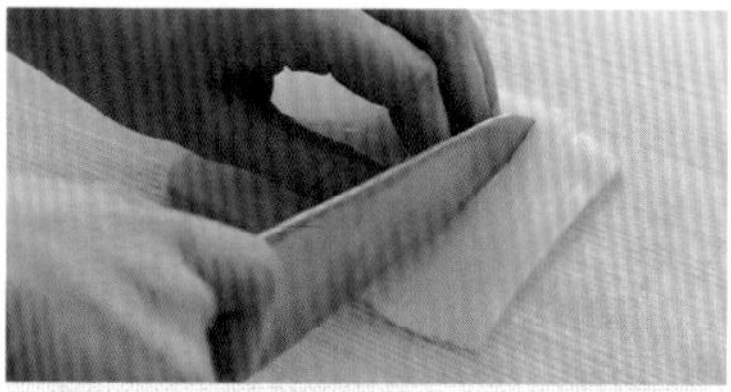

這是製作生烏賊的一種方法，也可以稱為「切絲」。利用菜刀刀尖，以畫線的動作朝去了皮的烏賊身軀下刀細切。

格子切

烏賊一旦加熱就會變硬，便很難切成格子狀，所以要在烹調前先劃妥，不僅容易入口，看起來也較為美觀。

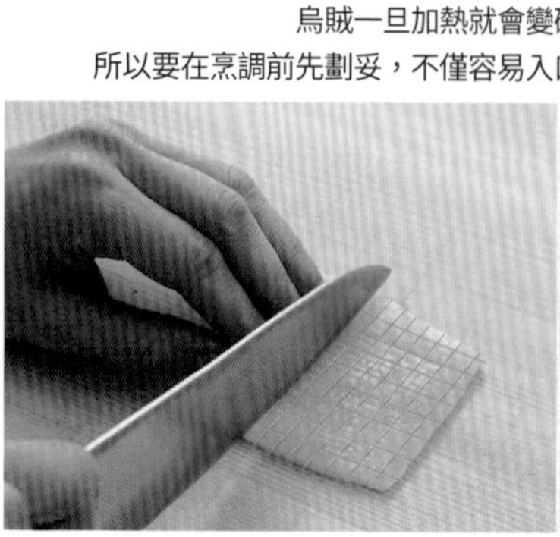

菜刀直直地下刀，大約切至一半的厚度，劃出縱橫交錯的細小格子。

圓片切

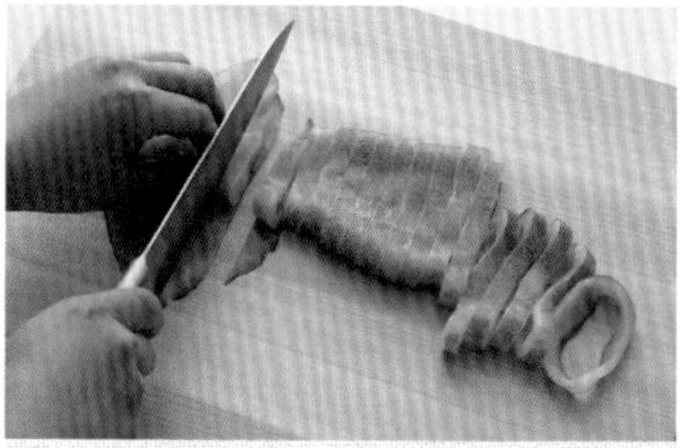

圓片切通常用於烏賊帶皮的狀態下。先將腹部洗淨、擦乾，從最邊緣開始往鰭的方向切。由於很容易滑動，必須好好壓住身軀。

處理內臟與墨囊

如果烏賊夠新鮮，可以將其內臟加調味料製成鹽辛（日本料理中的一種珍味，將海鮮醃漬於加了 10%鹽的內臟中），也可以拌炒。

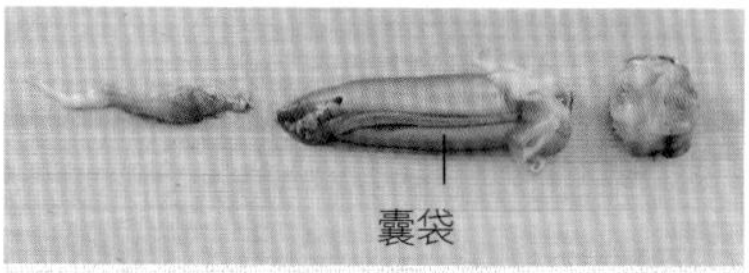

烏賊內臟就是將眼睛與前端分切後留下的囊袋。

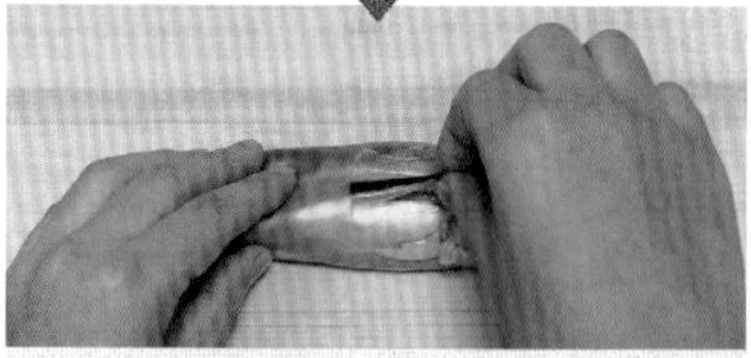

捏住連接在囊袋上的墨囊，緩緩拉開。如果墨囊破掉，會導致墨汁飛濺，請務必小心。

朝囊袋下刀，將內臟挖出來。

醋漬烏賊

材料

(2 人份／每份 202kcal)

- 槍烏賊……1 隻 (250 ～ 300g)
- 洋蔥……1/4 個 (50g)
- 黃甜椒……1/3 個 (50g)

〈醋醃醬汁〉

- 醋……1 大匙
- 白酒……1 大匙
- 橄欖油……1 又 1/2 大匙
- 鹽……1/4 小匙
- 胡椒……少許

1 將洋蔥切成薄片，黃甜椒則照長度對半切，再切成薄片。

2 將烏賊去皮後，切成 7 ～ 8mm 寬度的圓片，足部則是兩條一起切，並將吸盤取下，切成容易入口的大小。

3 將醋醃醬汁的材料倒入盤中混合，再將1放在盤子裡。

4 在鍋內裝入適量的熱水煮沸後，快速川燙烏賊，並且將水分瀝乾，最後與3拌一起即完成。

【水煮章魚】

種類

市面上販售的水煮章魚多半為「真蛸」，小隻的連頭一起賣，大隻的會將足部切分販賣。

市面也有將切割下來的足部和頭部整組一起販售的。

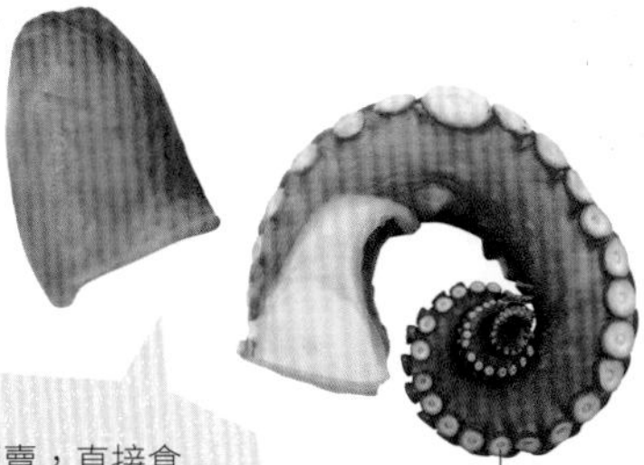

由於是水煮後販賣，直接食用即可。如果擔心有髒汙，可用熱水燙過後再食用。

・外皮無傷痕。
・足部捲曲。

適用料理

可以直接切片，像吃生魚片一樣，也可以做成醋拌涼菜、章魚炊飯、醋漬章魚等。

冷藏

將整份章魚直接放到冷藏室裡，在保存期限內盡早食用完畢。

冷凍

[2～3星期]

分裝成數份，以保鮮膜包覆，裝入食物保存袋，置於冷凍庫↓放到冷藏室或冰水中解凍，也可在冷凍狀態下直接加熱烹調。

頭部的處理方式

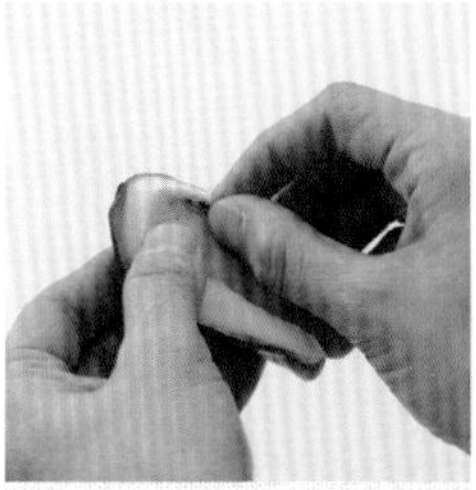

章魚頭部經常會對半切來販賣。內側有薄膜般的物體，請用手剝除，再仔細清洗乾淨。

隨意切塊

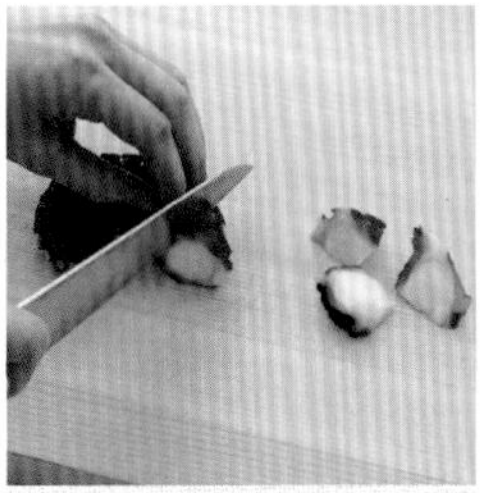

像不規則切（P.21）一樣，一邊切一邊轉換方向，不拘泥大小。

斜切

沿著章魚肉，由最左側開始斜切成薄片。菜刀朝右傾斜，刀跟到刀尖則向著手邊前方切。

沙丁魚

季節 九～十二月。

・眼睛澄澈，不會發紅。
・從頭部到背部為青綠色。
・腹部有彈力，不會裂開。
・腹側為銀白色。
・斑點莎瑙魚有被稱為「七星」的黑點，新鮮的沙丁魚黑點更為明顯。

種類

多半為活魚販售，照片上為「斑點莎瑙魚」，其他還有「日本鯷」、「沙丁脂眼鯡」等。

適用料理

生魚片、鹽燒、薑煮、蒲燒、魚丸、炸魚餅、酥炸魚柳條、茄汁燒魚等。

以「手開」方式處理

由於沙丁魚身體柔軟，因此能夠以手來打開。比起使用菜刀，手開還更迅速喔！

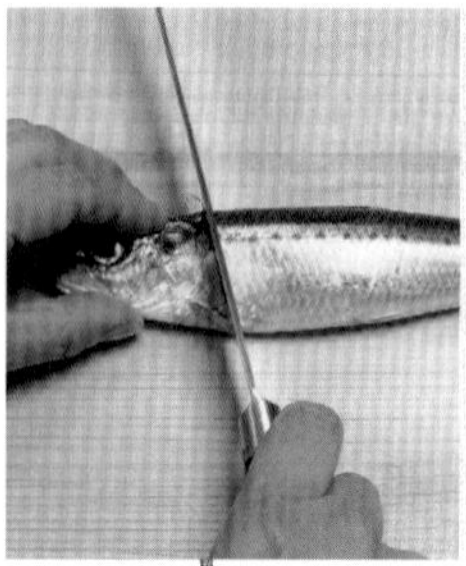

菜刀由魚尾朝向魚頭移動去除魚鱗，然後從胸鰭下方下刀，將魚頭切除。

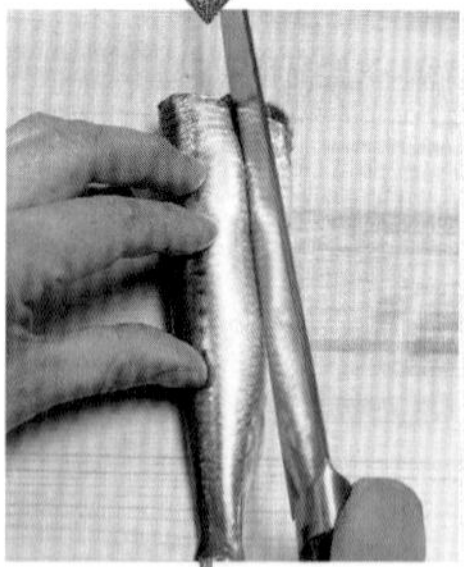

菜刀從腹部內側傾斜角度下刀，深入約7～8mm，一直到腹鰭下方。

利用菜刀刀尖將內臟挖出。

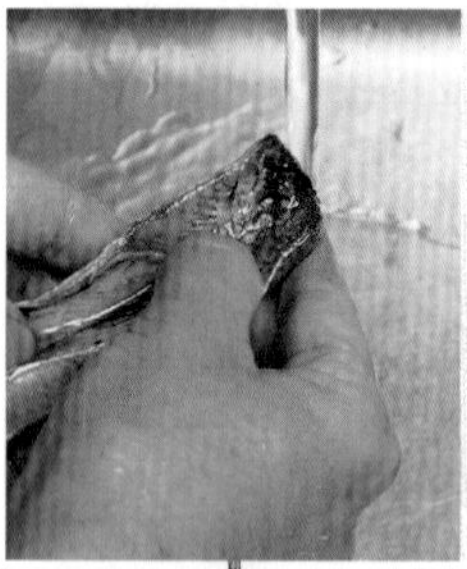

至於殘留的內臟與中骨附近的汙血，可用指尖摩擦沖洗。由於之後就不再清洗，所以請仔細洗淨，並且將水擦乾。

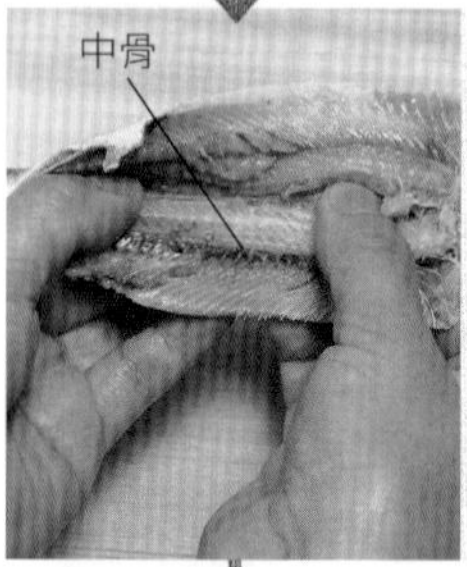

將大拇指從魚腹附近的中骨上端處伸進去，沿著背側至中骨附近左右滑動，將魚肉打開。

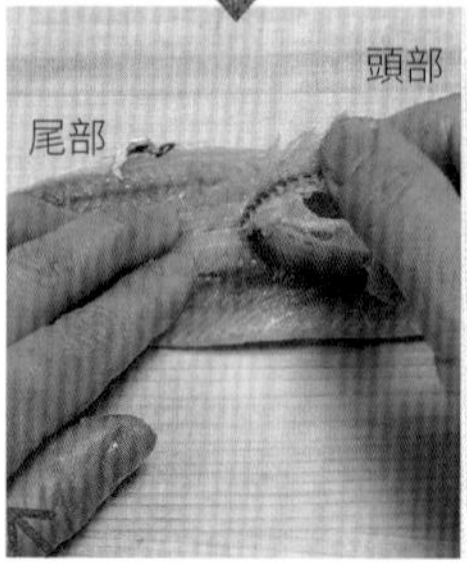

將魚尾附近連接中骨的部位折下，一邊壓著魚身，一邊將中骨朝魚頭部位拉，就能將中骨與魚肉分開。

冷藏

由於沙丁魚特別容易腐壞，因此如果無法馬上進行烹調，要將內臟清除後放入冷藏室，並且在當天料理完畢。

冷凍

[2～3星期]

稍微輕輕敲打魚肉，加入少許酒、鹽、薑汁等調味，分裝成數小堆，以保鮮膜包覆，放入食物保存袋，置於冷凍庫↓放在冷藏室或冰水中解凍。

從魚頭去除魚皮

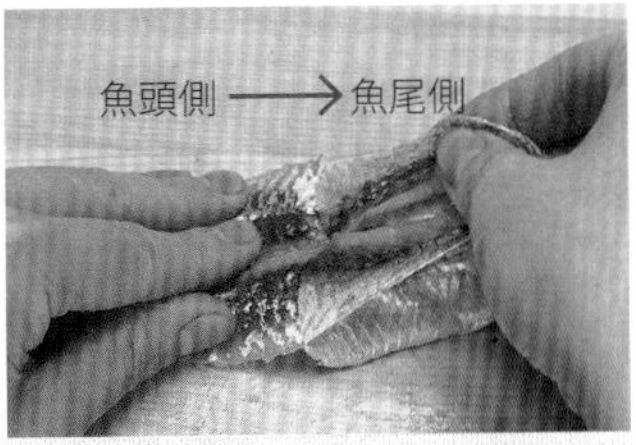

製作生魚片時，在去除尾部後，還必須將皮剝下。處理魚皮的時候，要從魚頭朝魚尾方向去除。

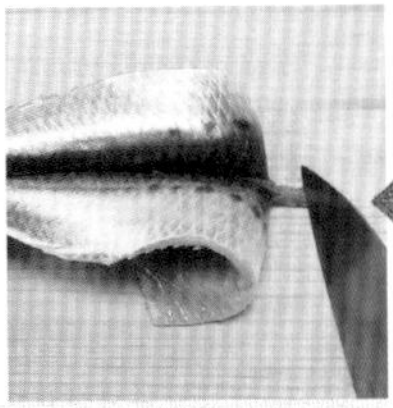

以菜刀壓著背鰭，將背鰭拉開去除。「手開」即完成。

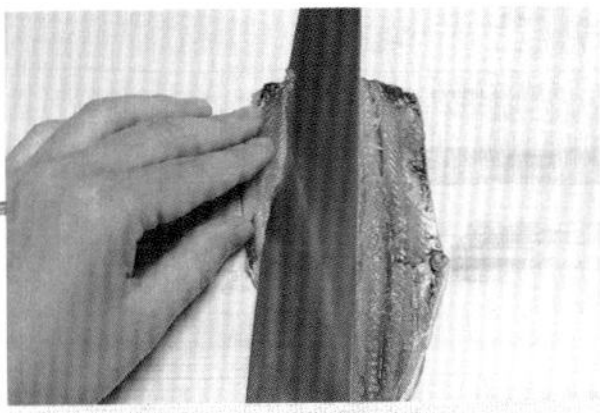

將魚肉縱向放置，菜刀沿著腹骨平切，另一側也以相同方式處理。

蒲燒沙丁魚

尾部朝右，皮朝下盛盤。

材料

(2 人份／每份 176kcal)

沙丁魚……中等大小 2 條（約 200g）
太白粉……1 大匙
沙拉油……1 小匙
A 砂糖……1/2 大匙
A 醬油……1 大匙
A 味醂……1 大匙
A 酒……1 大匙
甜醋薑……少許

1. 用手開手法將沙丁魚打開（留尾巴）。將兩面抹上太白粉。將 A 混合均勻。

2. 平底鍋熱油，以中火從沙丁魚的魚肉開始煎。

3. 將顏色煎至漂亮上色後換邊煎。利用廚房紙巾擦去平底鍋油汙，加入 A。

4. 煮滾後，利用湯匙將醬汁往上撥，使之上色均勻。成盤後擺上甜醋薑。

魚丸湯

材料

(2 人份／每份 132kcal)

沙丁魚……中等大小 2 條（約 200g）
七味粉……少許
A 味噌……1/2 小匙
A 薑……1 塊（10g）
A 太白粉……1/2 大匙
蔥（小口切）……10cm
高湯……400ml
B 醬油……1/2 小匙
B 酒……1 大匙
B 鹽……少許

1. 薑帶皮一起研磨，並榨成汁（P.83）。

2. 用手開方式將沙丁魚打開（P.102），切掉魚尾，將皮剝除（上記）。

3. 用菜刀剁碎沙丁魚肉。將魚肉置於料理盆內，加入 A，並均勻混合。分成 6 等分，再搓成丸子狀（魚丸）。

4. 在鍋內將醬汁煮開，加入魚丸。一邊煮一邊將浮沫取出，大約煮 3 分鐘。利用 B 調味，盛盤。加蔥花，並撒上七味粉。

蝦

季節
車蝦為夏季出產，甜蝦是冬季，草蝦和白蝦多半為冷凍品，大約一年出產一次。

冷藏

由於容易失去鮮度，請在當日內使用完畢。市售蝦多半是冷凍再解凍的商品，因此不適合再次冷凍。如果買的是冷凍製品，解凍處理方式則是直接泡冰水，或是沖水解凍。

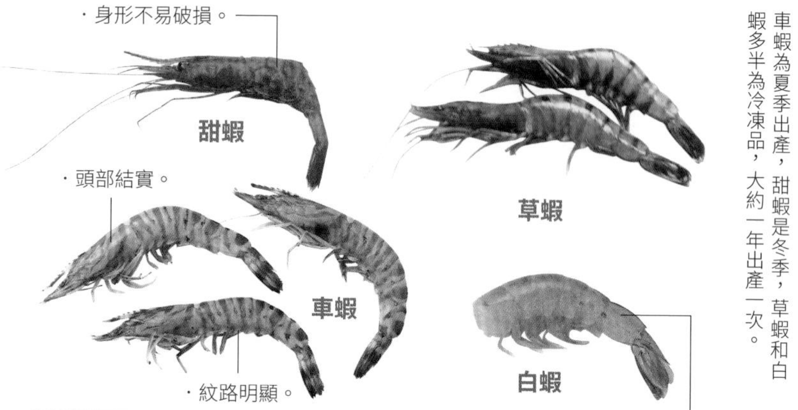

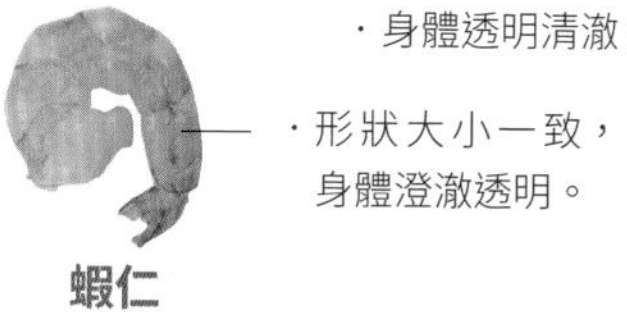

適用料理

甜蝦可以生吃，車蝦適合鹽燒或做成炸蝦天婦羅等料理，其他類蝦子適合炸什錦、蝦丸、裹粉炸蝦、奶油焗蝦、辣椒醬燉煮等。

去除蝦殼與蝦頭

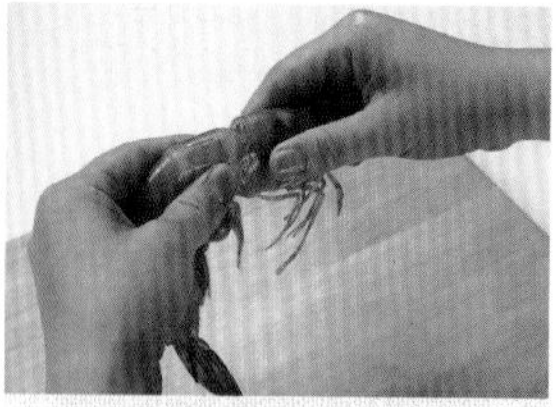

去掉蝦頭的時候，要握住蝦身與蝦頭的連接處，再將蝦頭拉開。

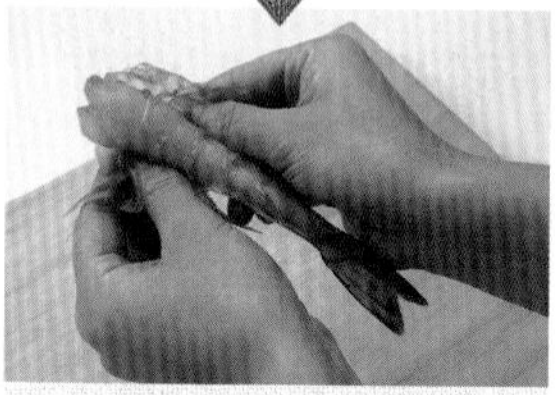

從蝦腹側沿著蝦的軀體將蝦殼剝開。

如果留下尾端附近的一節蝦殼，在料理時比較容易維持蝦子的形狀，而且蝦殼加熱會變紅，可增添美觀。如果要將蝦子運用在沙拉等料理時，可以將帶殼蝦拿掉蝦腸後直接煮熟，放涼後再剝殼，鮮味才不會流失。

帶殼直接沖洗

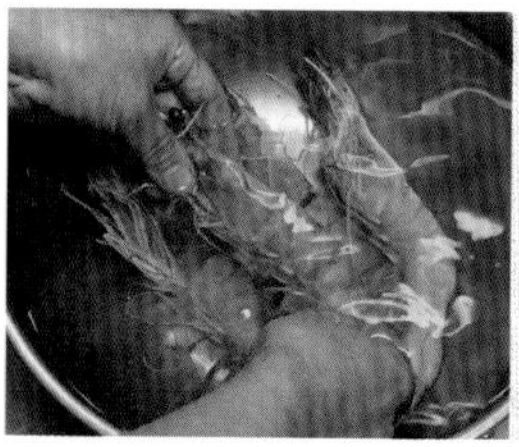

如果買的是帶殼蝦，請帶殼直接沖洗。如果去殼後才洗，不只會將鮮味洗掉，還容易造成蝦肉破損。

去殼蝦以鹽水沖洗

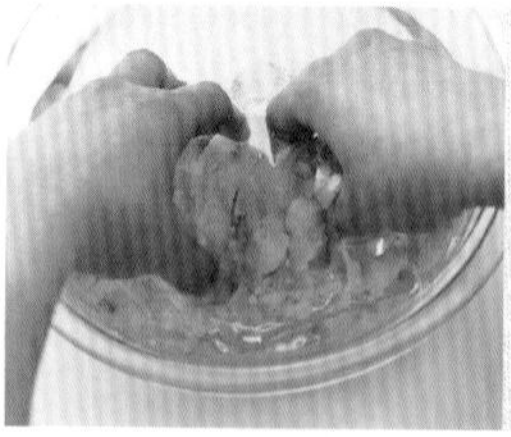

去殼蝦則利用鹽水（水與鹽的比例為水 200ml 加 1 小匙鹽）搓洗，髒汙就會浮出水面，也可以去除腥味。

去除蝦腸

觀察蝦的背部，通常可以看見一條黑黑的線（也有些蝦腸不是黑色的），那就是蝦腸，是蝦子的內臟，吃起來有腥味，會讓口感變差。

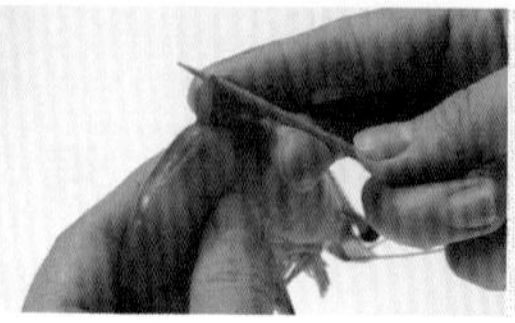

將蝦身彎曲，拿竹籤朝蝦頭數過來約第二至三節之間刺入，挑起蝦腸，利用食指壓住竹籤上挑起的蝦腸，再將整條蝦腸拉出來即可。

維持蝦形筆直的方法

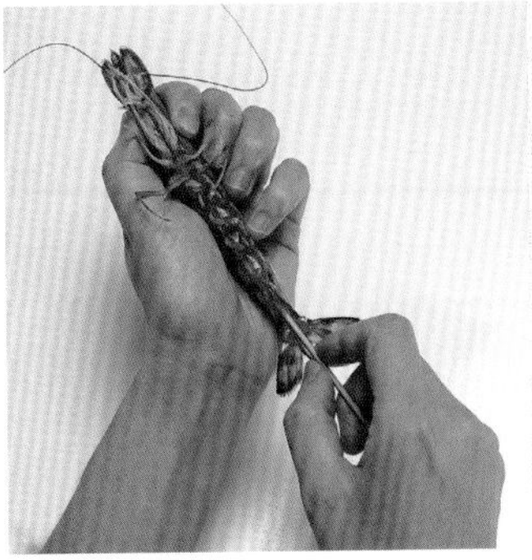

如果想在鹽燒時維持蝦身筆直，可以從蝦尾根部插入一根竹籤，直到蝦頭再穿出來。

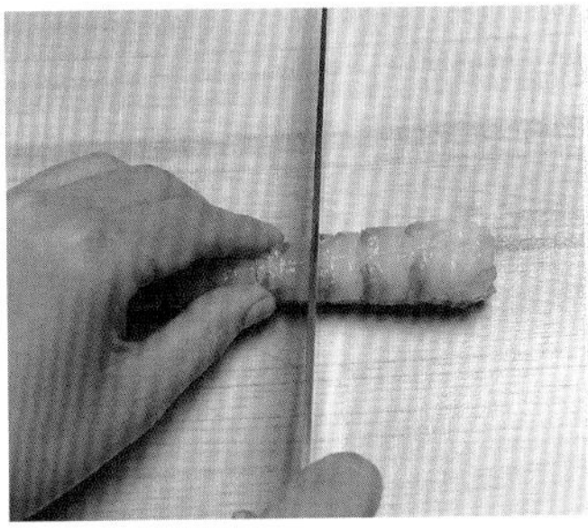

如果是去殼的蝦肉，則是從腹側的第四至五節處，淺淺下刀後，再用手稍微拉一下。

尾部的處理方式

裹粉炸蝦或炸天婦羅等需要保留蝦尾一起料理的時候，要先處理尾部。

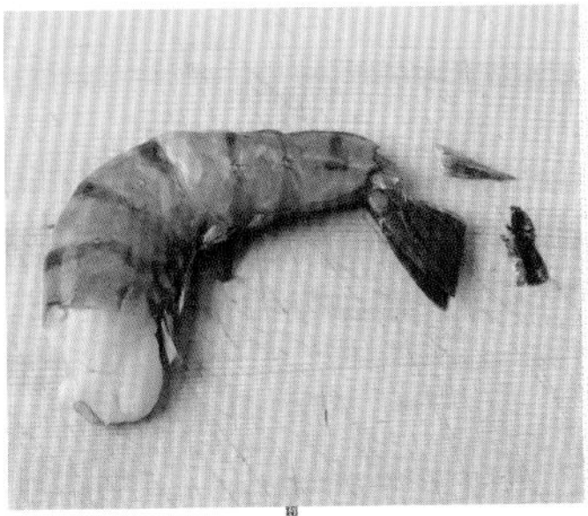

去除蝦尾尖端和位於蝦尾中央的尖錐部分，以免食用時刺到嘴巴。

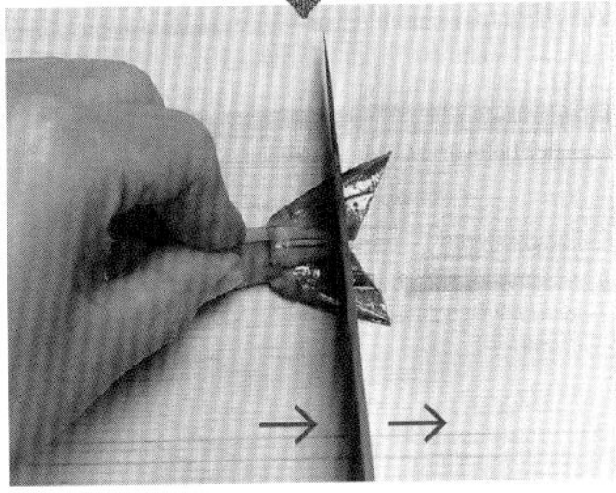

利用菜刀刀尖將剩餘尾部的水分推除，可以預防油炸或拌炒時造成油花四濺。

美乃滋蝦球

材料

(2 人份／每份 268kcal)

草蝦 *（帶殼，去頭）	8 條（160g）
太白粉	1 大匙
綠花椰菜	1/2 株（100g）
沙拉油	1 大匙
A 鹽	少許
A 胡椒	少許
A 酒	1 小匙
B 沙拉醬	3 大匙
B 牛奶	1 大匙
B 鹽	1/4 小匙

*建議以草蝦製作，因為顏色會變得又紅又鮮豔。

1 處理蝦尾，剝除蝦殼，僅留下一節連結尾部的蝦殼。

2 從背側下刀，將背部切開後取出蝦腸。拌入 A 搓揉。

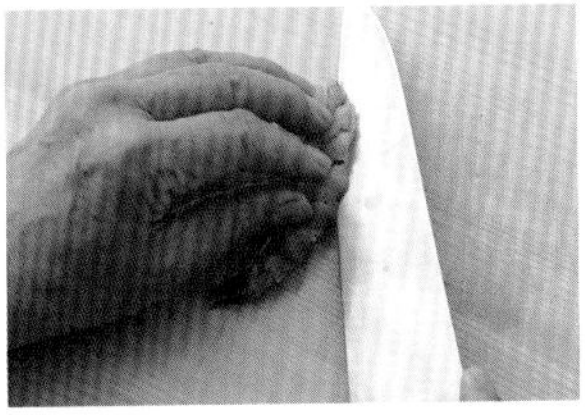

3 將綠花椰菜分成數小株（P.75），以滾水川燙 1～2 分鐘。將 B 倒入料理盆內混合。

4 將蝦子裹上太白粉。

5 平底鍋熱油，以中火炒至蝦子全部變紅，再加入綠花椰菜一起輕輕拌炒。

6 將 5 倒入 B 的料理盆裡。

鰹魚

季節

春季與秋季。

四月至五月出產的是「初鰹」，秋季為「迴游鰹魚」，其油脂較為豐厚。

冷藏

購買回家當天就要食用。如果有剩，請以時雨煮（加上大量薑絲烹調）的方式烹調，在2～3天內吃掉。不適合冷凍。

半敲燒用

半敲燒、炙燒或香煎時可選用帶皮的魚肉，魚皮可以直接吃。

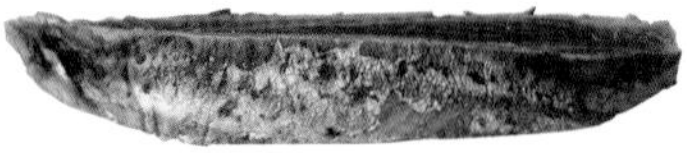

生魚片用（去皮）

生魚片分成魚背肉和魚腹肉，位於下方的魚腹肉脂肪較多。

・鮮紅色。

鰹魚多切塊販賣。骨節比較大的魚切成三片後，再朝背側（背部肉）與腹側（腹部肉）切分。將整塊魚肉的形狀修整好後就稱為「冊」，可以拿來做生魚片。

適用料理

生魚片、半敲燒 *、時雨煮。

*「鰹魚半敲燒」是一種將表面烤至酥脆（內部仍維持生鮮）的鰹魚，用手或菜刀敲打增添口感的料理，切片後再加上佐料食用，而現在有越來越多只有炙燒就加上佐料的半敲燒料理。

切片時要小心

將鰹魚放在砧板上，下刀時由菜刀的刀跟朝刀尖下壓。

鰹魚的魚肉柔軟，如果在切片時不夠小心謹慎，恐怕會將形狀切壞。無論是要拿來做生魚片或炙燒，有一個共同的要點必須注意，那就是食用前再切，才能保持色澤的美觀與美味。

鰹魚半敲燒

材料

（2 人份／每份 132kcal）

鰹魚（半敲燒）	1/2 塊（200g）
〈佐料〉	
白蘿蔔	80g
薑	1 小塊（5g）
大蒜	1 小片（5g）
蔥	1 根
紫蘇葉	3 片
酸橘（或檸檬）	1/4 個
醬油	適量

1. 將白蘿蔔、薑、大蒜磨碎，將蔥切成蔥花。
2. 把鰹魚切成 7～8mm 寬，在盤子裡擺上紫蘇葉作裝飾，放上白蘿蔔泥與薑末，撒上蔥花。利用大蒜、酸橘、醬油增添風味。

螃蟹

冷藏

生螃蟹要盡快川燙或蒸熟。加熱過的螃蟹要裝袋冷藏，盡早食用完畢。避免再次冷凍。

梭子蟹

多半會切開來，用於鍋物類料理。由於蟹肉較少，所以會連殼一起烹調。

鱈場蟹、松葉蟹

大多是煮熟後切開，再冷凍販賣。食用前放在冷藏室解凍，不需沖洗，可直接食用。

毛蟹

市面上可以買到活蟹，也常見將整隻毛蟹水煮販售。

購買水煮過的螃蟹，可以直接將蟹肉從殼中取出，沾二杯醋（P.157）食用，或做成日式涼拌菜。

川燙毛蟹

松葉蟹等其他的蟹類也是以相同方式川燙處理。

以水沖洗螃蟹。

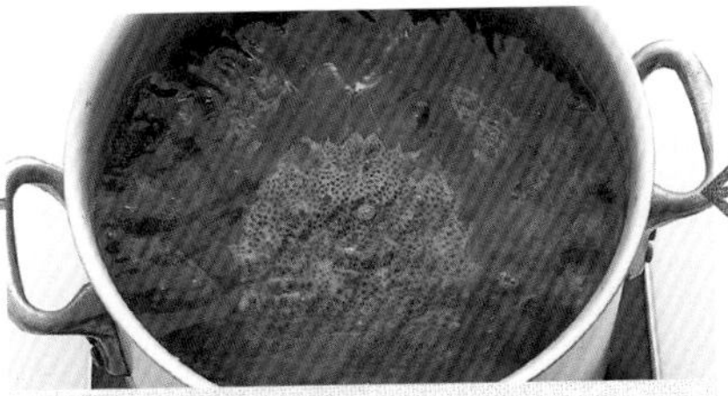

在大鍋子裡將適量的水煮沸，加入鹽（水與鹽的比例為 3L 水加 3 大匙鹽），將螃蟹煮熟。小螃蟹約需 10 分鐘，大螃蟹約需 20 分鐘，邊川燙邊去除浮沫。中間要換一次水。

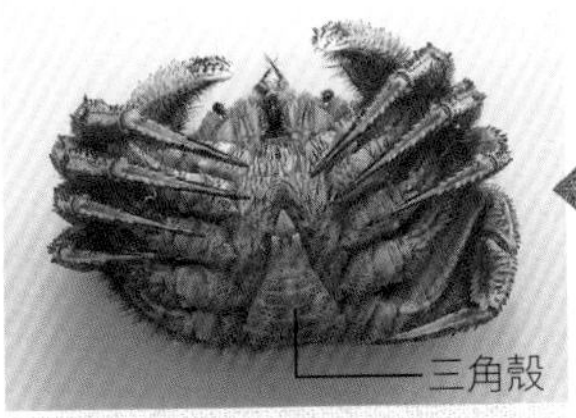

燙熟後，將螃蟹內側朝上放置，用手將三角形的部分（三角殼）剝開。

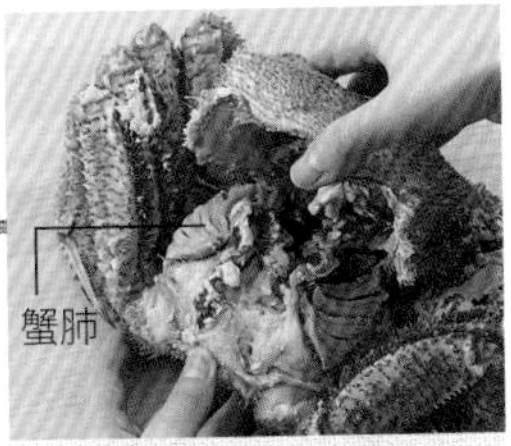

將蟹殼剝開，去除蟹肺。

蟹肺是蟹肉旁邊纖維狀的物體，不能食用，要以手指將其剝除。

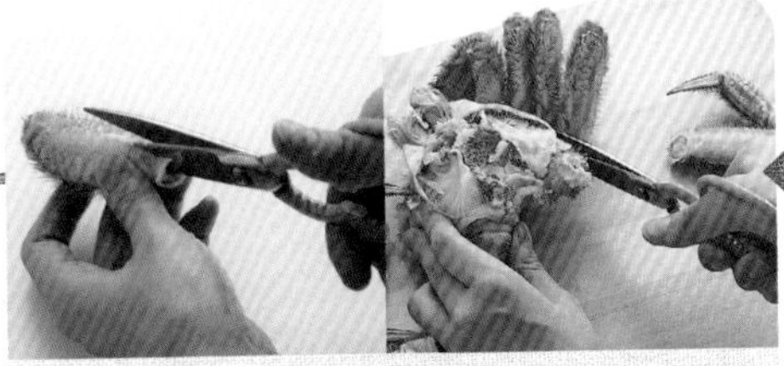

利用廚房剪刀將蟹肉與蟹腳剪開，再將蟹腳的殼剪開。剪松葉蟹與鱈場蟹的蟹腳時，可以朝其內側白色部位剪下去。

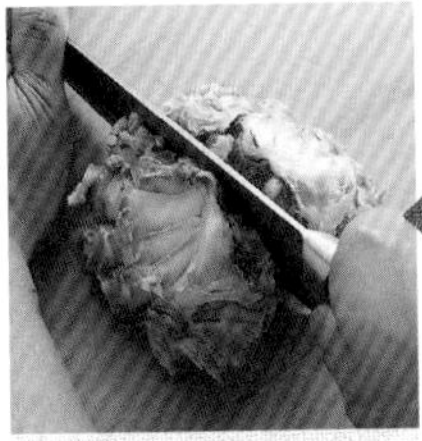

將身軀部分以菜刀切成方便食用的大小。

鰈魚

季節
冬季、春～夏。

將魚料理裝盤的時候，通常會讓魚頭朝左、魚腹朝前，但若是裝盛一整條鰈魚的時候，則是表面在上、魚頭朝右。

・魚肉很厚。

冷藏

由於會從內臟開始腐壞，因此買回家後，要先將魚鰓和內臟去掉，洗淨後放入冷藏室，在當天內進行烹調。如果是魚片，也請盡早食用。不適合冷凍。

種類

一般常見的有「黃條紋擬鰈」、「橫濱擬鰈」。「暗擬鰈」、「紅鰈」、「亞洲油鰈」等是比較上等的品項，而「莫氏鰈」多半為價格低廉的冷凍進口品項。

適用料理

燉煮、裹粉油炸、奶油香煎、酥炸魚柳、蒸煮等。

帶卵鰈魚

如果是體型比較大的鰈魚會切開來賣，而肚子裡有卵的稱為「帶卵鰈魚」，使用燉煮方式來料理更能增添美味。

去除鱗、鰓、內臟

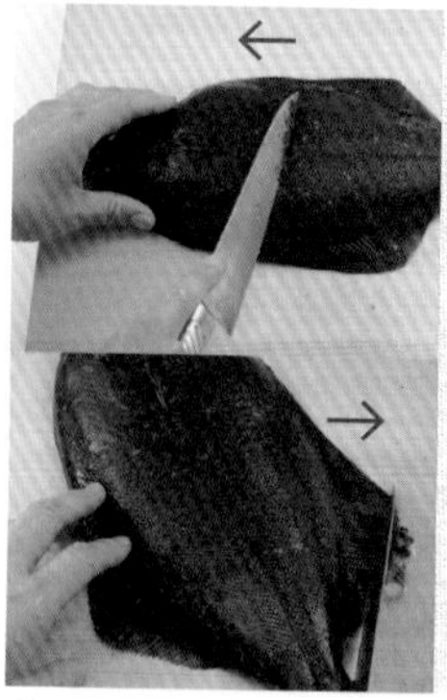

利用菜刀刀尖，仔細地從魚尾往魚頭方向刮除兩面的魚鱗。魚鰭和魚尾的黏液味道較腥，要用刀尖將其切除。

進行這個步驟時，要經常用廚房紙巾擦拭附著在刀刃上的魚鱗和黏液。

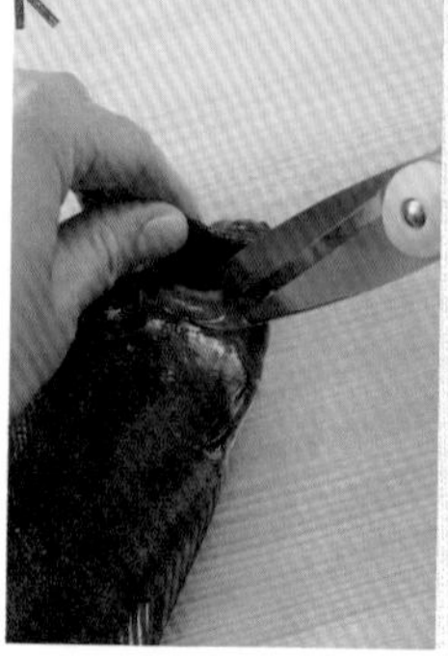

將魚鰓骨拉開，利用廚房剪刀將魚鰓的連接處剪斷，再用手指將魚鰓拔除。另一側也以相同方式去除魚鰓。

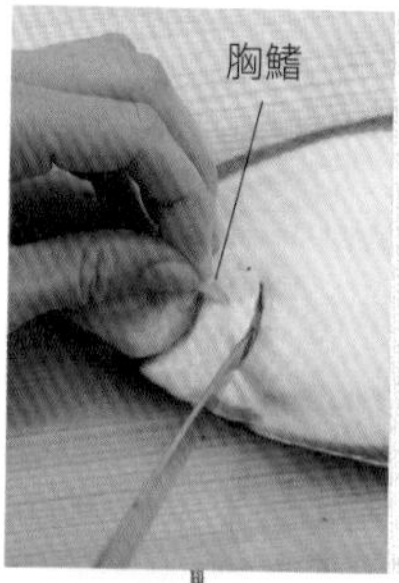

朝內側（外皮白色的部分）的胸鰭下方開一小口。左手抓住胸鰭，將魚皮往外拉，以刀刃朝魚皮刺入後切開。

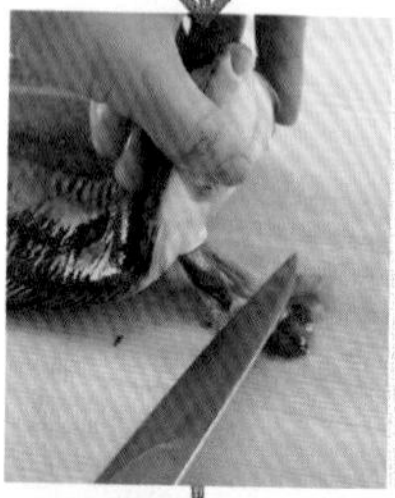

從開口將內臟稍微往外拉，再回到表面。利用刀刃將內臟往外拉，將鰈魚彎向另一側，將內臟弄出來。

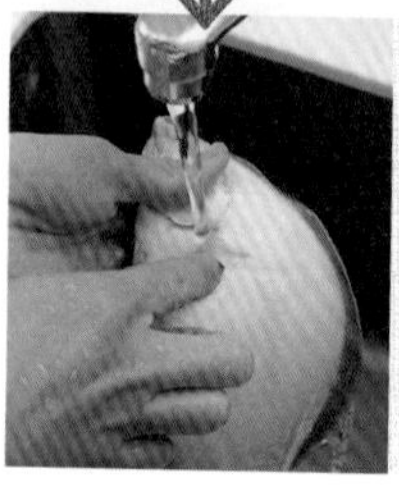

仔細將整條鰈魚與魚腹內側清洗乾淨。

燉煮
帶卵鰈魚

將魚皮黑色部位朝上，配菜放在跟前。

材料

(2 人份／每份 204kcal)

帶卵鰈魚⋯⋯⋯魚片 2 塊 (300g)
薑⋯⋯⋯⋯⋯⋯⋯⋯⋯1 小塊 (10g)
蔥⋯⋯⋯⋯⋯⋯⋯⋯⋯⋯⋯⋯30g
〈湯汁〉
水⋯⋯⋯⋯⋯⋯⋯⋯⋯⋯⋯200ml
酒⋯⋯⋯⋯⋯⋯⋯⋯⋯⋯⋯100ml
味醂⋯⋯⋯⋯⋯⋯⋯⋯⋯⋯3 大匙
醬油⋯⋯⋯⋯⋯⋯⋯⋯⋯⋯2 大匙

1 如果鰈魚切片的外皮還有鱗片，請將其去除乾淨，再朝表皮（黑色部分）劃入一道切痕。將薑連皮切成薄片，蔥切成 5 ～ 6cm 長。

魚肉上的切痕可以讓調味料容易入味，魚皮也較不易破損。如果是一整條魚，大約劃上 2 ～ 3 道切痕即可。

2 將湯汁的材料放入鍋子或平底鍋內，大火烹煮。煮滾後，將鰈魚放進去，表面朝上。

等湯汁煮滾再放入鰈魚，是因為魚的表面會迅速變硬，可以防止鮮味流失，而且若火開得太小，會導致腥味殘留，因此請開大火烹煮。

待再次煮滾後，將浮沫撈出。

煮滾後，湯汁表面會浮出混濁的泡沫狀固體，這就是「浮沫」。去除浮沫的時候，撈出明顯的部分即可。

3 去除浮沫後，開中火，改上落蓋（不是鍋子的鍋蓋）。要時常將湯汁往鰈魚潑，約煮 15 分鐘。

由於魚肉很容易變形，在烹煮過程中請不要翻動。

4 打開落蓋，大火烹煮 2 ～ 3 分鐘，直到湯汁快要收乾為止。關火，待降溫至不燙手的熱度，利用鍋鏟將魚盛盤。

「降溫至不燙手的熱度」是指加熱後從最燙的溫度下降到不燙手的程度。

5 將蔥放進剩餘的湯汁內，大火燙一下，點綴在魚肉上，也可以在魚身上淋一些湯汁。

關於落蓋

使用落蓋是為了防止魚肉在烹煮時變形，且讓湯汁更易附著在魚肉上。除了一般市售的落蓋以外，也可以用錫箔紙代替。將錫箔紙摺得比鍋子直徑小，刺下 5 ～ 6 個孔洞。當烹煮容易變形的食材或接觸空氣會起皺褶的豆類時，也可以如法炮製。另外，還可以用烘焙紙刺下孔洞來代替落蓋。

香魚與虹鱒（淡水魚）

真鱒、岩魚等淡水魚的處理方法都相同，經常連內臟都沒去掉就直接烹煮食用。

【香魚】

季節
春季～夏季。

・有光澤。
・尾部伸展開來。
・腹部挺挺的。

種類

店裡販賣的多半為養殖香魚，出產於六月至八月。野生的體型較瘦，養殖的油脂豐厚。

適用料理

鹽燒、甘露煮、裹粉油炸等。

鹽燒的製作方法與「鹽燒竹筴魚」（P.97）相同。由於內臟有強烈香氣，雖然帶有一點苦味，但深受大眾喜愛，因此不需要去除內臟就直接烤。

【虹鱒】

・眼睛澄澈。
・魚鱗很多。
・表面有光澤。

適用料理

奶油香煎、裹粉油炸、鹽燒等。

是肉質柔軟的白魚，鮭魚的同伴，由於在河川與湖泊等淡水地帶生長，所以歸類為淡水魚。現在幾乎多為養殖。

虹鱒需要去除魚鰓和內臟
由於虹鱒的體型比香魚大得多，因此要將魚鰓與內臟去掉後再料理（P.96、97）。

冷藏
購買後要在當天內進行烹調。

冷凍
[2～3星期]
去除內臟，將一條條的魚分別以保鮮膜包覆，再放入食物保存袋，置於冷凍庫→在冷藏室解凍，也可鹽燒後放入冷凍庫保存。

香魚的處理方式

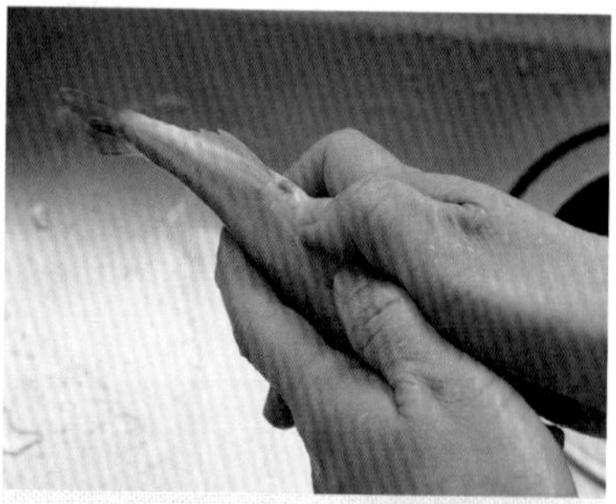

從臀鰭附近朝尾部方向擠出排泄物，再以水沖洗，然後用廚房紙巾將水分擦乾。

去除黏液

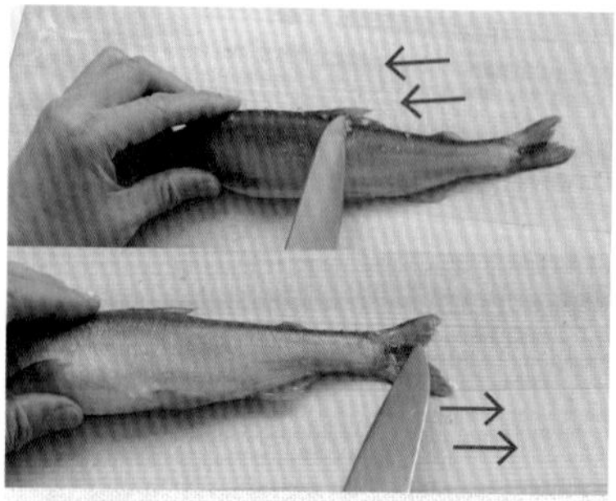

先水洗。由於香魚不去除內臟和魚鰓就可食用，因此要連魚鰓內側也一併沖洗。外皮的黏液光靠水洗無法清除，因此要利用菜刀刀尖刮洗，順便連魚鱗也可一併去除，還有尾部的黏液也要記得刮除。

可用廚房紙巾將附著在菜刀上的魚鱗和黏液擦拭乾淨。

鮭魚與鱈魚

冷藏

購買後要在當天內進行烹調。

冷凍

[2～3星期]

如果是醃過鹽的切片就維持原樣，若是生的就稍微抹上鹽，事先調味。以保鮮膜分裝包覆，放入食物保存袋內，置於冷凍庫→在冷藏室解凍。冷凍狀態下即可加熱烹調。

【鮭魚】

季節 秋季～冬季。

白鮭

鮭魚有銀鮭、紅鮭等多種種類，常見者為白鮭與銀鮭，適合鹽燒或裹粉酥炸。

大麻哈魚

大麻哈魚又稱日本鮭魚，為鉤吻鮭屬，可以利用海水養殖，油脂豐厚且肉質柔軟，適合奶油香煎。

【鱈魚】

季節 冬季。

銀鱈

真鱈

・外皮為銀色，具有光澤。
（鮭魚和鱈魚均有此特點）

適用料理

鹽燒、照燒、奶油香煎、鍋物、裹粉酥炸等。

這兩類魚都可以分成生的魚片（生鮭魚、生鱈魚），以及醃過的魚片（稍微用鹽醃過的鮭魚或鱈魚），請根據料理需求選用。

奶油香煎鮭魚

這個做法也適合以鱈魚來烹調。

材料

（2 人份／每份 225kcal）

生鮭魚……魚片 2 片（200g）	A 奶油……10g
鹽……少許	A 酒……2 大匙
胡椒……少許	A 醬油……1/2 小匙
麵粉……1/2 大匙	〈配菜〉
大蒜……1 片（10g）	四季豆……30g
沙拉油……1/2 大匙	小番茄……2 顆

1 在鮭魚上抹鹽，撒胡椒，靜置約 10 分鐘。

2 將大蒜切成薄片，番茄去除蒂頭後對半切。四季豆川燙約 2 分鐘，照原有長度對半切。

3 將鮭魚的水分擦乾，抹上薄薄一層麵粉。

4 在平底鍋內放入沙拉油與大蒜，轉小火，當大蒜變成金黃色後取出。

5 將鮭魚表面朝下方放進平底鍋，將火轉至較小的中火煎魚。當鮭魚出現煎過的顏色時，將其翻面，轉小火再煎 3 分鐘後取出盛盤。加入蔬菜點綴，撒上煎過的蒜片。

6 將平底鍋的油脂擦過後，放入 A，轉至中火。煮滾後關火，淋在鮭魚上。

魚片的處理方式

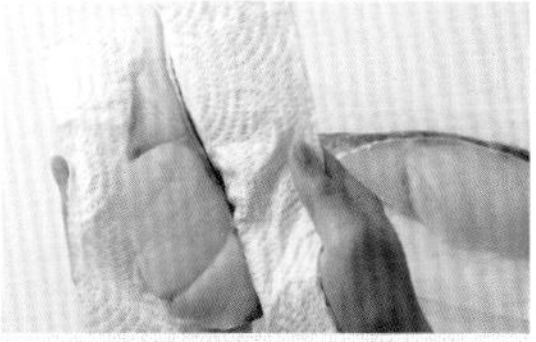

沖洗會導致鮮味流失，所以不需要再沖洗。

放在盤內會出現比較多水分的魚片，有可能是長時間放在店裡的緣故。此時可以將表面略為沖洗過，擦乾水分再使用。

辨認魚片的表面與內側

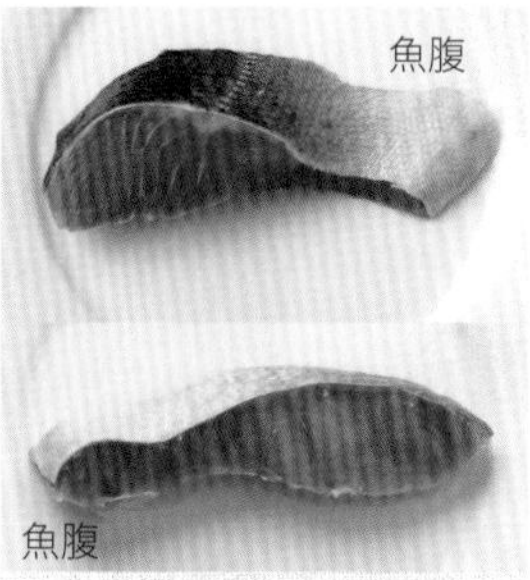

基本上，可以清楚看到外皮部位的是表面。如果沒有帶皮，料理時就將切口較寬的一面當表面。

鯖魚

季節
秋季～冬季。
大西洋鯖是夏季。

白腹鯖
・眼睛色黑澄澈。
・體型鮮明，整體都有光澤。
・魚尾展開。
・魚腹堅硬結實。

醃鹽鯖魚
為了拉長保存期，於是將鯖魚以鹽醃製，食用時直接加熱就可以了。

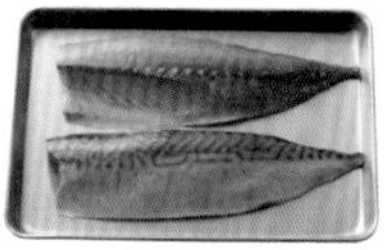

大西洋鯖

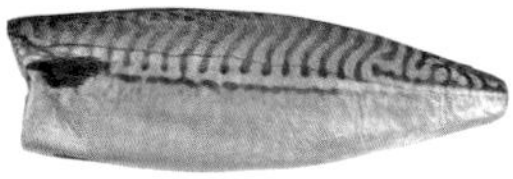

花腹鯖

種類

「白腹鯖」背部有青綠色斑點。多半在夏季出現的「花腹鯖」，腹部有著像是芝麻模樣的斑點，脂肪比白腹鯖少。「大西洋鯖」的背部有著「く」形紋路，大多為進口，油脂豐厚。

由於鯖魚體型較小，以三片切手法處理（P.94）時經常會切分成兩片，一片帶骨，一片不帶骨，市面上經常可以看到這樣販售的鯖魚。

適用料理

醋醃鯖魚、味噌煮鯖魚、蘿蔔泥煮鯖魚、鹽燒、炸鯖魚、茄汁鯖魚、糖醋魚片等。

冷藏

鯖魚有「看著新鮮，其實已經腐壞」的說法，這句話道出了鯖魚鮮度極易流失的事實，所以請在購買當天進行烹調。

冷凍

[2星期]
不適合生食。以味噌煮等方式烹調，連同湯汁一起放入食物保存袋內，置於冷凍庫→在冷藏室解凍。以鍋子或微波爐加熱。

味噌鯖魚煮

魚皮朝上，腹側在前方盛盤。

材料

（2人份／每份253kcal）

- 鯖魚魚片⋯⋯2片（200g）
- 薑（切成薄片）⋯⋯1塊（10g）
- 味噌⋯⋯1又1/2大匙
- A
  - 水⋯⋯150ml
  - 酒⋯⋯50ml
  - 砂糖⋯⋯1大匙
  - 味醂⋯⋯1大匙
  - 醬油⋯⋯1/2大匙

1. 將半條鯖魚切成兩半，在魚皮上劃下切痕。
2. 在平底鍋或鍋子裡將A與薑一起煮滾。把鯖魚放進鍋裡，魚皮朝上，以中火煮2～3分鐘，過程中以湯匙將湯汁潑向魚身，如果出現浮沫就將它撈掉。

3. 利用少量的2湯汁溶解味噌，加入平底鍋內。

4. 以湯匙將湯汁潑向魚身，蓋上落蓋（P.109），以中火煮約10分鐘（過程中要將湯汁朝鯖魚潑撒1～2次，使鯖魚可以更加入味）。

5. 打開落蓋，將湯汁煮到只剩一點點的程度。

秋刀魚

秋刀魚內臟

烹調整條魚的時候，通常會將魚的內臟去掉，但秋刀魚不去除內臟也沒關係，只要能煮熟即可，尤其是鹽燒時內臟帶有適度的苦味，正是鹽燒秋刀魚的美味之處。

適用料理

鹽燒、蒲燒、蘿蔔泥煮秋刀魚、酥炸秋刀魚等。秋刀魚的鹽燒方法與竹筴魚相同（P.97），如果無法整條一起烹調，就分成兩半。

冷藏

由於鮮度容易流失，所以要在買回家的當天食用。

冷凍

[2～3星期]

烹調後可放入冷凍保存（參照P.112鯖魚）。

筒狀切

去除內臟後直接切成圓塊，即為筒狀切法。
將秋刀魚切成筒狀，即使經過熬煮也不容易變形。

利用料理筷摩擦魚腹裡面，一邊沖水一邊將殘留的內臟和中骨附近的血塊洗淨，再將水分擦乾。

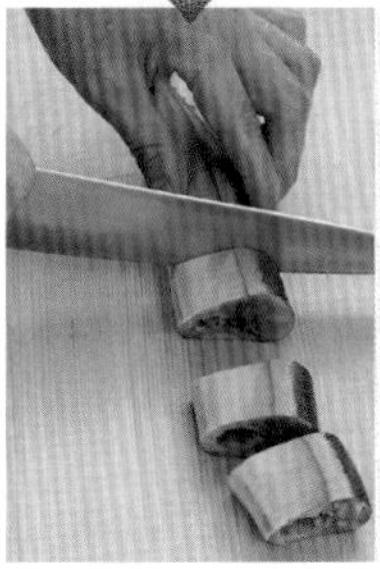

從最旁邊開始切，內臟附近的部位會呈筒狀。

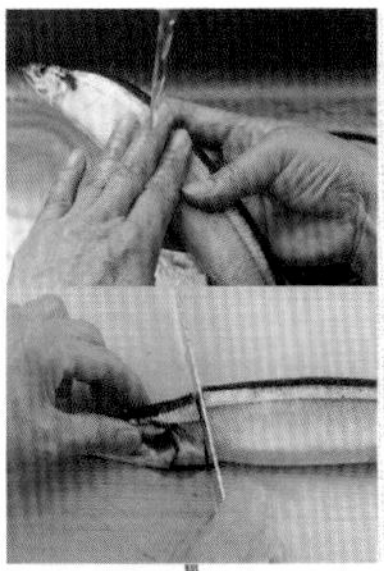

邊沖水邊洗淨，用手摩擦表面，將殘留的魚鱗去掉。

菜刀朝胸鰭下方下刀，將魚頭切斷。

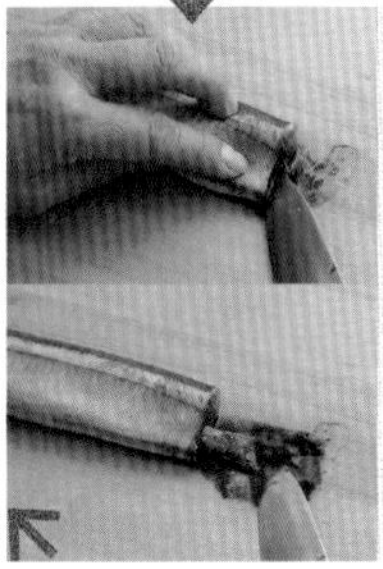

輕壓魚腹，將內臟稍微擠出，再用菜刀刀尖壓住內臟，再將魚身朝另一邊拉，即可除去內臟。

薑燒秋刀魚

材料

（4 人分／每份 172kcal）

	秋刀魚	2 條（300g）
A	薑（切絲，詳見 P.82）	1 塊（10g）
A	水	150ml
A	砂糖	2/3 大匙
A	酒	1 大匙
A	醬油	1 大匙

1. 將秋刀魚切成 2cm 長的筒狀（上記）。
2. 在鍋內將 A 煮滾，將秋刀魚放進鍋裡排好。再次煮滾後，利用湯匙將湯汁朝秋刀魚淋撒，蓋上落蓋，轉中火約煮 5 分鐘。

鯛魚

季節
真鯛產期為冬季至春季，血鯛與黃鯛則是春季至夏季。

冷藏

冷凍

[2～3星期]

- **整條魚**：買回家後，先去掉魚鰓和內臟，然後洗淨，置於冷藏室保存，於當日內進行烹調。如果要冷凍的話，切成一塊塊後再冷凍。
- **魚片**：與鮭魚和鱈魚採相同處理方式（詳見P.111）。
- **生魚片**：要馬上冷藏，在當天內食用完畢。不適合冷凍。

一整條（帶頭）

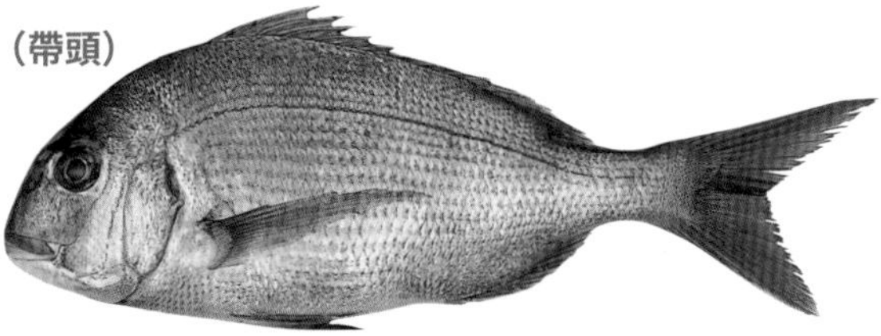

魚塊

生魚片（切片）

帶肉魚骨

將魚頭、骨頭、魚尾、魚鰭等部位的魚肉取下後，殘留的部分稱為「帶肉魚骨」。由於鯛魚的魚骨能熬出美味湯汁，所以經常被拿來煮湯或製作燉煮料理之用。

種類

一般常見的鯛魚多為「真鯛」，另外還有「血鯛」、「黃鯛」、「黑鯛」等種類。但是也有一些魚的名字中有「鯛」，卻不是鯛魚，而是其他魚種，例如疣鯛（又稱刺鯧）、金眼鯛、甘鯛（又稱馬頭魚）等。

帶肉魚骨的處理方式

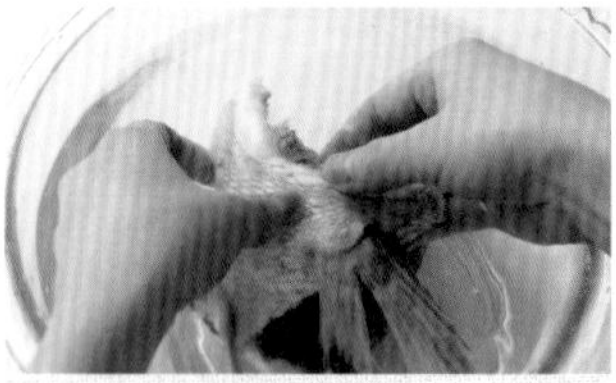

將帶肉魚骨放在熱水中燙一下，再放進水裡以手指仔細地將魚鰓和髒汙洗去。

熱水可以讓髒汙與魚鱗浮上水面，方便清除。

頭和尾的處理方式

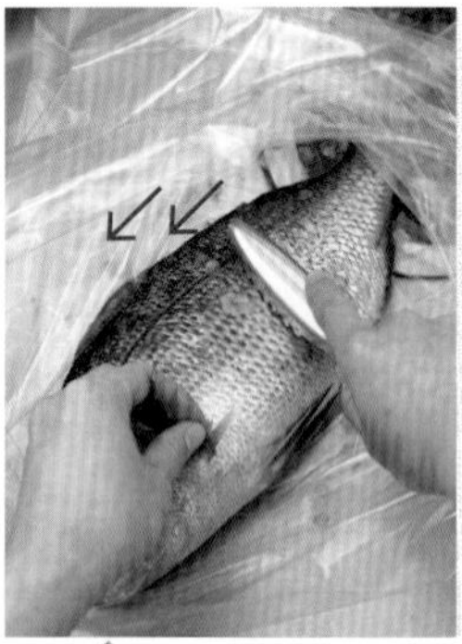

通常將魚鱗、魚鰓、內臟去除後，會以鹽燒方式料理。由於鯛魚的魚鱗又多又硬，使用去鱗器來處理會比較方便。為了避免處理時魚鱗四處飛散，可以將魚放進塑膠袋內，由魚尾朝魚頭方向除去鱗片。

魚鰓和內臟的處理方式與竹筴魚（P.96、97）相同。如果是體型較小的鯛魚，也可參照 P.97，以鹽燒方式料理。

生魚片的處理方式

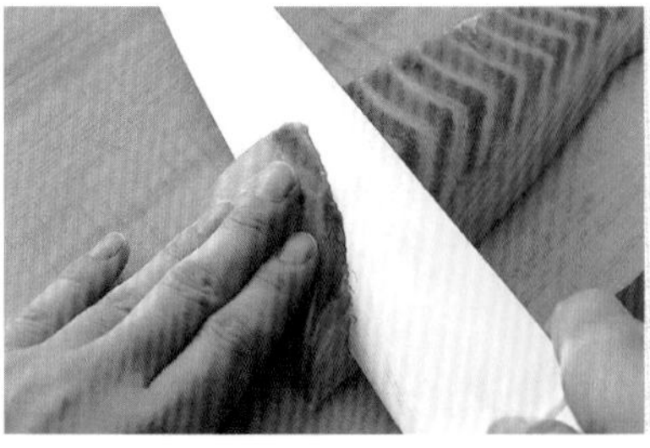

在製作生魚片時，多半會以 45 度角下刀，將鯛魚、比目魚、鱸魚等白肉魚斜切成薄片。將帶皮的一面朝上置於砧板，以刀跟切入，朝刀尖方向劃下，由左側開始切，每片約呈 5～6mm 厚度。

鰤魚

季節
冬季。

冷藏
由於鮮度容易流失，因此要在購買當天內烹調完畢。冷凍方式與鮭魚、鱈魚相同（P.111）。

適用料理

鹽燒、照燒、燉煮魚骨等。

・含血肉的血色鮮豔。
・切口光滑平整。
・具有透明感與光澤。

體型較大的鰤魚多半會切成魚片，將魚腹肉（脂肪較多）和魚背肉（脂肪較少）切分開來，以便根據喜好與料理方式做選擇。

出世魚（發跡魚）
所謂出世魚是一種名稱會隨著成長而改變的魚，鰤魚即是其中一種。在日本關東地區的鰤魚名稱演變方式為「WAKASHI → INADA → WARASA → BURI（鰤魚）」，在日本關西地區的名稱演變則是「TSUBASU→HAMACHI→MEJIRO→BURI（鰤魚）」。

照燒鰤魚

這道料理是將鰤魚魚片以照燒方式來烹調，而鰤魚做成鹽燒料理也很受歡迎。除了 BURI 時期以外，INADA 時期與 WARASA 時期也可用這個方式來料理。

將魚皮朝另一側盛放，蘿蔔泥則放在右手前方。

材料

（2 人份／每份 245kcal）

鰤魚魚片………2 片（大約 160g）
白蘿蔔（磨成泥）………………100g
〈醬汁〉
砂糖………………………………1 大匙
醬油………………………………1 大匙
酒…………………………………1 大匙
味醂……………………………1/2 大匙

1 將調味料混合做成醃製鰤魚的醬汁，大約醃 20 ～ 30 分鐘，中途要時時翻面。

2 烤箱預熱（也有不需要預熱的烤箱）。去除鰤魚的多餘水分，將魚片表面朝上置於烤盤，並淋上醬汁，以大火約烤 3 分鐘。

3 在燒烤的過程中，將醬汁放到小鍋子裡，以大火熬煮至大約剩一半的量為止。

4 當魚肉烤至半熟時，替魚肉刷上醬汁。待快烤乾的時候，翻面續烤，如此反覆進行 2 ～ 3 次後盛盤。

※ 如果是單面加熱的烤箱，則將魚肉的內側朝上，烤 3 ～ 4 分鐘後翻到正面，再烤 3 ～ 4 分鐘。

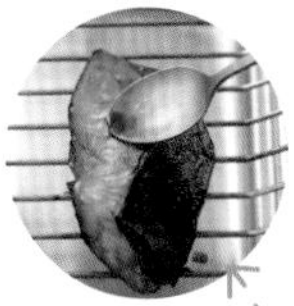

也可利用茶匙將醬汁抹在魚肉上。

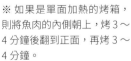

鮪魚

像鮪魚這種體型大的魚類，除了切塊之外，也經常會切成長方體來販賣，這樣的形狀相當適合做成生魚片，而這就是所謂的「冊」。

・色澤優美，具有光澤。
・切口平整、無變形。
・切口部位的筋肉多半很整齊。

冷藏

請在購買當天食用完畢。由於市售鮪魚多為冷凍再解凍販賣的類型，所以要避免再次冷凍。

平切生魚片

要將一塊鮪魚切成生魚片，適合以「平切生魚片」的方式來處理。平切是指菜刀與魚肉垂直，沒有傾斜，直接平平下刀，是最具代表性的生魚片切法。

用左手輕壓鮪魚，從右邊開始切。菜刀刀跟與鮪魚呈直角下刀（刀尖要稍微上揚），拉動菜刀切下一片魚肉。

邊切邊用菜刀將切下的魚肉撥至右側 4～5cm 處，將切好的鮪魚並排一起。

生魚片的盛盤方式

要切成三片、五片、七片都可以，總之以奇數盛盤。首先，將配菜點綴在後側，再鋪上紫蘇葉，然後將生魚片一片片疊放上去。山葵則放在右側前方，若還有其他配菜則均衡擺放。

置於冷藏室解凍

如果買回來的是硬梆梆的冷凍魚塊，可以利用微溫的水快速沖洗，將水分擦乾後，放到冷藏室解凍。待呈現表面柔軟、中心結凍的狀態即可下刀。要注意，如果解凍過頭，反而會難以下刀。

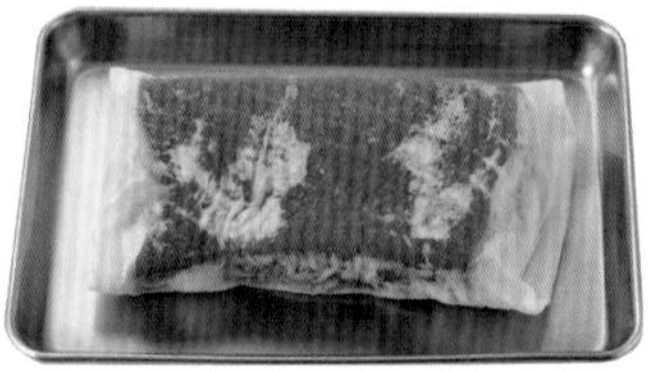

香魚的吃法

香魚的魚肉很容易就可以剝開，因此只要將中骨和魚頭取下，就可以輕鬆享用香魚肉。

1 利用筷子壓一壓魚身，幫助魚肉和魚骨鬆脫，並去除背鰭與胸鰭。

2 利用筷子夾住魚肉兩端，就可以將魚肉與魚骨鬆開。

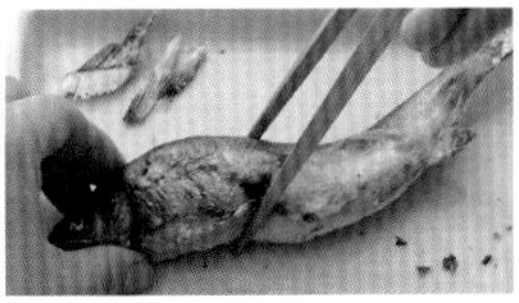

3 折斷魚尾的骨頭，剝開連接魚頭的魚肉。

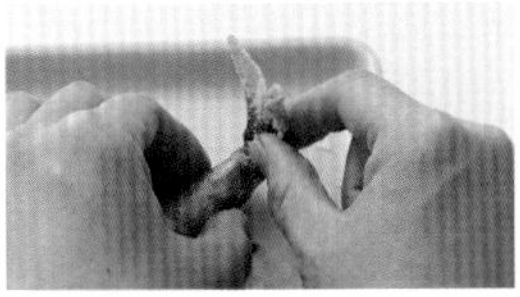

4 一邊用筷子固定魚肉，一邊將魚頭連同中骨一起拔出。

整條魚的吃法

一整條烤魚要從魚頭朝魚尾方向吃，不需要翻面。如果是魚片，基本上從左邊開始吃。

1 將上面的魚肉吃完後，用手壓住魚頭（之後再以餐巾紙擦手），利用筷子將中骨挑起來。

2 用筷子將中骨連接魚頭的部位折斷。

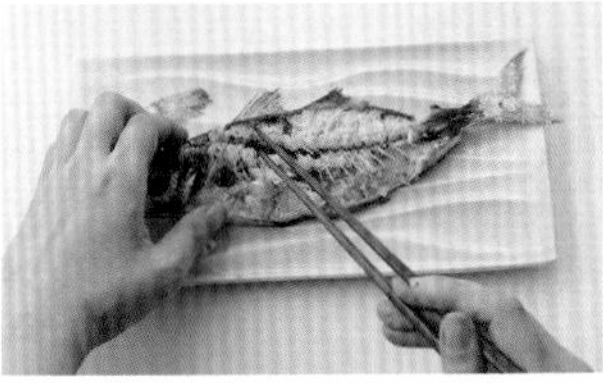

3 折斷的中骨可以放在旁邊，就能繼續吃下面的魚肉。

4 吃完後，將魚骨折好，整齊地放在盤子左上方。

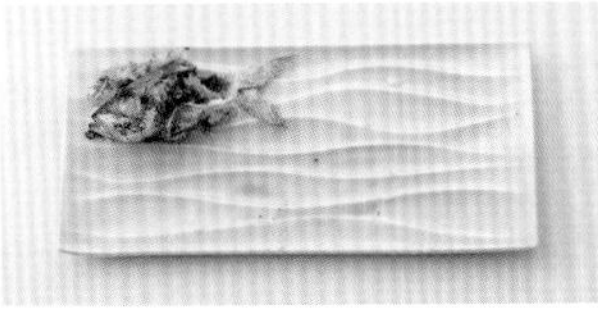

特別專欄

水產中的寄生蟲

水產是否有寄生蟲，與水產的鮮度、店家的管理好壞無關，因為水產本身就有容易產生寄生蟲的部位。雖然大多數的寄生蟲經過加熱後再食用就不會有問題，但如果在處理過程中發現了寄生蟲，還是先去掉之後再進行料理吧！

海獸胃線蟲

容易出現在鯖魚、鮭魚、秋刀魚、槍烏賊體內。長約2mm～1cm，幼蟲為白色螺旋狀。寄生在水產的內臟，一旦鮮度流失，就會從內臟朝魚肉移動。如果生食，或在加熱不完全的狀態吃下肚，會導致食物中毒。以零下20度C冷凍或加熱至70度C以上則可以讓其絕跡。

鰤魚蠕蟲

喜歡寄生在野生鰤魚筋肉部位或其他帶血魚肉裡，形狀如蚯蚓一般。可以冷凍或以加熱方式讓其滅絕。

魚乾

冷藏

小白魚乾約可以冷藏保存一星期。吻仔魚乾容易腐壞，因此冷凍為佳。

冷凍

[3～4星期]

將魚乾薄薄地平鋪開來，以保鮮膜包覆，放入食物保存袋，置於冷凍庫→僅折取需要的分量來使用。在冷藏室解凍，也可以在冷凍狀態下直接使用。

・狀小，具光澤，色白。
・沒有斑點，經過適度乾燥而成。（全部適用）

種類

水煮過的吻仔魚
利用3 cm以下的沙丁魚燙熟後製成。

吻仔魚乾
將燙熟的吻仔魚曬乾後製成。

小白魚乾
將吻仔魚乾燥後製成。

小魚乾
較大的小白魚乾。

小沙丁魚乾（乾燥過）
比小魚乾更大的魚乾。

小鯷魚乾（沙丁魚）
由不經川燙的沙丁魚小魚乾燥製成。

以熱水沖去腥味

如果介意吻仔魚和小白魚乾的腥味，可以用熱水快速燙過，便能去除腥味、降低鹽分。

冷藏

如果是新鮮品，可以在冷藏室保存2～3天。

冷凍

[1個月]

由於容易產生油脂燃燒現象*，可以利用錫箔紙將其包裹住，放入食物保存袋內，置於冷凍庫。由於已經用錫箔紙包住，故可在冷凍狀態下放到烤架上烤。

*油脂燃燒的時候，食品脂肪會產生酸化物，使之產生黃褐色、紅褐色等變色現象，也可能會有燒焦味或臭味。

魚乾

將沙丁魚或比較小條的竹筴魚整條曬乾。

・背部呈藍黑色。
・腹部呈銀白色，未切。

鹹沙丁魚串

將小沙丁魚泡過鹽水後，每4～5條以竹籤從眼睛穿過，並使其乾燥。

燒烤時，將沙丁魚從竹籤上一條條取下來烤。

竹筴魚乾

・身體有光澤，整條魚肉都乾得很徹底。

魚卵

【鱈魚卵】

阿拉斯加鱈魚的卵巢，一般會以鹽醃過，冬天時也會有生魚卵上市，而辣明太子則是利用鱈魚卵醃漬調味過的產品。

冷藏

為避免乾燥，要包上保鮮膜再放入冷藏室。在保存期限內食用完畢。

冷凍 [3～4星期]

分裝成數小堆，以保鮮膜包好，放入食物保存袋內，置於冷凍庫↓在冷藏室自然解凍。如果要去除外皮，趁冷凍時處理比較容易。

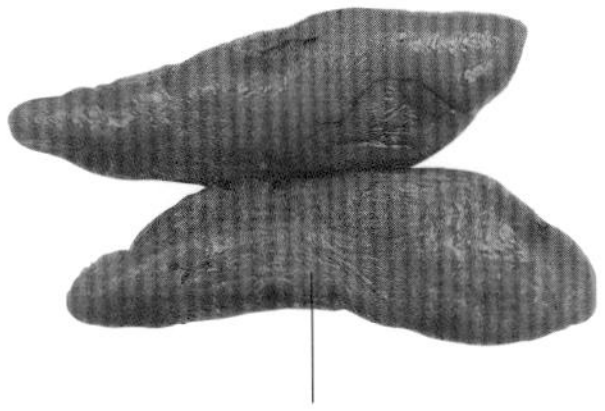

・相當具有分量感。
・不具黏性。

一塊卵

兩側魚肚內會有兩片成對的「一塊卵」，一側魚肚內的卵等於1/2塊卵。

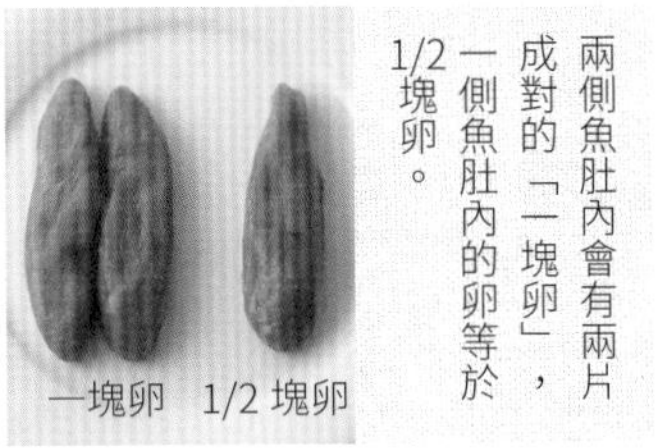

從薄膜裡取出

從薄膜中間劃出切痕，利用菜刀刀背（非刀刃側）將卵推出。

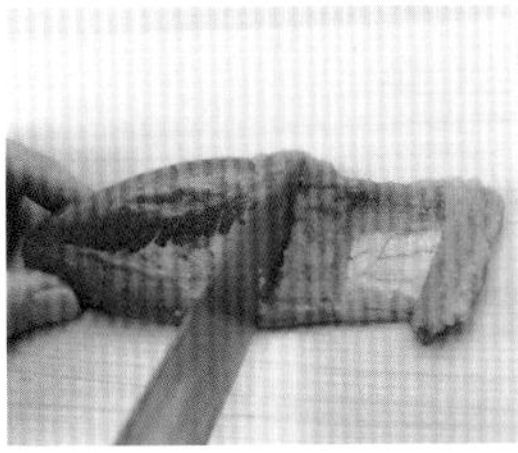

【鮭魚卵】

利用鹽醃製整個鮭魚的卵巢，即為醃漬鮭魚卵（秋天有生鮭魚卵上市）。將醃漬鮭魚卵一顆顆分開，即為常見的鮭魚卵狀態。

冷藏

利用鹽或醬油醃漬的魚卵雖然可放得比較久，也請在期限內食用完畢。

冷凍 [3～4星期]

放到密閉容器內置於冷凍庫↓在冷藏室解凍。

・表面有光澤及彈性。
・色澤鮮豔，魚卵的形狀和顆粒感十分鮮明。

【鯡魚卵】

鯡魚的卵巢。以鹹鯡魚卵作為年節菜餚具有象徵「子孫滿堂」之意，多半會在日本正月期間上市。

冷藏

雖然是醃漬品，保存時間較長，但在泡水稀釋掉鹽分後，就要盡早食用完畢。

冷凍 [1個月]

分裝成數小堆，以保鮮膜包覆，放入食物保存袋內，置於冷凍庫↓放在冷藏室解凍。

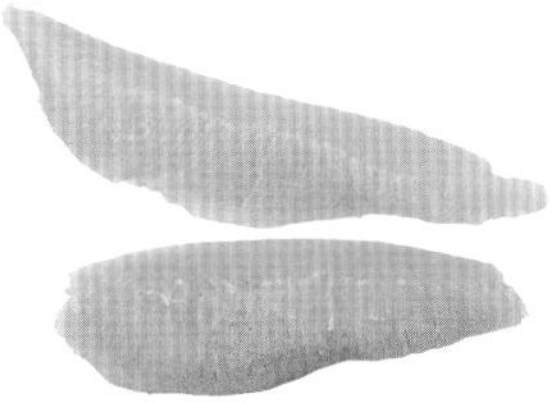

・肥厚，呈黃白色。
・魚卵顆粒鮮明。

食用方法

泡水稀釋掉鹽分的鯡魚卵可利用高湯入味。

作法

5 塊鯡魚卵約 100g／全部 102kcal

1. 泡水稀釋掉鯡魚卵的鹽分，去除外層薄膜，再用手剝成一口大小。
2. 將高湯 100ml、酒 1 大匙、淡口醬油 1 大匙放入鍋內，煮滾後放涼。
3. 在2內放入鯡魚卵，然後放入冷藏室待其入味，大約需要半天時間。

如何稀釋鹹鯡魚卵的鹽分？

將鹹鯡魚卵放在鹽水（水與鹽的比例為 500ml 水加 1 小匙鹽）內，放入冰箱冷藏 5～6 小時，中間要更換 2～3 次鹽水，便能將鹽分慢慢釋出。試吃確認鯡魚卵只殘留一點鹹味的時候，便可以用手指將表面的薄膜去掉。

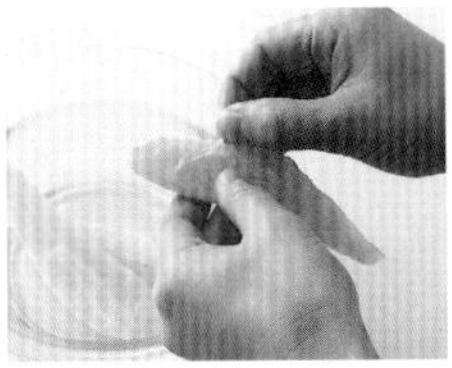

※ 由於不加鹽的水與食材的鹽分濃度差異過大，在稀釋鹽分的過程中，食材反而會吸入過多水分而變得無味，所以請根據上面的比例調配鹽水。

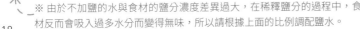

貝類

【海瓜子、蜆、蛤蜊】

季節
海瓜子、蛤蜊的產期均為晚秋到早春，蜆為冬季。

冷藏
要在購買當天內進行烹調。

冷凍
[2星期]
吐沙後要仔細洗淨，再除去多餘水分，放入食物保存袋內，置於冷凍庫→在冷凍狀態下加熱烹調。

適用料理

海瓜子
煮湯、炊飯、酒（葡萄酒）蒸、巧達濃湯等。

蜆
由於會湧出具有鮮味的湯汁，要帶殼一起煮湯。

蛤蜊
烤蛤蜊、蛤蜊湯、酒蒸等。

- 開口緊閉。
- 一旦碰觸到就會將殼關得緊緊的。（全部適用）

酒蒸海瓜子

材料（2 人份／每份 21kacl）

海瓜子……300g
酒……1 大匙
蔥（小口切）……2 根

1. 先讓海瓜子吐沙。在鍋內放入海瓜子和酒，蓋上鍋蓋，以大火加熱 2～3 分鐘。當貝殼打開時關火。
2. 盛盤，撒上蔥花。

若貝類加熱後，殼仍然不打開，有可能是因為閉殼肌的連接部位太脆弱，造成無法好好吐沙，或是已經死亡，不新鮮了，遇到這種情況最好不要吃。

吐沙

貝類在烹調前必須先吐沙。要讓海瓜子和蛤蜊吐沙時，可利用海水濃度的鹽水（3％＝水 200ml ＋鹽 1 小匙），而蜆吐沙只需淡鹽水（1％＝水 200ml ＋鹽 1/3 小匙），在陰暗處靜置 2～3 小時。水量要到可以看見貝類頂端的狀態。

利用報紙或孔洞極小的過濾網將盆子蓋住，一旦外在環境光線變暗，貝類就會安心吐沙，還可防止吐沙時造成水花四濺。

即使是買到已經吐過沙的貝類，仍需吐沙 30 分鐘，較能安心食用。

清洗

當貝類充分吐沙後，將貝類放在裝有清水的料理盆內，以磨擦外殼的方式清洗。

由於蛤蜊外殼容易損傷，因此清洗的動作要溫柔，不要搓揉得太用力。

【牡蠣】

季節

一般牡蠣（真牡蠣）產季在十一月到隔年四月。

※傳聞「不要在英文字母沒有R的月分（五～八月）吃牡蠣」，這是因為非當季的牡蠣美味度會降低，不過岩牡蠣則是夏天也能吃到的美味喔！

冷藏

由於容易敗壞，要在購買當天進行烹調。不適合冷凍。

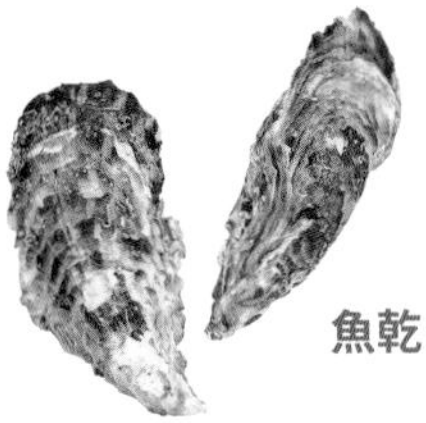

魚乾

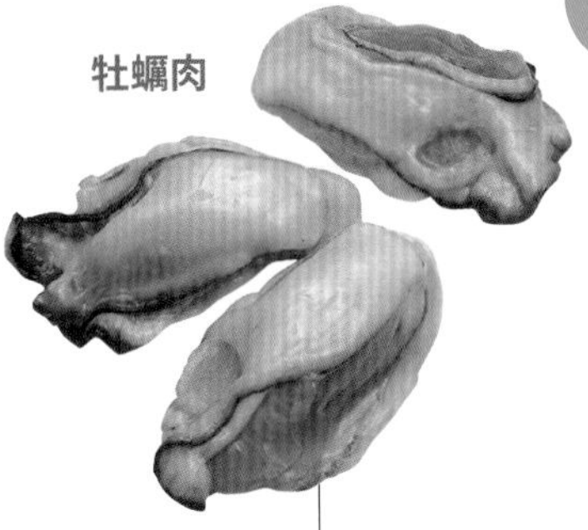

牡蠣肉

- 柔軟飽滿。
- 顆粒大小一致。
- 邊緣的黑色部位呈卷卷波浪狀。
- 乳白色，沒有損傷。

生食級牡蠣比較新鮮嗎？

日本的牡蠣肉在販售時會標示適合生食用或加熱烹調用，此與新鮮度無關，而是因為生食級牡蠣必須符合日本食品衛生法含菌數（從出生到保存期）的規定，至於加熱烹調用的牡蠣雖然不在此規定內，但只要透過約中火大小的熱度煮熟，就能安心食用。

醋拌牡蠣

材料（2人份／每份33kacl）

牡蠣（生食用）*……100g

A
- 榨柚子汁＋醋……2大匙
- 高湯……1大匙
- 醬油……少許
- 切絲柚子皮……少許

1. 利用鹽水或蘿蔔泥將牡蠣洗淨，放在過濾網中瀝乾。
2. 將A混合後加入牡蠣，盛盤，並撒上柚子皮。

！* 即使是符合日本食品衛生法規定的生食級牡蠣，也並非人人都能安心食用！幼兒、年長者及身體不適者應避免生食，請充分加熱後再食用為佳。

以鹽水清洗牡蠣

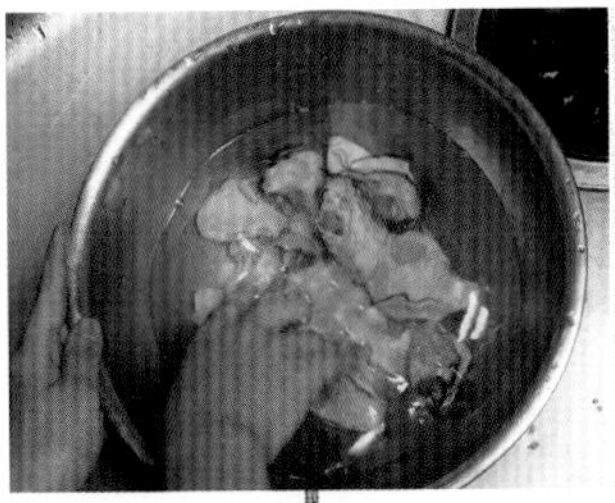

由於牡蠣肉會沾上一些外殼碎片，所以要將牡蠣肉全部放進鹽水中搓洗。鹽水的比例為每200ml水加1小匙鹽。

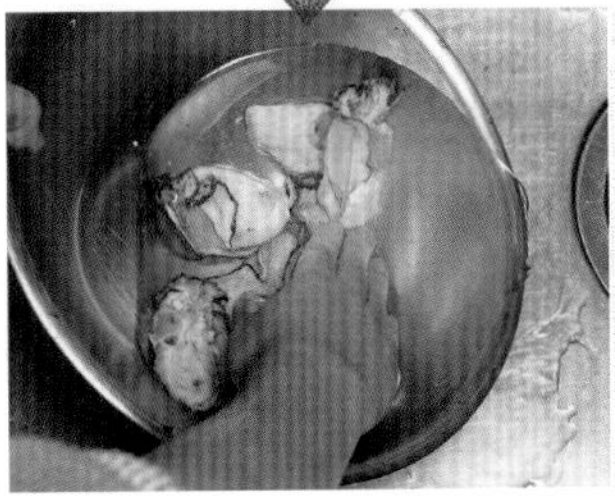

清洗過程中需加水（一般水）2～3次，用手迅速搓洗。

以蘿蔔泥清洗牡蠣

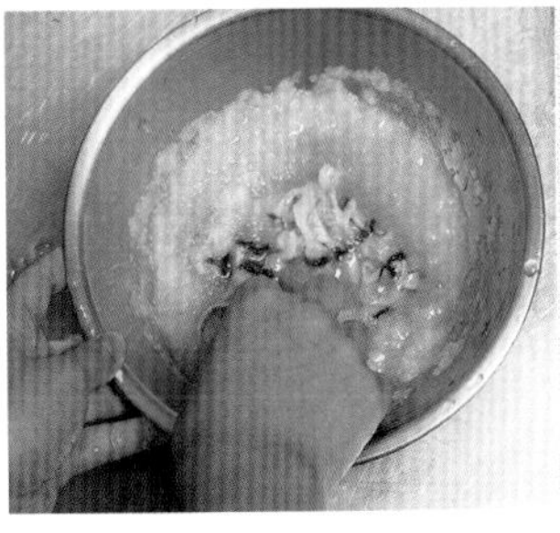

如果要做成醋拌牡蠣等生食料理，最好要以蘿蔔泥代替鹽水洗淨牡蠣，然後再換清水，就可以將牡蠣洗得乾乾淨淨（8顆牡蠣肉要用到100g的蘿蔔泥）。

【扇貝】

季節
基本上均為養殖，整年都有提供。

冷藏
帶殼的扇貝是生的，因此如果將殼打開，就要在當天內食用。

冷凍
將生食用的扇貝川燙後擦乾水氣，用保鮮膜包覆，放進食物保存袋內，置於冷凍庫↓在冷藏室解凍。
※冷凍扇貝要放在盤子裡蓋上廚房紙巾，以保鮮膜包好再放進冷藏室解凍。

適用料理
生食用的扇貝可生吃或做成沙拉，燙過的扇貝則可拿來煮湯或拌炒。

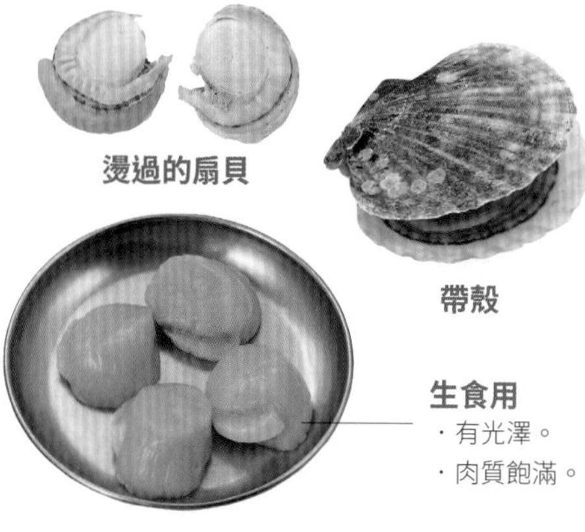

開殼方法

將平坦的那一面朝下，並握住。將餐刀插入殼與殼間的縫隙，邊插入邊轉動餐刀，就能將平坦的外殼與扇貝肉分開。

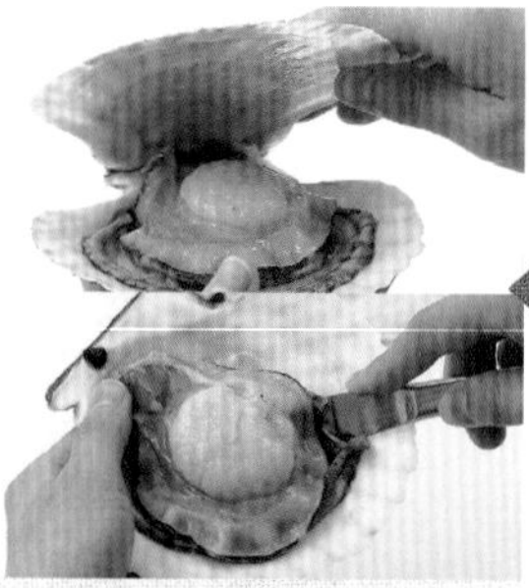

上下反過來拿，用手將平坦面的殼打開，即可將一邊的殼與扇貝肉分開。

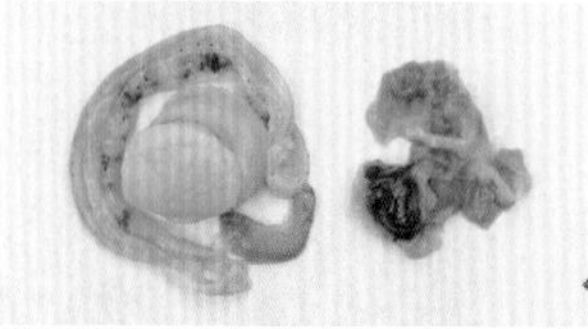

將干貝、干貝唇、生殖巢（左）、內臟（右）分開，其中內臟要丟掉，其他則都能食用。

! 內臟是容易累積貝類毒素的部位，碰觸過後要以香皂仔細將手洗淨。

【淡菜】

季節
春季到夏季。

冷藏
不要加水，放進接近0度C的冷藏室低溫保存。要在2～3天內食用完畢。

冷凍
蒸過之後去除外殼，只將肉的部分以保鮮膜包覆，放入食物保存袋，置於冷凍庫↓冷凍狀態下加熱烹調。

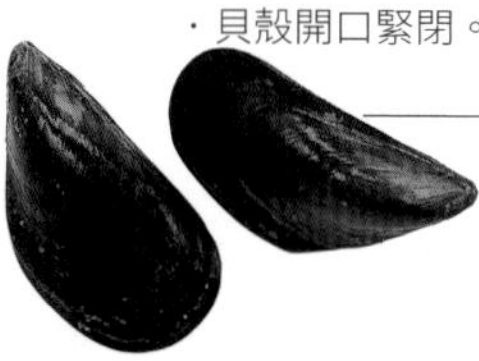
・即使外殼沾上髒汙也無妨。

淡菜是原產自法國的貝類，在日本則是將紫貝作為淡菜來販賣。

適用料理
由於味道清淡，因此和海瓜子的烹調方式相同，可做成酒蒸淡菜，或作為西班牙海鮮燉飯的配料。

用刷子洗淨

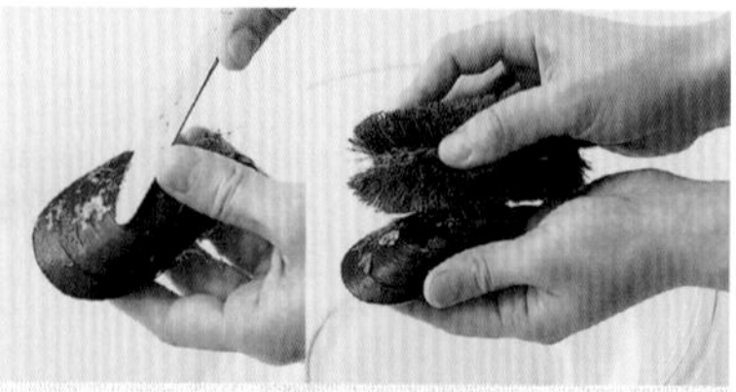

如果要帶殼烹調，要用刷子將外殼沾染的髒汙洗淨。如果沒有刷子，可以用餐刀來刮除髒汙。

去除足絲

淡菜會生出足絲將自己固定在岩石等處，藉由上下拉扯便能將足絲拔除。如果無法順利拔除的話，就拿廚房剪刀剪除。

食材的處理方法 肉類、蛋類、乳製品

牛肉

・肉質肥美有彈性，油脂為乳白色。根據部位的不同，肉的顏色也有所不同。

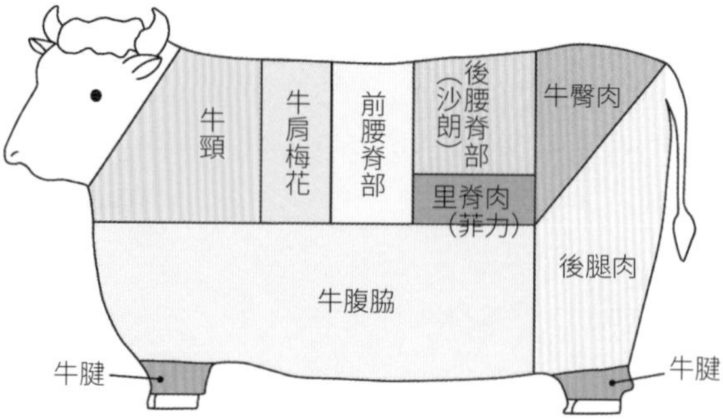

部位名稱	特徵	適用料理
牛頸 	肉色偏紅，有點硬，氣味濃厚。	適合做成牛肉咖哩、燉牛肉、牛肉湯等燉煮料理。
牛肩梅花 	牛肩梅花雖然帶筋且肉質偏硬，但具有適當的油脂，因此很美味。	切薄片可以做成壽喜燒、涮牛肉、炒牛肉等；切塊則適合做成牛肉咖哩、燉牛肉等燉煮料理。
前、後腰脊部 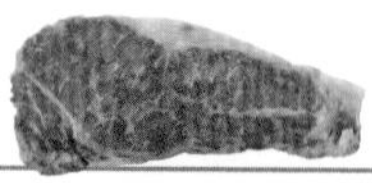	紋理細緻，肉質柔軟，風味佳。油花呈網狀，因此有「霜降」的部分。	壽喜燒、牛排等。
里脊肉（菲力） 	紋理細緻，脂肪較少。	牛排、炸牛排。
牛腹脇 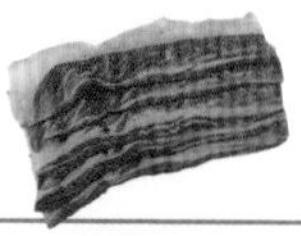	紋理較粗，肉質較硬，油脂多，味道濃郁豐富。	切成塊狀可做成燉牛肉等燉煮類的料理；切薄片則可做成燒肉。
牛臀肉 	脂肪較少，紋理細緻，為肉質柔軟的紅肉。	牛排、烤牛肉、壽喜燒、奶油嫩煎。
後腿肉 	紋理較粗，是很美味的紅肉。脂肪少，膠原蛋白也較少，口感較硬。	切成塊狀可做成烤牛肉、牛肉咖哩、燉牛肉等燉煮類的料理，切薄片則可以拿來拌炒或奶油香煎。
牛腱 	顏色為深紅色，筋多，肉質較硬，長時間烹煮可使其變軟。	燉牛肉、牛肉湯等需要長時間燉煮的料理。

冷藏

盡可能不要接觸空氣，以保鮮膜包覆後放進密閉容器中。牛肉薄片要在2天內使用完畢，牛排肉片與燉煮用的牛肉則是在3～4天內使用完畢。

冷凍

[2～3星期]

（牛排與燉煮用的牛肉為1個月）

將牛肉分成數小堆，攤平，以保鮮膜包覆，放進食物保存袋內，置於冷凍庫。如果事先調味，美味不易流失。

↓置於冷藏室解凍，在冷凍狀態下即可加熱烹調。

※解凍整塊肉的時間較長，可將肉切成2～3cm的大小後再冷凍。

「和牛」與「日本國產牛」有什麼不同？

「和牛」是以日本原有品種為基礎，反覆交配改良後的品種，以黑毛和牛居多，肉質紋理細緻，容易帶有霜降。「日本國產牛」包含荷蘭乳牛等外來種，以及外來種與和牛交配的品種，是在日本飼養長大的牛隻。

適合做燒肉的部位

作為燒肉用的牛肉，以梅花肉、腿肉、腹脇肉等部位居多，切成有點厚度且易於入口的大小。韓國燒肉常見的五花肉指的是「肋骨間的肉」，也就是腹部的肉。另外還有牛舌、外橫膈膜、內橫膈膜、牛肚、牛腸（內臟部位）等，也可以拿來做燒肉料理。

適合切絲的部位

當你想要炒一道青椒牛肉，就必須將牛肉切絲，建議你拿燒肉用的肉來切，會比較容易下刀，不過不要選太薄的肉，因為肉太薄不好切，而且即使切得再好，一炒就容易破碎。最好是選用燒肉用的腿肉部位，既容易下刀，且經過拌炒也不容易支離破碎。

為什麼牛肉會發黑？

如果牛肉接觸不到空氣，就不會呈鮮紅色，因此疊放在一起的部分會發黑，這並非放到壞掉的緣故。

牛肉薄片的切法（豬肉亦同）

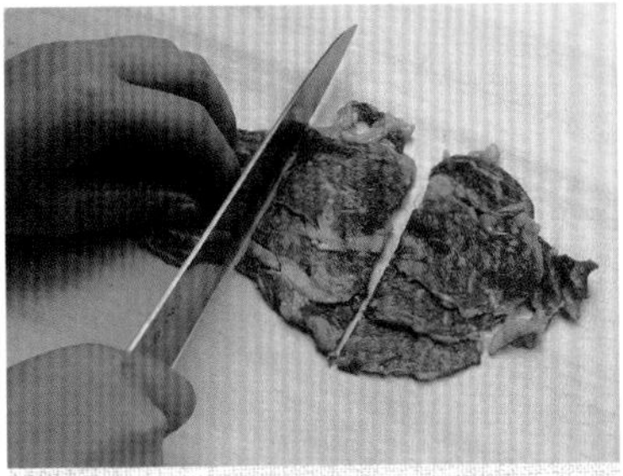

將牛肉攤開，切成需要的長度。

香煎牛排

材料

（2 人份／每份 403kacl）

牛排用肉（1 片 100 ～ 120g）……2 片
鹽……1/2 小匙
胡椒……少許
沙拉油……1/2 大匙
奶油……10g
水芹……2 根

1 在準備製作牛排的 20 分鐘前將牛肉從冷藏室取出，置於室溫中回溫。如果可以分辨清楚脂肪與紅肉，朝分界附近劃下數刀斷筋，以防止捲起（P.127）。

2 預備開始煎牛排之前，在牛肉的兩面抹上鹽與胡椒。

3 在平底鍋熱油，從預訂當作表面的一面開始煎。以比較強的中火煎 30 秒，當表面因為煎過而開始固化時轉中火，接著繼續煎 30 秒～ 1 分鐘。翻面後放入奶油，同樣煎 30 秒～ 1 分鐘。盛盤，以水芹作盤飾。

※ 爐火的大小與煎牛排的時間是指使用鐵氟龍不沾鍋來料理時所需要的時間。

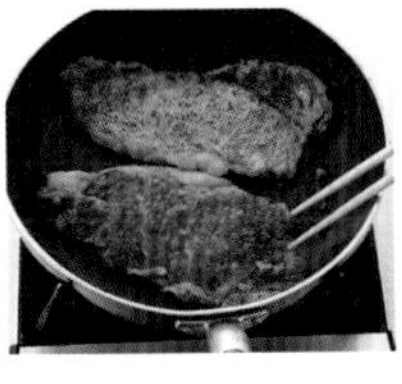

盛盤時，肉較寬的一側放在左邊，如果是帶有肥肉的牛排，則將肥肉朝外側擺放（距離用餐者較遠），讓瘦肉呈現在用餐者眼前。

豬肉

! 豬肉必須全熟

牛肉不須全熟就能食用，但豬肉則必須全熟食用，這是因為豬肉可能會有寄生蟲的問題，必須煮到全熟才能安心食用。

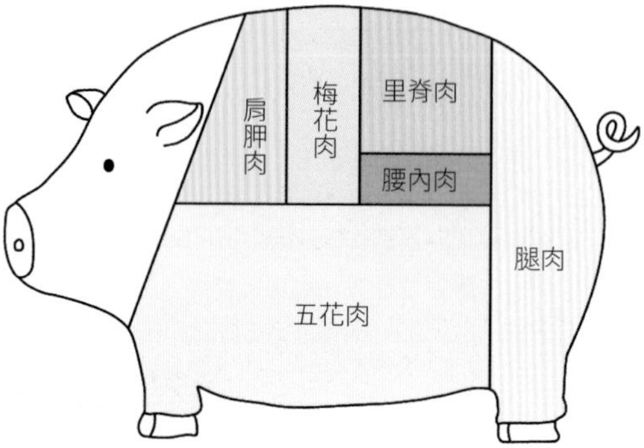

・紋路細緻肥美。肉色是帶有淡灰色的粉色，脂肪為白色。

冷藏

盡量不要接觸空氣，以保鮮膜包覆後放進密閉容器中。豬肉薄片要在2天內使用完畢。豬肉塊則是在2～3天內使用完畢。

冷凍

[2～3星期]

如果是炸豬排用的豬肉要將筋切斷，如果是豬肉片要分裝成數小堆，攤平，以保鮮膜包覆，放進食物保存袋內，置於冷凍庫→在冷藏室解凍。在冷凍狀態下即可加熱烹調。

※大豬肉塊解凍需要耗費較長時間，因此可切成2～3cm大小的肉塊再冷凍。

部位名稱	特徵	適用料理
肩胛肉 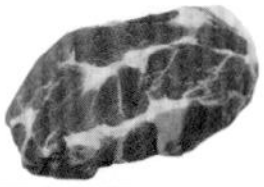	紋路較粗，色澤較深。由於富含膠原蛋白，經過長時間烹煮會變得柔軟。	切片適合拌炒、煮湯，切塊適合做成咖哩等燉煮料理。
梅花肉 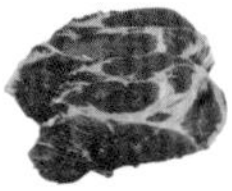	在紅肉當中混著脂肪，味道較濃郁。比里脊肉硬，是容易烹調的部位，可以運用在各種料理之中。切塊經過燉煮會變軟。	薑燒豬肉、炸豬排、奶油香煎、壽喜燒、炒豬肉、叉燒、豬肉咖哩、燉豬肉等。
里脊肉 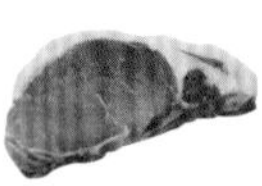	紋路細緻，肉質柔軟，沒什麼特殊氣味，外側有白色脂肪。※通常里脊肉會擺成「脂肪在外側，肉塊較寬的一邊朝左」。	薑燒豬肉、炸豬排、奶油香煎、壽喜燒、炒豬肉、涮豬肉等。
腰內肉 	紋路最為細緻，肉質柔軟，幾乎沒有脂肪。味道很淡。	烤豬肉、炸豬排、炒豬肉。不適合做成燉煮料理。
五花肉 	紅肉和肥肉分層，所以又稱為三層肉。脂肪很多，味道濃郁。	適合切塊燉煮、燉豬肉、豬肉咖哩、糖醋肉、豬肉湯、薑燒豬肉、拌炒等。
豬肋 	位於肋骨之間骨肉相連部位的肉。肉質味美，有豬骨的鮮味。	適合作為烤箱料理或燉煮料理。
腿肉 	紋路細緻，是幾乎不含脂肪的紅肉。加熱過度會導致口感變柴。	適合炸豬排、炒豬肉、糖醋肉等。切成薄片可以拿來涮或翻炒。

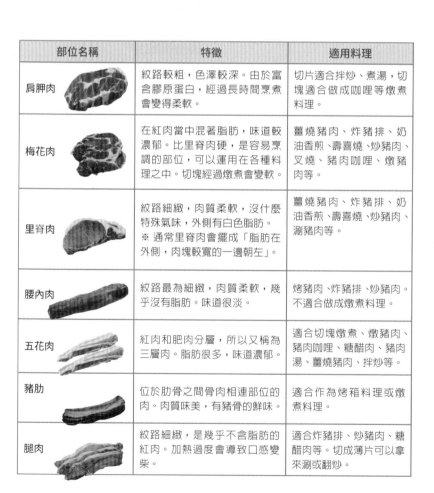

敲打

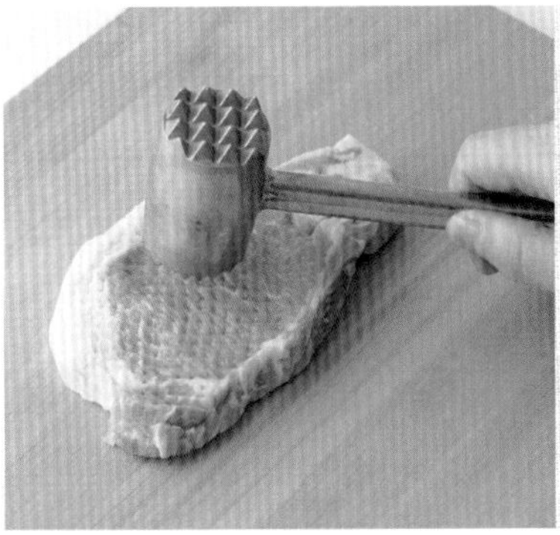

以肉槌、擀麵棍、空瓶子等將豬肉敲打成均勻的厚度。肌肉纖維遭破壞後，就能擁有柔軟的口感。

如果敲打得太過用力，會將肉打到變形，所以敲打時要注意拿捏力道。如果是腰內肉等肉質較軟的部位，除非是想將肉敲得比較大塊，否則沒有敲打的必要。里脊肉的話，要仔細敲打脂肪部位，如果可以敲得比紅肉部位更薄，可以使其受熱更加均勻。

斷筋

紅肉與白肉交接處有白色的筋，將刀尖朝筋呈直角切下，一片肉大約切5～6處，如果肉較豐厚，則反面也要下刀。

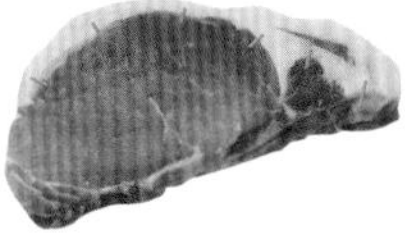

將豬肉的筋切斷，拌炒時就能避免其收縮與捲起。

如何讓肉質變軟？

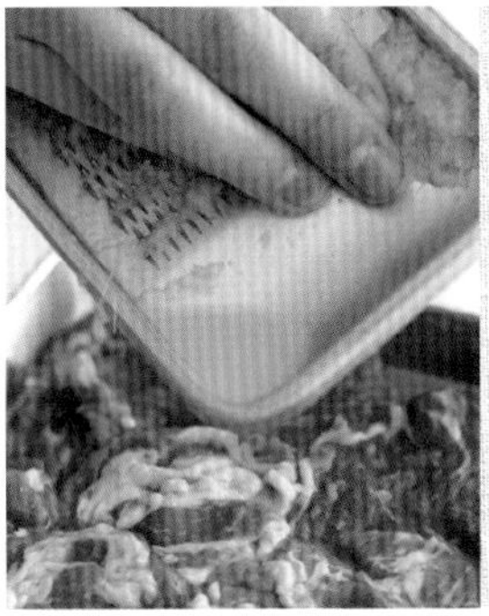

薑或奇異果擁有讓蛋白質分解的酵素，可以讓肉類和魚類變得更加柔軟。烹調前，在魚類和肉類加入薑汁或奇異果泥，靜置約 30 分鐘，再拿來拌炒或燉煮，就可以創造軟嫩的口感。另外，加入洋蔥泥、紅酒、梅子優格等，則可以讓肉變得多汁。牛肉與雞肉也可以用相同方式處理。

「切剩的豬肉」與「切碎的豬肉」

在日本有所謂「切剩的豬肉」與「切碎的豬肉」，這些肉品是形狀和厚薄均不整齊的豬肉薄片，價格較為便宜，但混雜了各種部位。根據店家不同，有時「切剩的豬肉」均為同一部位，「切碎的豬肉」則可能混雜多種部位。牛肉也是如此。

醬煮豬肉

材料

(2～3 人份／全部 1059kacl)

梅花肉（切塊）……400g
薑……1 塊（10g）
蔥的綠色部分……1 根的量
水……400ml
A 砂糖……1/2 大匙
A 酒……2 又 1/2 大匙
A 醬油……2 又 1/2 大匙

1 將薑切成薄片，青蔥以手掰開（P.70）。

2 在鍋內放入肉和1，將適量的水與 A 倒入鍋內，開大火。如果出現浮沫就撈出，蓋上落蓋，半蓋上鍋蓋，以小火約煮 45 分鐘。利用竹籤刺刺看，如果浮出清澈的湯汁即完成。

3 在鍋內放涼，並使其入味，再將肉切成 2～3mm 的厚度。

雞肉

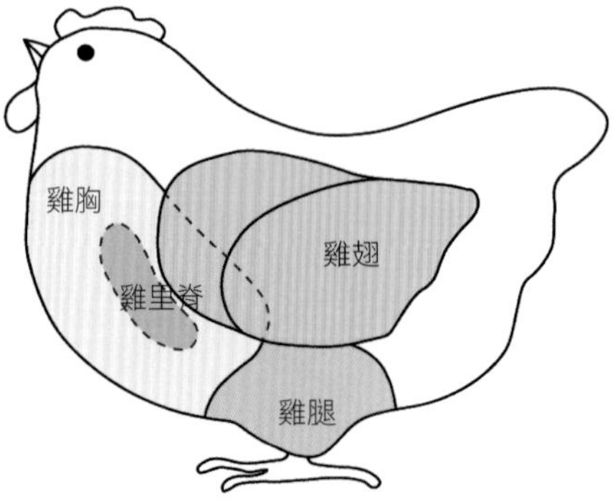

部位名稱		特徵	適用料理
雞翅	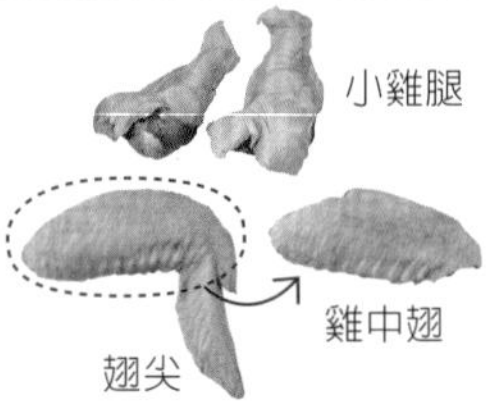	小雞腿和雞翅部位常被分開販賣，也有將雞翅前端部位切掉後販售的商品，稱為雞中翅。這些部位的肉雖然不多，但富含膠原蛋白質，味道也很濃郁。	炸雞翅、燉雞翅、烤雞翅等。小雞腿可拿來煮雞肉鍋或其他鍋物。
雞胸	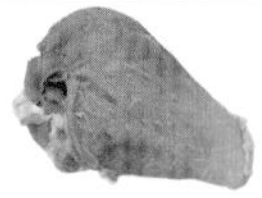	肉白柔軟，由於脂肪較少，所以味道很淡。	酒蒸、沙拉、涼拌菜、炸雞塊等。
雞腿		為紅肉，具有適度的脂肪與濃郁的味道。	烤雞肉串、照燒、燉煮、炸物、鍋物、親子丼、雞湯等。
雞里脊		在雞胸的內側部位有兩條里脊肉，類似小片竹葉的形狀，肉質柔軟，脂肪少，味道淡。	涼拌菜、沙拉、茶碗蒸、雞湯等。
雞胗	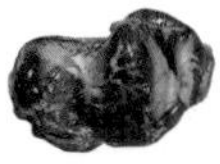	胃的一部分，特色是堅硬有嚼勁。	炒雞胗、炸物、南蠻漬等。

雞肉宜完全熟食

雞肉易沾染曲狀桿菌，造成食物中毒，即使只含有一點點菌數也會發病，導致拉肚子或發燒等症狀，因此烹調時要煮到中心都熟透為止。如果接觸到雞肉，務必以香皂洗手；切完雞肉後，菜刀與砧板務必要以清潔劑洗淨。

冷藏

雞肉比牛肉和豬肉容易腐壞，因此必須購買新鮮的雞肉，並在1～2天內進行烹調。

冷凍

[2～3星期]

切成一口大小或劃上切痕，輕輕抹上鹽和酒，再分成數小堆，以保鮮膜包覆，放入食物保存袋內，置於冷凍庫。

↓使用前可預先在冷藏室解凍，也可在冷凍狀態下加熱烹調。

雞腿斷筋（整塊一起使用時）

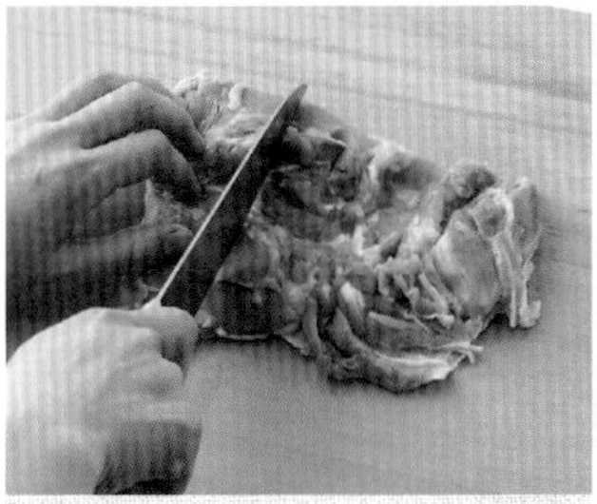

由於雞腿肉含筋，在炒雞肉時容易因為收縮而捲起來。製作奶油香煎雞肉等以雞肉原有形態呈現的料理時，請將帶皮面朝下，打橫放好，每隔2～3cm淺淺下刀斷筋。

去除多餘脂肪

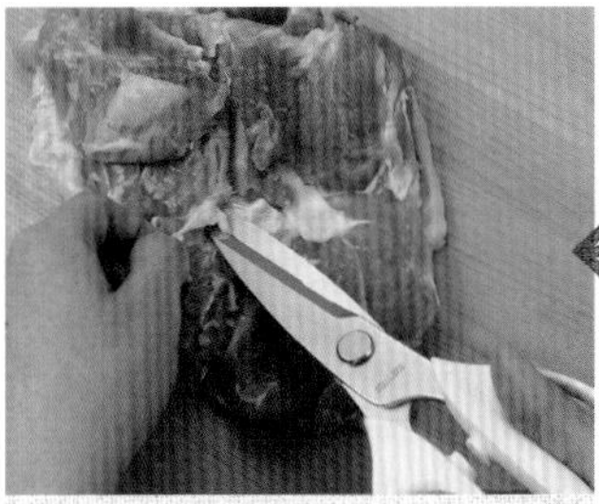

黃色的塊狀物為脂肪，如果以菜刀不方便切除的時候，可以改用廚房剪刀，即可輕易剪除。如果硬要去除脂肪，可能會造成雞皮剝落，以及鮮味降低，因此適度去除即可。

雞肉脂肪不會呈霜降貌，基本上會存在於雞皮與雞肉之間，比如雞腿就是脂肪較多的部位，如果會在意就將其去除。從雞皮溢出的脂肪，請連同雞皮一併去掉。

雞皮的處理方式

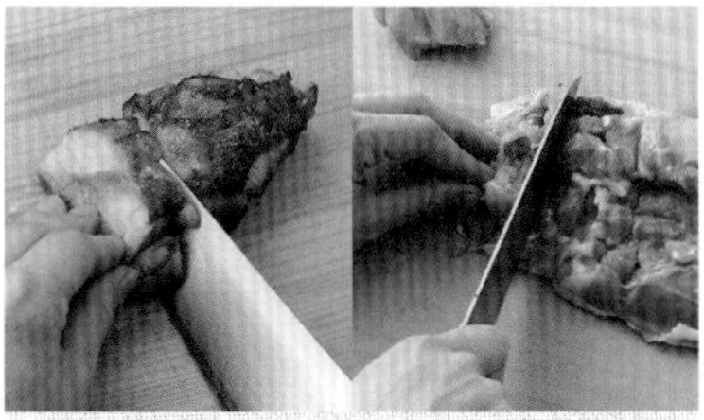

如果要切生的帶皮雞肉，要將雞皮朝下，如此雞皮就不容易破損；要切熟肉則要將雞皮朝上，才能切得美觀。

如果希望去除雞皮再進行烹調，要一邊壓著肉，一邊將皮拉開拔除。

整塊雞肉帶皮一起使用的時候，為使帶皮的一側入味，並顧及熟度均勻，請以竹籤或叉子朝雞皮刺下5～6個洞，可防止雞皮在燒烤時捲起。

切法1：觀音開門

將雞肉朝左右方向切開，如同開啟日式觀音神龕的樣子，稱作「觀音開門」。這是針對具有厚度的雞肉經常使用的切法。

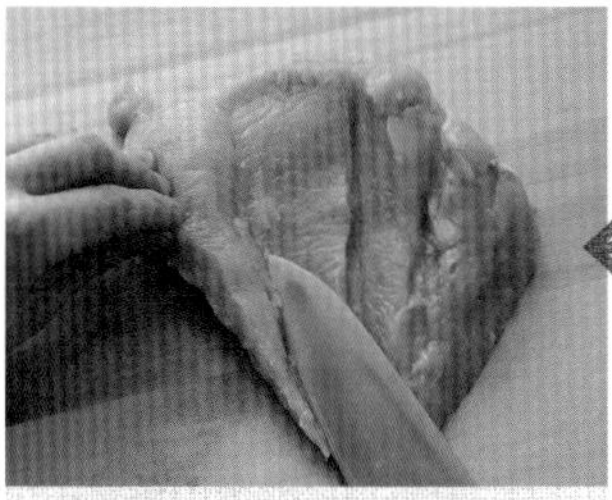

將肉打開。另一邊也以同樣切法處理，厚度要一致。

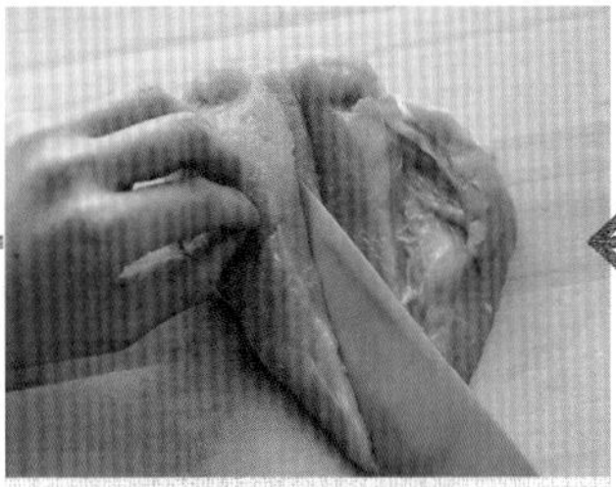

平放菜刀，從下刀處朝側邊切入。

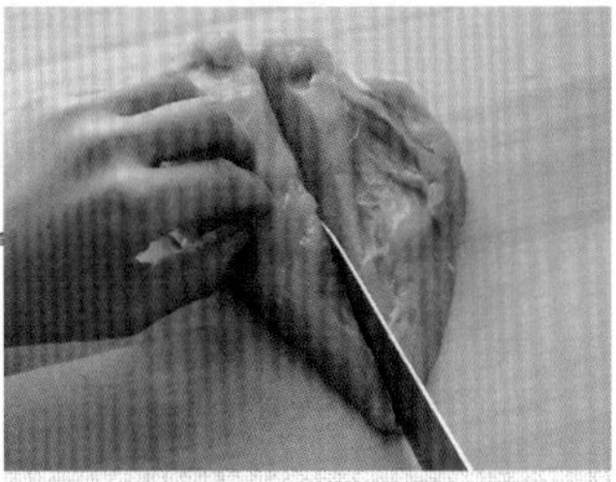

朝雞肉中央下刀，切到大約厚度的一半深。

里脊去筋

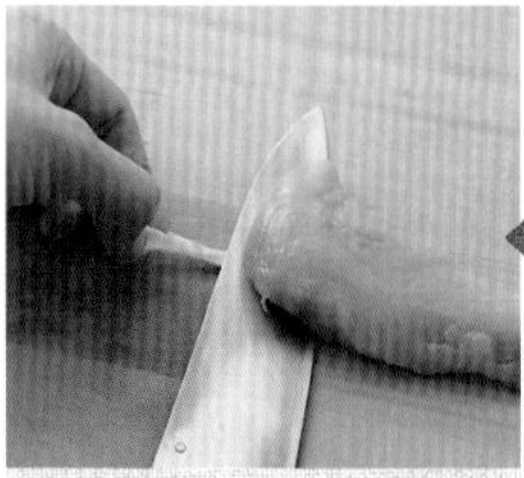

將有筋的那一面朝下，一手以手指抓住筋的一頭，一手拿菜刀沿著筋的方向切，將筋拔除。

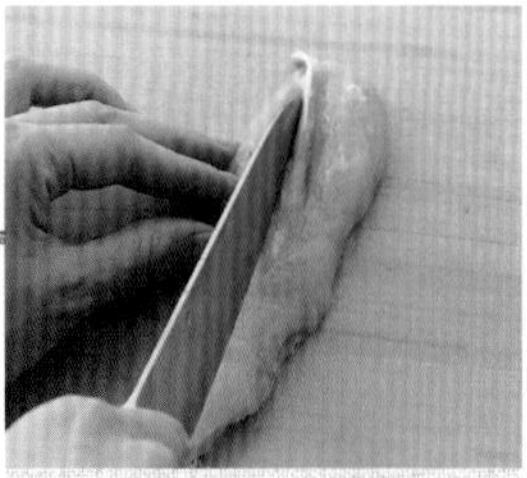

里脊肉中可以看到白色的筋，請將其去除。菜刀刀尖從筋的兩邊以淺 V 字形下刀。

切法2：斜切

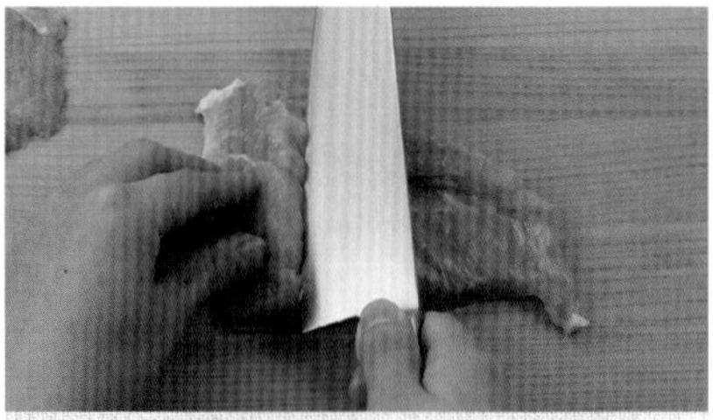

將菜刀平拿，從刀跟朝刀尖方向下刀，就像是要削薄片一樣。如果是帶皮雞肉，在平拿菜刀削薄片之後，要將菜刀拿直切斷雞皮。

削薄片會讓斷面的面積加大，比較容易熟，也較容易入味。

帶骨雞肉的處理方式

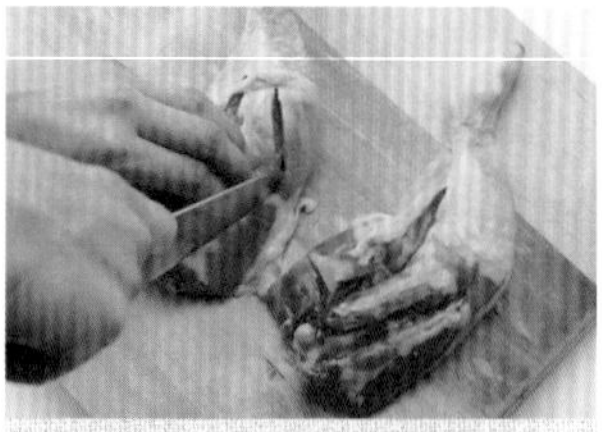

處理帶骨雞腿肉時，可沿著骨頭劃下幾刀，較容易煮熟，而且肉也會變得較容易分離，會更好入口。

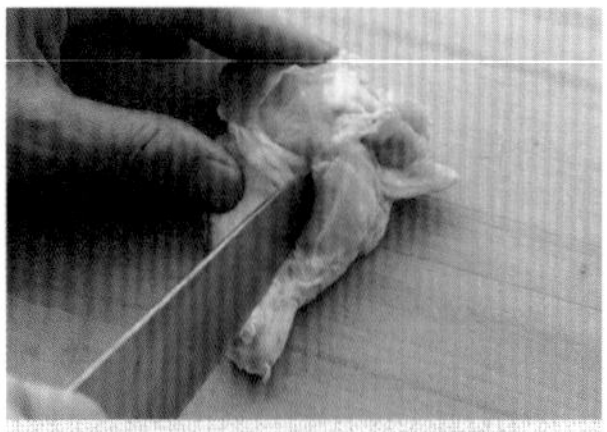

小雞腿的處理方式為在雞肉與雞骨頭之間劃上一刀，使之均勻受熱，且雞肉會比較容易與骨頭分離，食用時也更容易入口。

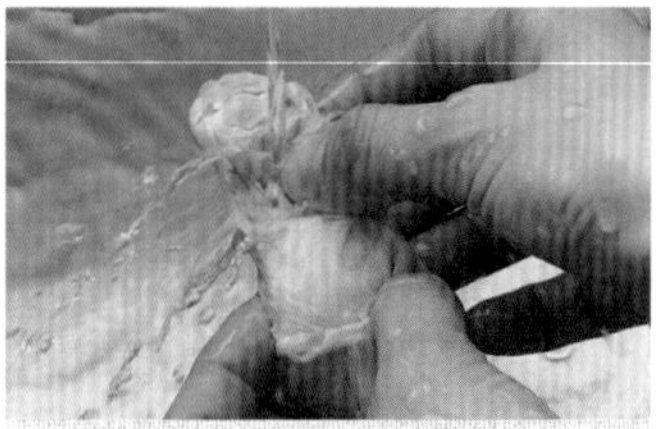

雞皮與雞骨會夾帶髒汙和血，必需洗淨，並將水分擦乾後再烹調，尤其是骨頭接縫處的汙血，務必仔細洗淨。

炸雞塊

材料

（2 人份／每份 353kacl）

雞腿肉……250g
太白粉……2 大匙
油炸用油……適量
檸檬（梳形切）……1/4 個
A 鹽……1/6 小匙
A 薑汁……1 小匙
A 醬油……1 小匙
A 酒……1 小匙

1 將雞肉薄切成 3cm 大小的塊狀。放入料理盆裡，加入 A，以手搓揉大約 10 分鐘，使之入味。

2 將1的醬汁倒掉，再均勻裹上太白粉。

3 在油炸鐵鍋裡倒入 3cm 深的油，加熱到 170° C（P.180）。

4 將雞肉放入鍋內。當雞肉浮起來後，將火轉小，以料理筷翻面 1～2 次。

5 當雞肉變色、油泡變小後，再以大火炸約 10 秒鐘。當油炸聲變小後，就大功告成了（從油炸開始約 5 分鐘）。取出一塊炸雞，拿竹籤刺刺看，如果可以一下子就穿過去，表示已經炸好了，便可將油瀝乾。

絞肉

即使是同一種肉做成的絞肉，也會因為紅肉與脂肪比例的差異而有所不同。適當加入脂肪雖然很美味，但如果脂肪比例較多，反而會在加熱時變成油脂溶出，導致體積變少。

・色澤美好，有光澤的肉。要避免溶出血水及變色的肉。

冷藏

由於容易腐壞，請在1～2天內進行烹調。

冷凍

[2～3星期]

分裝成數小堆，以保鮮膜包覆，放進食物保存袋內攤平，置於冷凍庫→在冷藏室解凍。在冷凍狀態下即可加熱烹調。

※如果事先調味後再放入冷凍庫，味道不易流失，也不容易腐壞。

加熱技巧

如果受熱不均，腥味會留在肉裡。請一邊拌炒，一邊將肉裡溶出的脂肪混濁物撈出，直到流出的湯汁變清澈為止。

在絞肉因加熱而變得堅硬以前，要仔細將肉撥開。如果要製作肉燥，建議先將絞肉調味後再開火為佳。

部位名稱	特徵	適用料理
牛絞肉 	牛肉具有鮮味，但肉質與豬肉相比，脂肪和水分較少，加熱後可能會變得比較硬。	牛肉漢堡排、番茄肉醬等西式風味料理。
豬絞肉 	分成以瘦肉為主的絞肉（左）和脂肪較多的絞肉（右）來販賣。脂肪較多的絞肉肉質柔軟多汁。	餃子、燒賣、麻婆豆腐、肉包等。
雞絞肉 	通常會將不同部位分開販售，比如以雞腿做成的絞肉（左）、雞胸做成的絞肉（右）等。雞肉淡淡的味道與和風料理相當合。	適合做成肉燥、肉丸子等和風料理。
混合絞肉 	常見的混和絞肉為牛肉和豬肉的組合，這樣的搭配完美混入了牛肉的鮮味與豬肉油脂帶來的多汁。	適合做成漢堡排、絞肉乾咖哩、番茄肉醬等。

內臟類

帶血是造成腥味的原因，因此要將血水除去，再進行烹調。

冷藏

由於容易腐壞，請在購入當日烹調完畢。

冷凍

[2～3星期]

不可以生吃。經過烹調加熱後仍可以冷凍。

【牛肝和豬肝】

洗去血水

在裝滿水的料理盆裡反覆換水清洗2～3次，將血塊去除。仔細清洗可除去大部分的腥味。

如果都是血，可以放在水裡搓揉清洗。

去腥

雖然可以透過清洗去掉大部分的腥味，但如果想要清除得更徹底，可以在牛奶裡浸泡5分鐘。

快速川燙也可以去腥。

【雞肝】

雞肝和雞心經常會連在一起賣。切開再進行烹調。

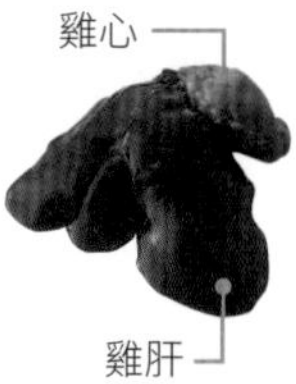

雞肝的處理方式

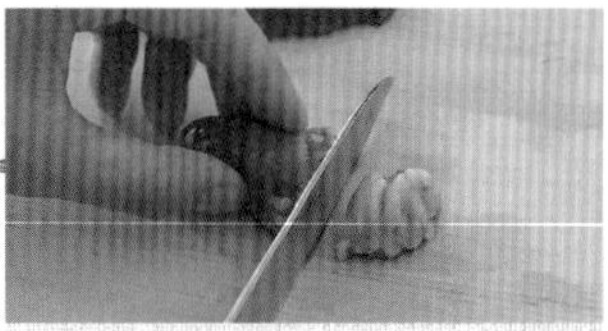

用水大略沖洗過，將雞肝和雞心切開來。去掉附在雞心周圍的黃色油脂。

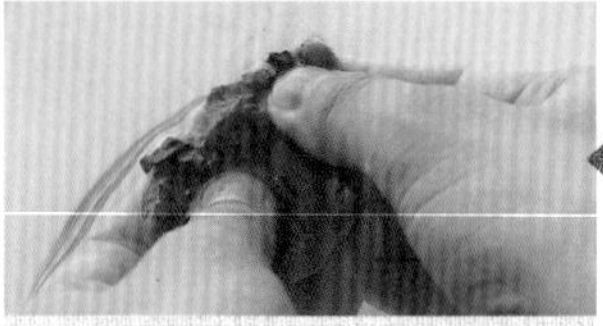

將雞心縱向對半切開（根據料理的不同，也可以切斷）。在水中將雞心裡的血洗淨。

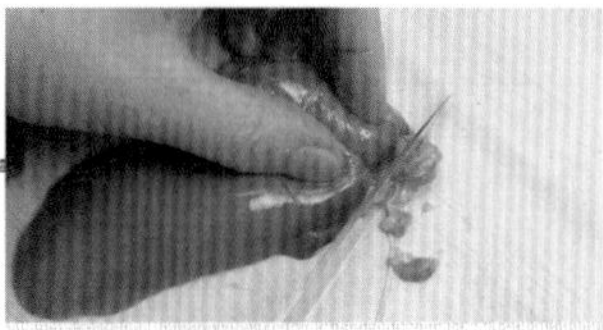

將雞肝周圍的脂肪去掉。

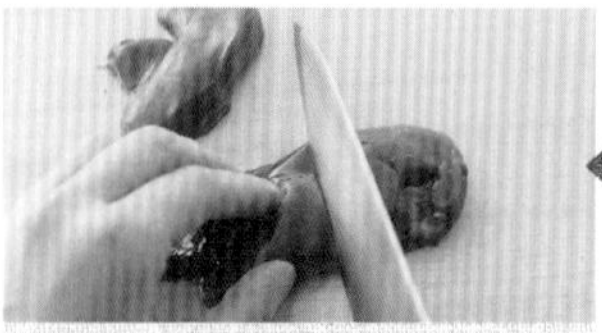

根據烹調時需要的大小將雞肝切分。如果雞肝帶血，就在水裡將血洗淨。

【雞胗】

雞胗是雞的胃部，在日文中稱作「砂肝」。雖然白色的膜可以食用，但因為口感較硬，建議去掉再食用比較好。

去膜

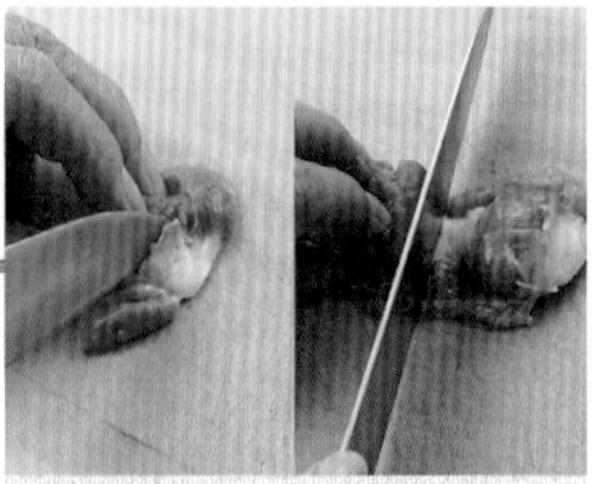

對半切成兩部分。菜刀朝白色部分旁下刀。

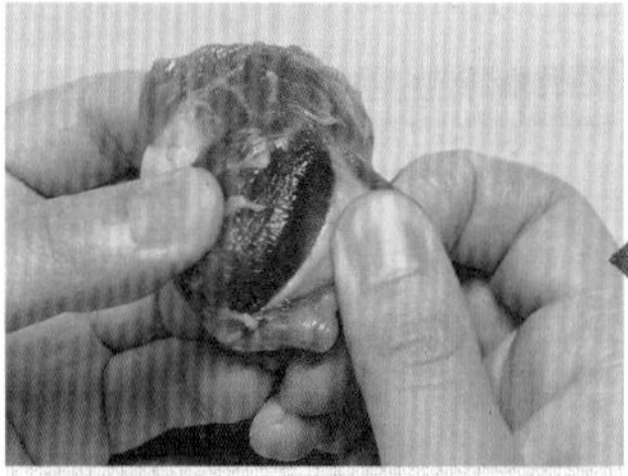

切開後，用手將膜剝除。如果是用手不容易去除的部分，改用菜刀切掉。

蛋

蛋是冷藏品。選購時宜在以冷藏方式銷售的店家購買新鮮商品。

✕ 需要避免的情況

◉**蛋殼出裂痕**。

※出現裂痕後，有可能會有細菌跑進去繁殖。

買回家後如果發現有裂痕，請不要生吃，要加熱煮熟後盡早食用。

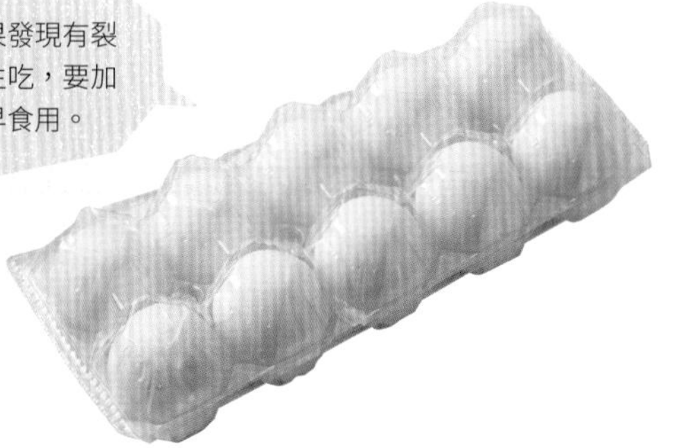

● 蛋的保存方式

市面上的雞蛋大多經過洗選殺菌處理後才出貨，請連同購買時的包裝盒一起保存較為衛生。然而包裝盒也可能弄髒，所以在保存時要將包裝盒擦乾淨，或把包裝盒裝進塑膠袋裡。如果將洗選蛋再次拿去清洗，細菌容易從蛋殼表面看不見的氣孔跑進去，所以要避免*。

*如果購買的是非洗選蛋，可以用乾淨的布或廚房紙巾擦拭後保存，請不要先洗蛋，以免破壞蛋殼表面的保護膜。保存時要將氣室（鈍的一端）朝上，可以保存比較久。

● 蛋的賞味期限

雞蛋的賞味期限指的是「可以放心生吃的期限」。過了賞味期限也可以在妥善加熱後食用，但務必在煮熟後盡早食用。

● 蛋殼顏色的差異

蛋殼顏色差異的原因來自母雞和飼料的差異，成分與養分則沒有落差。

打開蛋殼的方法

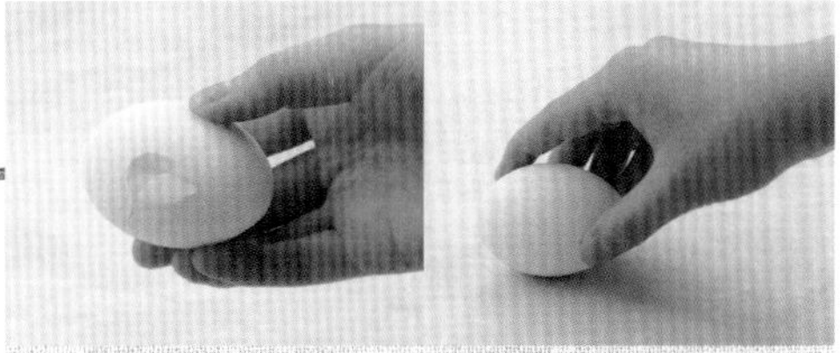

以雞蛋較為平坦的一側在平穩桌面上輕敲，敲到出現凹陷與裂痕即可。

如果在容器邊緣等處敲，蛋殼很可能會跑進蛋裡。

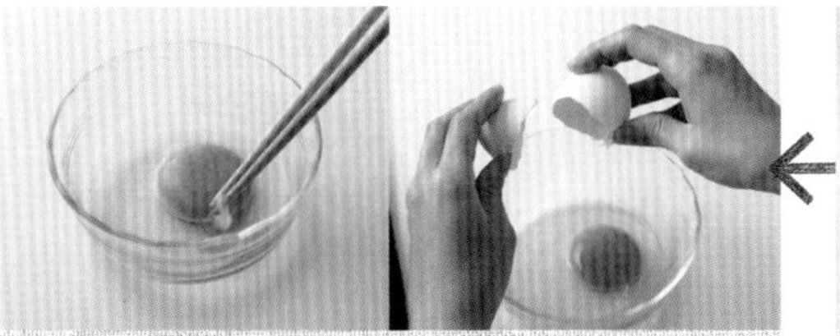

雙手拇指朝出現裂痕的地方把蛋剝開，將蛋液倒出。

有可能會混著血液，請別擔心，這是沒問題的，而且與新鮮度無關。如果仍感覺在意，可將有血絲的部分除去。白色塊狀部分（繫帶）亦同。

將蛋打散的方法

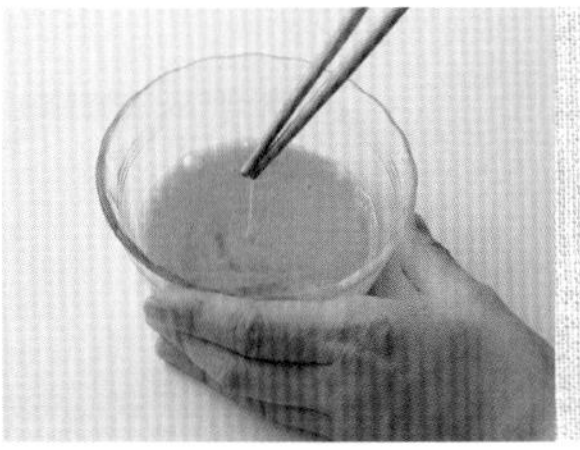

製作玉子燒或歐姆蛋的時候，不要將蛋打到發泡。請將料理筷靠著容器底部，左右擺動即可，如果打蛋過程中出現泡泡，就用筷子夾破。

❗ 雞蛋一旦與蛋殼分離之後就會加速腐壞，因此無論是否已經打成散蛋都要避免放在室溫之中。

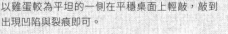

將蛋分成1/2顆

將一顆雞蛋仔細打散後，倒進兩個形狀相同的杯子裡，即可均分。剩下的蛋可以放進冷藏室隔天使用或放進冷凍。

將蛋白與蛋黃分離

將蛋液倒進盆子之後，可利用湯匙取出蛋黃，就無須擔心把蛋黃弄破了。

1大匙的取用方法

如果直接舀取蛋液反而會弄不好。

將一顆雞蛋打散之後，將蛋液倒到大匙裡。

用剩蛋液的冷凍方式

將保鮮膜鋪放在容器內（保鮮膜的大小要大於容器），把用不完的蛋液倒進去，包起來，用膠帶密封，連同容器一起放入冷凍庫。冷凍成形後可將容器拿掉，把冷凍蛋液放入保存袋內→在冷藏室解凍，加熱烹調。

※ 將蛋白冷凍起來，日後可用在製作漢堡排配料或炸物麵衣材料（保存期限 1 個月）。

溫泉蛋

溫泉蛋就是蛋白凝固而蛋黃呈柔軟狀的蛋。

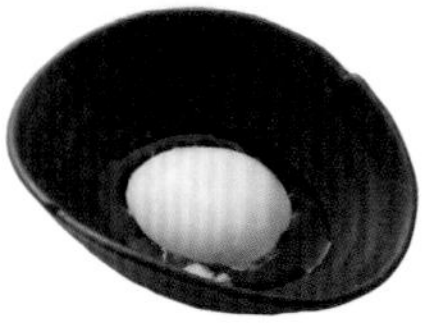

在開始烹調前 10 分鐘，先將蛋從冷藏室拿出來，放在室溫回溫。以較具厚度的鍋子將 1.2L 的水煮至 80° C，放入雞蛋（2 ～ 4 個），蓋上鍋蓋，放 15 分鐘。以冷水沖，將蛋打開。

在厚鍋子內放入 1L 的水煮沸，再放入 200ml 的冷水，即可降至 80° C 左右。

太陽蛋

1 將一顆雞蛋打進容器。在平底鍋裡放入 1 小匙沙拉油熱油。轉至微弱的中火，將蛋慢慢倒入。

蛋白凝固，將蛋黃煎至個人喜好的軟硬度。

2 如果希望煎蛋時蛋白不起泡，要將多餘的油擦掉之後再開始煎蛋。

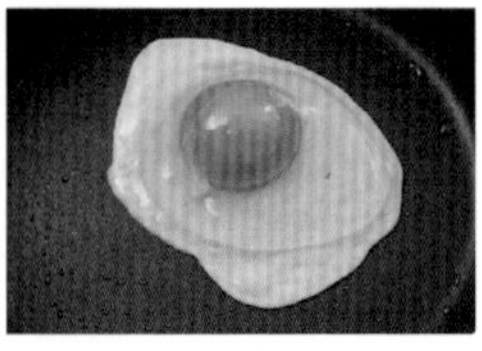

如果要讓蛋黃覆蓋一層蛋白膜的話……

把蛋打入鍋子後，蓋上鍋蓋，開小火，約煎 2 分鐘，即可以做出覆蓋著蛋白膜的太陽蛋，之後再依照個人喜好的軟硬度繼續煎。

水煮蛋

半熟蛋的保存時間比生蛋更短，可放入冰箱冷藏室，在2天內食用完畢。

全熟水煮蛋
沸騰後約 12 分鐘。

半熟蛋
沸騰後約 5 ～ 7 分鐘。

1. 在鍋內放入雞蛋與蓋過雞蛋的水量，轉大火，沸騰後轉小火（可以持續沸騰的程度），半熟蛋沸騰後約煮 5 ～ 7 分鐘，全熟水煮蛋沸騰後約煮 12 分鐘。

在開始烹調前 10 分鐘，先將蛋從冷藏室拿出來，在室溫中回溫。如果急著使用，請以溫水回溫。如果在冰冷狀態下煮，蛋殼容易出現裂痕，蛋白有可能會跑出來。

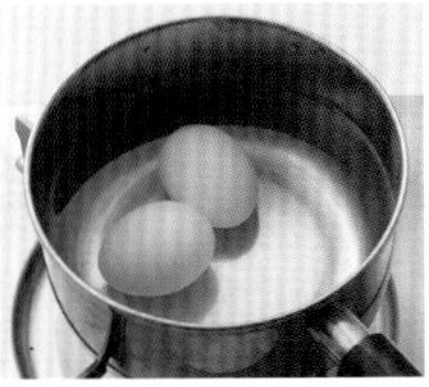

2. 馬上泡進水裡，大概反覆換 2 ～ 3 次的水，在水中剝殼。

如果煮太久，蛋黃周圍會呈現綠色。煮好後馬上放進冷水裡，可以防止餘溫導致過熟而變綠的情況發生，蛋殼也會比較好剝開。

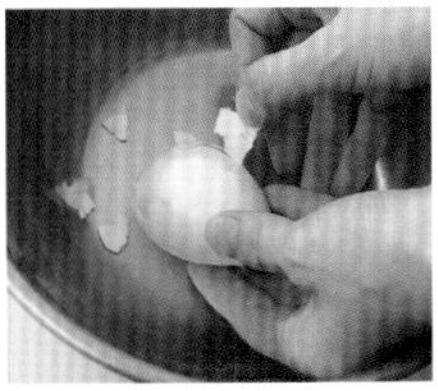

如何將蛋黃置於正中間？

從開始煮蛋到煮熟的過程中，要以筷子轉動蛋。碰到鍋子時要留意別打破蛋殼，請小心地滾動雞蛋。

如何避免裂痕產生？

煮蛋的時候，若是蛋殼破裂，蛋白就會滲出，如果不希望如此，可以在水中加一點醋或鹽。每 500ml 的水加入 1 小匙鹽或 1 大匙醋，就可以防止蛋白從裂縫跑出來。

水波蛋

又稱為水煮荷包蛋，是指將蛋打進水裡或湯裡，煮成去殼半熟蛋的方式。

1. 將一顆蛋打進小容器裡。在鍋子裡放入 7 ～ 8cm 深的水，將其煮沸。當水慢慢煮滾產生泡泡時，將火轉小，加入醋（比例為熱水 500ml 加入 1 大匙醋）。以筷子攪動出漩渦狀，然後在水中心放入生雞蛋。

如果熱水太少，會導致蛋過熟或蛋白散掉，就不美味了。

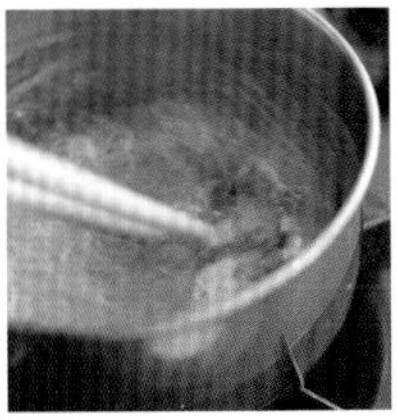

2. 運用料理筷仔細調整蛋的外型，調整出蛋白蓋住蛋黃的模樣。

3. 靜置 1 ～ 2 分鐘，蛋白凝固後用濾網撈起瀝乾。以廚房紙巾將多餘的水氣擦乾，盛盤。

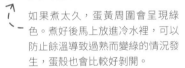

歐姆蛋

材料

(每份 240kcal)

雞蛋……2 顆

A
- 牛奶……1 大匙
- 鹽……少許
- 胡椒……少許
- 奶油……10g

※ 使用直徑 20cm 的平底鍋。

1 將蛋打在料理盆裡，以筷子靠著盆子底部左右移動攪拌，將蛋打散，然後加入 A 攪拌均匀。

為了做出蓬鬆的歐姆蛋，要輕輕攪拌，不要太大力，注意別打出泡泡。

2 在平底鍋內放入奶油，轉中火熱油。當奶油融化後，馬上將中火加大，一口氣將蛋液倒入。

3 以筷子碰到鍋底，像是畫出一個大圓似的大幅度攪拌全部蛋液。

製作歐姆蛋或玉子燒時，要在略強的中火之下一口氣將蛋液倒入，便能製作出蓬鬆柔軟的蛋。

4 待蛋半熟後把火轉小，抓起鍋把，撬起平底鍋，將眼前的蛋朝另一側折。

5 利用平底鍋鍋緣將蛋朝另一邊捲。

6 一手從下方握住平底鍋手把，另一手將盤子靠著平底鍋，把煎好的蛋移到盤子裡。

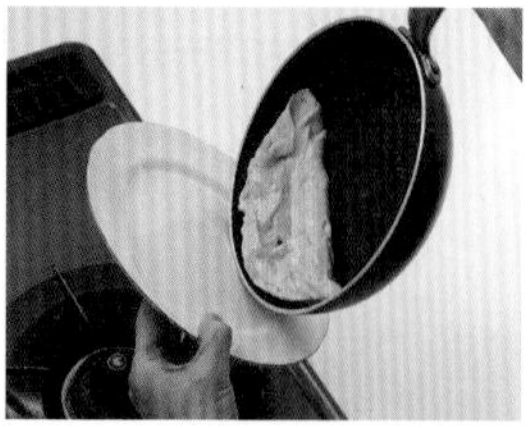

7 用廚房紙巾調整蛋的形狀。

高湯蛋卷

材料

(2 人份／每份 140kacl)

- 雞蛋……3 顆
- 高湯……3 大匙
- 沙拉油……1/3 小匙
- A
  - 砂糖……2 小匙
  - 味醂……1 小匙
  - 醬油……少許
  - 鹽……少許

※ 使用 10X15cm 不沾玉子燒煎鍋。

1 將 A 的調味料倒進高湯內使其溶解。把蛋打進盆子裡，筷子靠著盆底，將蛋打散，留意不要讓蛋液起泡，再將蛋液加到調味高湯中攪拌。

2 利用過濾器將混合蛋液過篩。蛋黃和蛋白必須均勻混合，才能煎出漂亮的高湯蛋卷。

3 在煎鍋內放入油後開中火熱油，利用廚房紙巾將油均勻塗抹滿全鍋。

倒入一點點蛋液，發出些微滋滋作響的聲音且顏色開始變白時，即為適當溫度。

4 倒入 1/4 量的蛋液（1 湯杓），使其流滿整鍋。當表面開始呈半熟狀態時，從外側開始將蛋皮以 3cm 寬度朝內捲。

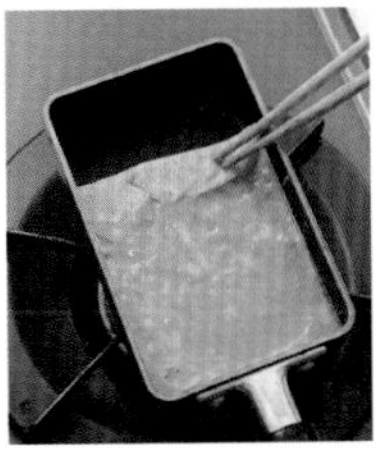

5 在空出來的地方用3的廚房紙巾抹上一層薄薄的油，將蛋滑到另一側，眼前出現的空位也同樣抹上一層油。

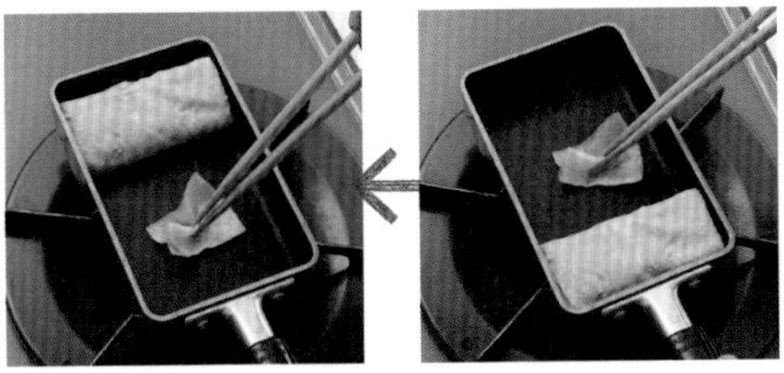

6 倒入 1 湯杓蛋液，用料理筷將先前捲起來的蛋往上提，讓蛋液可以流滿整個煎蛋器。

7 煎至半熟後，以原先捲起來的蛋為芯，一邊將煎蛋鍋傾斜，一邊捲蛋。反覆步驟5～7。

8 趁熱利用壽司捲調整蛋卷的形狀，靜置4～5分鐘放涼，抓好形狀，切成容易入口的大小。

利用銅製煎蛋鍋（15cm見方）製作時

在煎鍋內倒入 3 大匙沙拉油，以比較小的中火熱油，並以3的方式利用廚房紙巾將油均勻塗滿全鍋，然後將多餘的油撈到盆子裡，等到煎蛋時再使用。

蛋絲

材料

雞蛋……1 顆
沙拉油……少許
A 砂糖……1 小匙
A 鹽……少許
※ 使用半徑大小為 20 ～ 24cm 的平底鍋。

1 將打散的蛋均勻分成兩半，加入 A 充分混合（P.134）。

2 平底鍋轉小火，將油均勻塗滿整個鍋子（P.137），倒入 1 一半量的蛋液。當表面煎乾後，將料理筷置於蛋皮下方，提起蛋皮翻面。

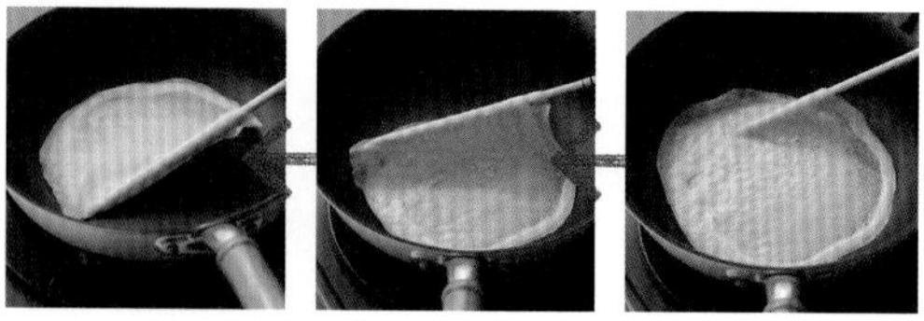

3 將蛋皮內側也煎至有點乾的程度就可以起鍋，放在盆子裡鋪開放涼（煎薄蛋皮）。再以同樣方式繼續煎下一片蛋皮。

4 先將蛋皮切成三等分，然後疊在一起切絲。

【鵪鶉蛋】

鵪鶉蛋的妙用

一顆鵪鶉蛋的分量大約是 1/5 顆雞蛋。如果覺得一顆雞蛋的量太多，或者需要補上一點蛋時就可搭配鵪鶉蛋。

- 有明顯斑點，整顆都具有光澤。
- 和雞蛋一樣，請在客流量較多的商店購買。

水煮蛋的去殼方式

將水煮滾，沸騰後約煮 3 ～ 4 分鐘，關火，放到水中冷卻。

以菜刀刀跟朝較平的一側下刀，或敲出裂痕再將蛋殼剝開。

在水中剝蛋殼。

生蛋破殼取蛋的方式

利用菜刀刀跟或廚房剪刀，朝較鈍的一端稍微弄開一個洞。

剝開後就可取出鵪鶉蛋。

乳製品

【牛乳】

一般「牛乳」是指生乳加熱殺菌後的產品，成分無調整。「成分調整的牛乳」會從生乳當中除去一部分的水分、脂肪和礦物質。

【起司】

天然起司根據原料、熟成度、菌種的不同分成許多種類。加工起司則是利用天然起司作為原料加工，防止發酵，便於長時間保存。

冷凍 [2個月]

如果是硬質起司，可以冷凍保存。分裝成數小堆之後，以保鮮膜包好，放入食物保存袋，置於冷凍庫↓可在冷凍狀態下加熱烹調。

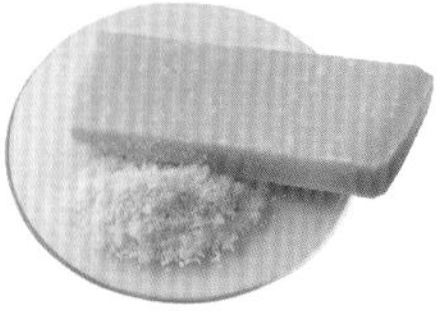

【鮮奶油】

「鮮奶油」是只含乳脂肪的產品，有乳脂肪45％、乳脂肪36％等。如果加入植物性脂肪可能會以「人造奶油」的名稱來販售。乳脂肪成分越高，味道越濃郁。

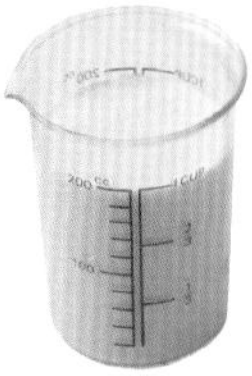

【奶油】

分成含鹽奶油和無鹽奶油。

冷凍 [2～3個月]

以錫箔紙包覆，放入食物保存袋內，置於冷凍庫↓在冷藏室解凍。

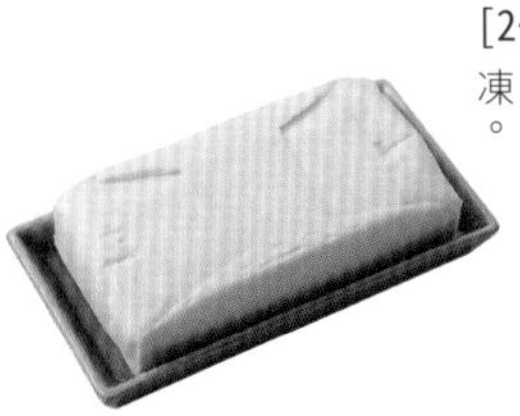

牛乳和優格可去腥

在準備製作肉類和魚類料理時，如果事先加入牛乳或優格醃一下，讓牛乳或優格的蛋白質和脂肪粒子吸附肉類或魚類氣味成分，可以達到去除腥味的效果。

關於牛乳的薄膜

牛奶加熱的時候，由於表面水分蒸發而導致蛋白質凝固，會形成一層薄膜。若一邊加熱一邊攪拌，或在沸騰前關火，就不容易形成薄膜。

打發鮮奶油的方法

適合打發鮮奶油的溫度約為5°C左右，操作時可將裝鮮奶油的盆子放在盛有適量冷水的大盆中，利用冷水將鮮奶油冰鎮，就能打出細緻蓬鬆的泡沫。

融化奶油的方法

如果直接加熱奶油容易燒焦，因此要放在容器裡隔水加熱融化。奶油大約30°C就可以融化，也可用較高的溫度來加熱。取出時要小心，別燙著了。

奶油須適量取用

奶油容易酸化，一旦溶解，即使再放回冰箱也無法回到使用前的狀態，而且味道也會變差，因此每次使用只取出需要的量即可，剩下的以錫箔紙包好，放進冰箱冷藏。

奶油焗烤雞肉通心粉

材料

(2 人份/每份 576kcal)

通心粉……50g
雞腿肉……100g
洋蔥……1/2 個 (100g)
蘑菇……3 個 (40g)
奶油……10g
白醬……240g (請參照白醬材料)
披薩用起司……40g
鹽……少許
胡椒……少許

1 在熱水裡加入鹽,按照通心粉包裝標示之步驟將通心粉煮熟。

2 將洋蔥與蘑菇切成薄片。雞肉切成 2cm 塊狀。

3 在平底鍋裡將 10g 奶油融化,轉大火把洋蔥、雞肉依序放入拌炒。當肉均勻受熱後,加入蘑菇輕輕拌炒,撒入少許的鹽和胡椒。將炒好的料放進料理盆,並加入通心粉。

4 製作白醬(參照白醬做法)。烤箱以 210° C 預熱(瓦斯烤爐則是 200° C)。

5 在3的料理盆裡倒入 2/3 量的白醬混合。分裝到兩個耐熱容器內,再分別倒入剩餘的白醬,撒上起司。

6 放進烤箱以 210° C 約烤 15 分鐘。

白醬

白醬是製作焗烤、奶油可樂餅、燉菜等料理會使用的基底醬。雖然按照所需濃度的不同,材料分量也會有些調整,但做法基本是不變的。只要掌握三項製作祕訣:奶油不要燒焦、將麵粉炒好、加入冰牛乳,就能輕鬆做好一鍋白醬。

材料

(奶油焗烤用 2 人份/每份 247kcal)

奶油……30g
麵粉……2 大匙
牛乳(冰)……300ml
鹽……1/6 小匙
胡椒……少許

1 因為要一口氣完成,因此必須拿捏好材料分量。將奶油放進鍋子或平底鍋裡,轉小火(鍋底要平坦,最好是厚度夠厚的鍋子)。

2 待奶油差不多融化後,加入麵粉,利用木製刮刀小心翻炒麵粉,千萬別燒焦了(將麵粉與奶油充分混合後,加入牛乳時就不易結塊,麵粉的粉味也會消散)。

要煮到氣泡變小,呈平坦的狀態為止(1 ~ 2 分鐘)。

3 暫時關火,加入一半的牛乳後馬上攪拌,再將剩下的牛乳也加進去攪拌均勻。

4 再次開中火,以鍋底不會燒焦的程度邊加熱邊攪拌。沸騰後將火轉小,大約煮 2 分鐘,直到變得濃稠為止。加入鹽和胡椒調味。

食材的處理方法 其他食品

麵類

義大利麵的美味關鍵在於烹調方式與火候控制，而且剛起鍋時品嘗最美味，因此烹調時間必須逆向回推。至於其他麵條的烹煮方式也有其訣竅，現在就讓我們來了解一下如何煮出麵條的好味道吧！

【義大利麵】

短義大利麵

通心粉（Macaroni）

筆管麵（Penne）

長義大利麵

寬麵（Fettuccine）
扁寬麵（Tagliatelle）

義大利直麵（Spaghetti）

義大利麵除了有細長型的，也有粗粗短短的，還有其他各式各樣的種類，我們常常聽到的 Spaghetti，指的是又細又長的義大利直麵。每種義大利麵的烹煮時間都不同，請依照包裝袋指示烹調。

川燙義大利麵（直麵）

在鍋裡放入適量的水煮沸，放入鹽（比例為熱水1L加鹽1/2大匙，圖例為2L的水）。

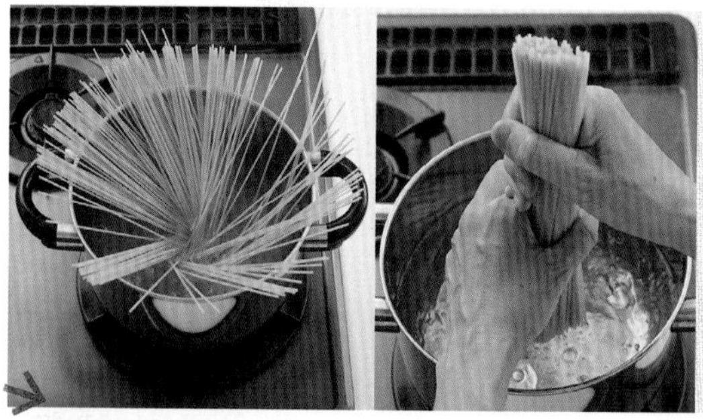

將義大利直麵抓好，從鍋子中央呈放射狀放入。

馬上用筷子將尚未入水的部分攪入熱水中。川燙過程中要不時攪動筷子，防止義大利麵黏在一起。當熱水再度煮滾後將火轉小，將火候調整至讓麵條可以在熱水中載浮載沉的程度。偶爾以筷子稍微攪拌。

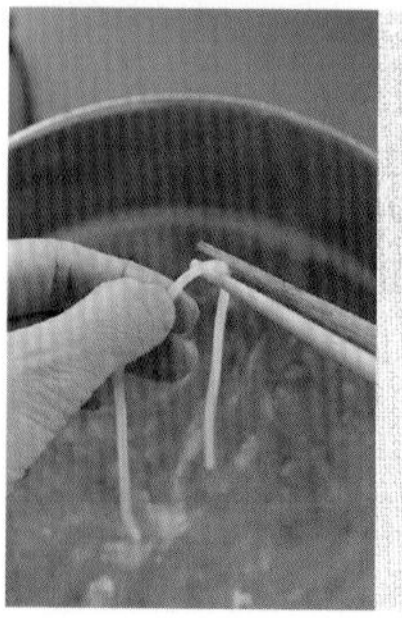

在麵條包裝袋所示的烹煮時間即將到達之前，抓起一根麵條，以手指試著捏捏看會不會斷掉。中心大約還留有一點白色的程度，就可以將麵撈起放進過濾網裡（如果在製作醬汁時需要使用熱水，就將燙麵的熱水留著）。

煮義大利麵的技巧——在熱水裡加鹽

- 煮義大利麵的時候，要在熱水裡加鹽。這個步驟不僅可以替麵條預先調味，還能讓醬汁比較容易被麵條吸附，使麵條變得較有嚼勁，並增添美味。熱水量約為義大利麵重量的 10 倍。
- 適當的烹煮程度為麵條切斷後中心還略殘留白色，呈現稍微硬的狀態（有嚼勁）。這樣的麵條狀態與剛煮好的熱醬汁拌炒後，就會變成容易入口且中心不會硬的狀態。因此烹煮醬汁和川燙義大利麵的時間要能互相配合。

【日本麵】

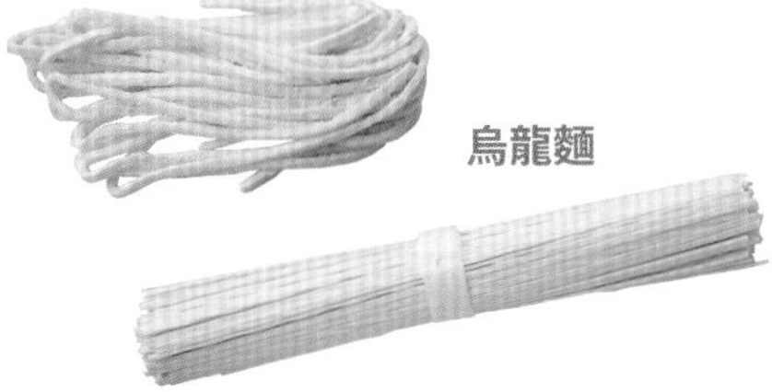

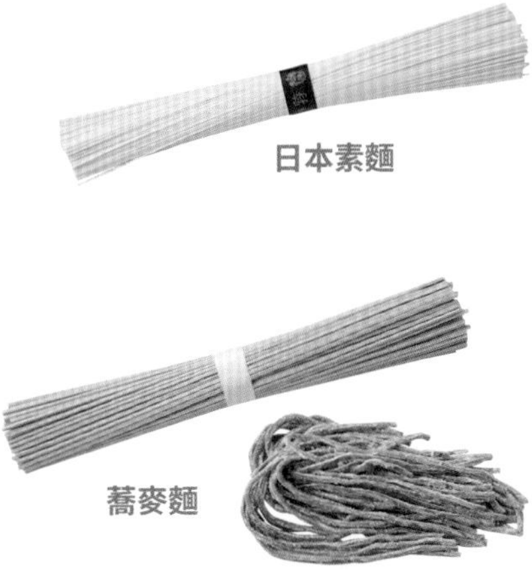

降溫食用更美味

蕎麥麵、烏龍麵等水煮麵，適合等料理溫度稍微降低之後再食用。煮麵祕訣是將麵條放進沸水後不要馬上拌開，稍微等一下。當麵條溫度上升後，會比較好拌開。

川燙日本素麵（蕎麥麵、烏龍麵煮法亦同）

在大鍋子裡放入適量的水煮沸。煮沸後，將麵條攤開放入鍋裡。如果有超出鍋子的部分，就迅速將其沉入鍋內。

攪動筷子，防止麵條黏在一起或黏在鍋底。將筷子插到鍋底再攪拌，麵條就不容易斷裂。

再次沸騰後，將火候調整至不會讓水溢出的程度（麵條會載浮載沉的程度，不要加水），在麵條包裝袋所示的烹煮時間即將到達之前，抓起一條麵條試吃，確認其軟硬度（在降溫食用時還能保有些微硬度）。

放進過濾網內，馬上沖水，將麵條上的黏液洗去（如果是日本素麵要以搓揉的手法沖洗）。沖洗要迅速，避免麵條吸水發漲，沖好後立刻撈起。

※若想加熱食用的話，將麵條沖水後，再放進熱水迅速加熱。

煮日本素麵的技巧——煮好後馬上沖水

- 熱水的量約為麵重量的 10 倍。由於熱水很容易溢出，因此要選用大一點的鍋子來煮麵。
- 煮好後，沖水將黏液洗去，可增添口感。
- 為了要能在煮好時立即食用，請事先將醬汁及調味料備好。

麵粉與太白粉

陰暗處或冷藏

[1個月]

由於粉類製品很容易吸附濕氣或味道，因此必須封好包裝袋口，再裝進密閉容器或食物保存袋中，置於陰暗處或冷藏室中保存。

【麵粉】

係指將小麥表皮或胚芽等去除後的胚乳部分磨成的粉類。蛋白質含量高的小麥可製成高筋麵粉，含量低的則可製成低筋麵粉。

※高筋麵粉使用於麵包或中式麵點類，低筋麵粉則用於一般料理或糕點。烏龍麵則是使用蛋白質含量中等的中筋麵粉製作而成。

【太白粉】

日本太白粉過去是利用片栗草根莖中的澱粉加工製作而成，因此又稱為片栗粉，現在則是以馬鈴薯的澱粉製成，而臺灣太白粉則多是以樹薯粉製作。

裹粉的訣竅

魚等食材要裹粉時，可以使用濾茶網過篩撒粉，這樣食材就能均勻沾上粉。不會變形的食材則可以和粉一起放進塑膠袋裡搖晃，使其沾粉。食材裹好粉後，趁粉還沒返潮前開始加熱烹調。

過篩的用處

製做糕點等需要使用大量麵粉的時候，可先用濾網篩去結塊。麵粉過篩還有一個好處，那就是透過搖晃讓空氣進入麵粉之中，麵粉在含有空氣的狀況下就可以輕易和其他材料均勻混合。

製作麵衣的訣竅

製作天婦羅麵衣（或其他需裹麵衣的炸物）或糕點時，為了能一舉成功，盡量不要過度攪拌麵粉。攪拌過度的話，麵粉的筋會斷裂，導致麵團變黏，最後會結成塊狀（照片是製作天婦羅的麵衣，麵糊略微攪拌過後的樣子）。

勾芡

勾芡通常是料理的最後一個步驟，為了能順利使用，請先調好太白粉水。但由於太白粉很容易沉澱，所以在倒入前要重新攪拌均勻。調製太白粉水時，原則上是將太白粉加上2倍的水來溶解，但可根據不同料理的需求來調整水量。

太白粉水倒下去後需立即攪拌。如果鍋裡的湯汁較少，請先關火，再將太白粉水倒入湯汁聚集處，並立即攪拌，就不易結塊。如果是在湯汁多的狀況下，不要關火，一邊攪拌，一邊讓湯汁再度沸騰。

炸物（不裹雞蛋）用粉

可以依照個人喜好使用太白粉或麵粉（大部分是低筋麵粉）。這兩種粉都可以讓剛炸好時的成品口感酥脆，使用太白粉的口感會比較清爽，而麵粉則較能讓成品長時間保持酥脆狀態。

海藻

【海帶芽】
又稱裙帶菜，大多是鹽漬品，或是乾燥成品（切割過的海帶乾）。

【海蘊】
多半以生海蘊、醋漬品或鹽漬品來販售。鹽漬海蘊的鹽含量會依據產品類別而有所不同，可參考產品的成分說明來泡開。

【和布蕪】
指海帶下盤葉狀層疊的部位，市面上可以買到其生鮮產品，也有調味醃漬過的產品。

【粗昆布絲（生）】
將生昆布，或是已泡發的昆布，以熱水煮過再切成細絲，通常在水產店可以買得到。

【細昆布】
將乾燥後的昆布切成細絲，一般使用於松前漬（北海道鄉土料理）等料理中。

【朧昆布】
將浸漬過釀造醋的乾燥昆布表皮刨削而成的產品。削到最後剩餘的中心部分稱為白板昆布，會使用在壓壽司等料理中。

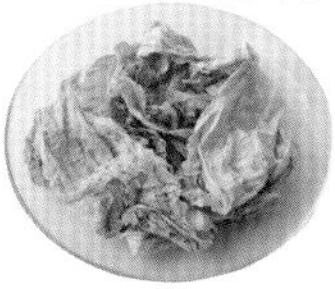

【山藷昆布】
將浸漬過釀造醋的乾燥昆布一層層重疊成為厚卷，再從側面刨削而成的產品。

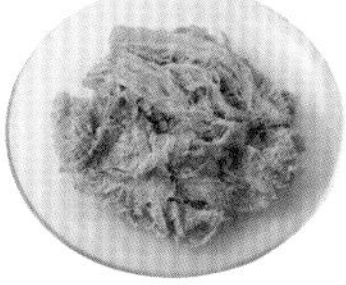

掌握泡發的狀況

鹽漬或乾燥的海藻泡發後體積會增加，增加幅度會因為產品而有所不同。從開始浸泡海帶時就要觀察變化情形，避免過度泡發。

確認鹹度

鹽漬海藻的鹽含量因產品而有所不同，所以泡發後務必要嘗一下味道，以確認鹹度。

海帶芽的泡發方法

首先，用水將鹽漬海帶芽的鹽分沖掉，然後約泡水 5 分鐘左右（含鹽量越高則浸泡時間越久，但泡太久口感會變差）。

如果是直接加入醋等調味料一起食用的話，要先將海帶芽過一下熱水，然後瀝除水分。海帶芽汆水後會變成綠色。

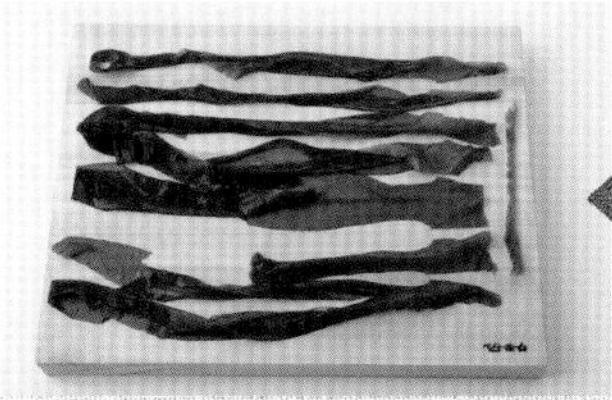

將海帶芽纏在一起的部分切開來，再切成方便食用的大小。如果煮太久，或是在醋裡靜置一段時間，顏色會變差。

乾貨

乾貨非常害怕濕氣，即使裝進瓶子、罐子、食物保存袋等處也要加入乾燥劑，並且密封，放在沒有濕氣的陰涼處保存。雖然也可以放在冰箱裡冷藏或冷凍，但因為取出時的溫差會產生濕氣，所以處理速度要快。一提到保存，一定要提醒你：由於長期存放會導致風味變差，以少量購買為宜。

【羊棲菜】

以海藻芽根莖製成的商品。

【乾瓢】

將瓜科植物的果實削成帶狀後乾燥而成。

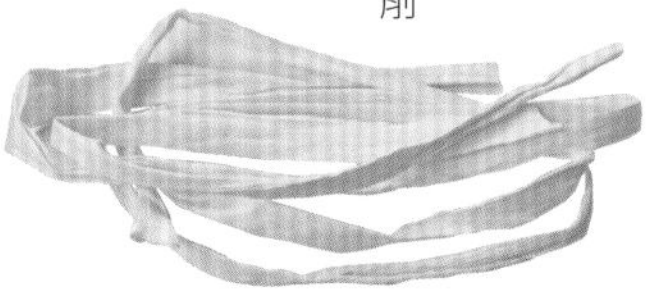

【海苔】

分成烤海苔和味付海苔。

冷凍

[4～5個月]

將整個密封袋放入食物保存袋內，置於冷凍庫。由於容易沾染濕氣，使用時只取要用的分量即可，並且要迅速密封好。

【乾香菇】

根據生長狀況的不同，形狀也有所不同。傘未開而菌傘肥厚的階段稱為「冬菇」，菌傘已展開的階段稱為「香信」。

延長保存時間的方法

乾香菇如果吸附到濕氣，菌傘裡面的顏色就會變成咖啡色，並損壞香氣。乾瓢容易發霉、長蟲，也易變色。如果想要長期保存，請放入冰箱冷藏或冷凍。

羊棲菜泡發的方法：加水泡發

將羊棲菜放入適量的水中，以攪拌方式清洗，除去髒汙後放進過濾網裡。

以適量的水浸泡清洗過的羊棲菜。羊棲菜芽泡 10 ～ 15 分鐘，長羊棲菜則需泡 20 ～ 30 分鐘（如果將過濾網一起放進水裡浸泡，羊棲菜脹起來後可能會堵塞過濾網的孔洞）。

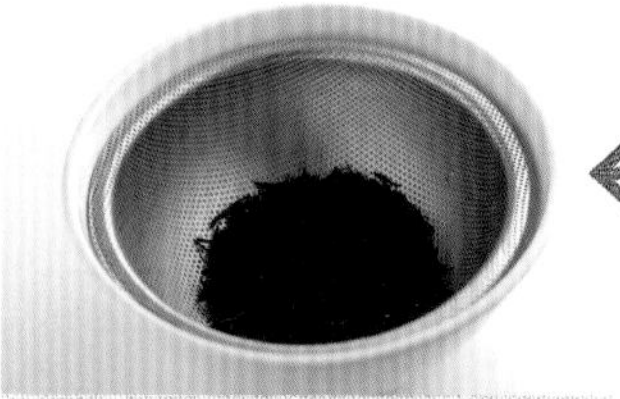

泡發後，體積與重量都會倍增，羊棲菜芽會脹到原先重量的 8 ～ 11 倍，長羊棲菜則為原本重量的 6 ～ 8 倍，因此要將長羊棲菜切成容易入口的大小，再進行烹調。

海苔的使用方法

海苔分為正面與反面。有光澤的一側為正面，而乾燥過程中留下模具紋路的一側為反面。在製作握壽司或海苔卷的時候，要將光澤面朝外。

海苔的計量單位為「1 疊」＝ 10 片。一般一片完整的海苔大小為 21x19cm。如果想做成細海苔卷，可以將長邊切半後使用。

烤海苔片

雖然海苔可以直接吃，但如果沾染上濕氣的話，可以將兩片海苔疊在一起，放在網子上直接火烤，海苔的正反兩面會因為火烤而變得酥脆。

乾瓢的泡發方法：加鹽揉捏，再水煮泡發

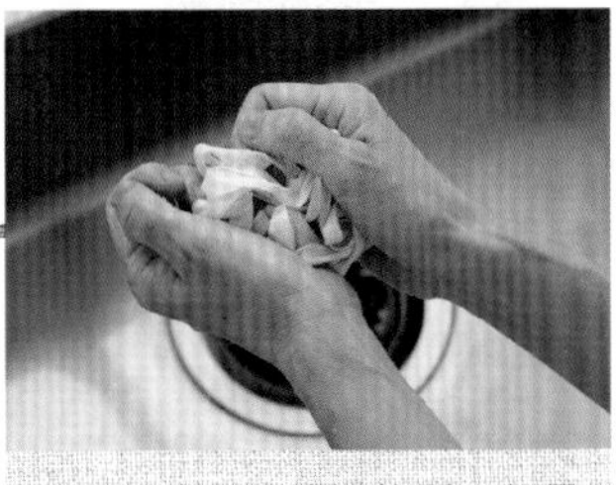

為了讓水可以滲透乾瓢，必須先加鹽揉過，使之變得柔軟。請先將乾瓢完全濕潤後，以 10g 乾瓢抹上 1/3 小匙鹽的比例仔細搓揉，再以清水洗淨。

放入鍋內，加入大約可以蓋過乾瓢的水量，開火，蓋上鍋蓋煮 5 ～ 10 分鐘。

取出一片乾瓢，利用手指確認乾瓢軟硬度。如果要用來做壽司，必須煮到快斷的程度。煮發的乾瓢重量大約是煮前的5～7 倍。

乾香菇的泡發方法：加水泡發

快速沖水後，加入清水泡發，水量大約是能夠看到菇頭的程度。將香菇的皺褶處朝下浸到水中，可以拿盤子之類的器皿加壓。泡香菇的水可以作為高湯使用。

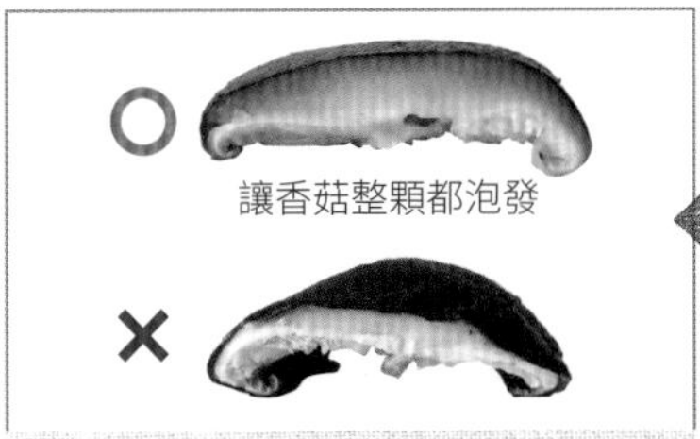

雖然每種香菇的泡發時間略有不同，但大約靜置 1 小時，就可以讓香菇裡裡外外都變得飽滿柔軟。急用的時候，可以用溫水泡發，但會溶出較多鮮味，因此建議可以連同泡發後的香菇水一起用於料理之中。

※ 也可以在烹調前一日將香菇泡水放進冰箱冷藏泡發，靜置一晚後使用，要在 4 ～ 5 日內使用完畢。

【日本乾燥蘿蔔絲】

將白蘿蔔切絲乾燥後的產品。

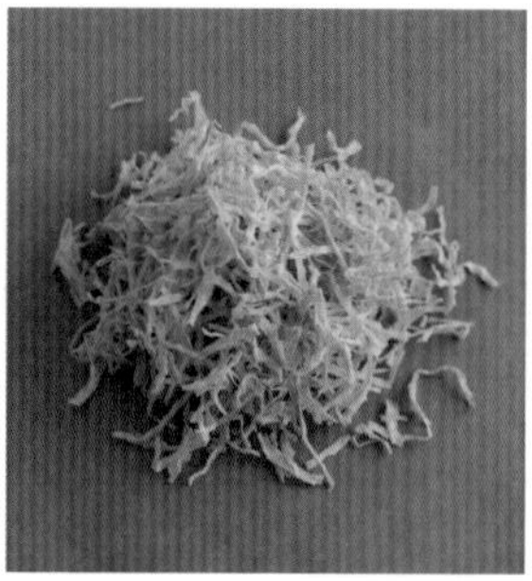

【凍豆腐】

將豆腐冷凍脫水再乾燥後的產品。

【芝麻】

分成烘焙過後的黑芝麻與白芝麻、利用烘焙芝麻磨成的芝麻粉，以及磨成糊狀的芝麻醬。

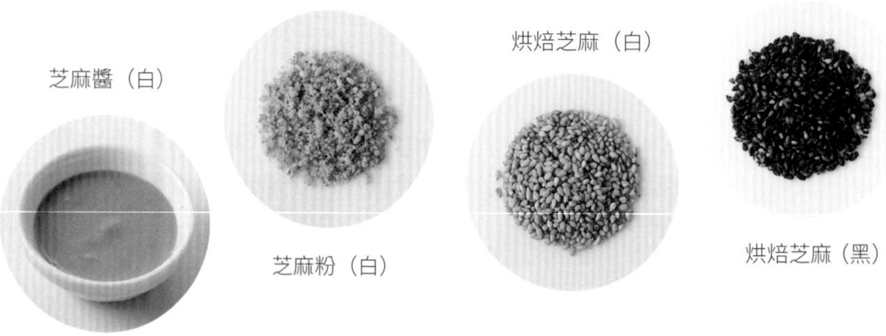

【麩（烤麩）】

麵粉和水加熱或燒烤製成的產品。

開封後的保存

日本乾燥蘿蔔絲會因為開封時間越久，顏色越來越深，味道也會變差，因此開封後要放到冰箱冷藏或冷凍為佳（冷凍後的乾燥蘿蔔絲加水即可泡開）。凍豆腐由於含有脂質，故容易酸化，開封後請盡早食用完畢。

日本乾燥蘿蔔絲的泡發方法：加水泡發

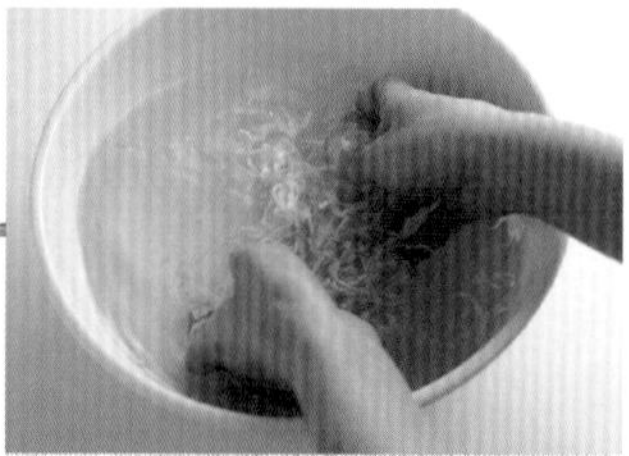

準備適量的水，放入日本乾燥蘿蔔絲邊攪拌邊清洗，去除髒汙後放到過濾網裡。

加入約可以看得到日本乾燥蘿蔔絲頂部的水量，靜置 10～15 分鐘泡發。泡發的水可以作為高湯使用。

以雙手將水擰乾。泡發後體積與重量大約是泡發前的 4～5 倍。

烤麩的泡發方法

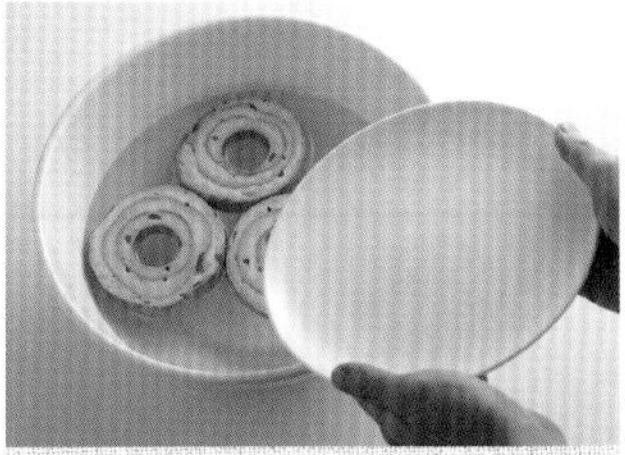

泡發方式與凍豆腐相同。小町麩等體積較小的麩，大約泡 2～3 分鐘；車麩一類較大的麩，大約要泡 20～30 分鐘。

凍豆腐的泡發方法：加水泡發

將凍豆腐放入適量的熱水中，大約浸泡 5～10 分鐘，可以用盤子等器皿加壓（泡發時間依包裝袋指示，也有些商品不需要泡發）。

以雙手按壓豆腐，將水分壓出來。

提升芝麻香氣的方法

加熱芝麻

芝麻經過短時間加熱，香氣會提高。加熱時不加任何油，直接放入鍋內，以最小火加熱。

切碎芝麻

將加熱後的芝麻切開，能夠讓香氣更提升。切芝麻的時候，可以在砧板上鋪上一塊布，再將芝麻剁碎，不僅芝麻不容易四散，也方便切好後將芝麻聚集在一起。

捏碎芝麻

與切開芝麻的目的相同，適合使用量比較少的時候。直接利用手指將芝麻捏碎來提高香氣，可以作為佐料放入湯裡，也可以撒在其他料理上。

磨芝麻的方法

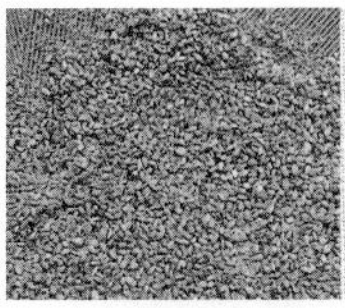

粗製

帶顆粒口感，可作為香辛佐料之用。

半粗製

將顆粒全部磨成均一大小的狀態，適合加在涼拌菜內。

芝麻粉

將芝麻磨到芝麻油都被磨出來的程度，可用來做芝麻豆腐。

趁芝麻還熱著的時候，利用研磨缽與研磨杵將芝麻磨碎。根據喜好與用途決定研磨顆粒的粗細。

單手輕輕朝研磨杵的頂端加壓，以頂端為支點，另一手握住研磨杵反覆地磨。

豆子

【紅豆】

有顆粒大的大納言紅豆、顆粒小的小紅豆等品種。

【豇豆】

經常被用來製作紅豆飯（由於一般紅豆外皮容易煮破，會讓人聯想到「切腹」，故用豇豆）。

【大豆】

大豆包括了毛豆、黃豆、黑豆，黃豆和黑豆只是表皮顏色不同，而毛豆則是尚未完全成熟的黃豆。大豆適合拿來烹煮或做成沙拉。

黃豆

黑豆

【其他各種豆類】

金時豆

白腎豆

紫花豆

豆子冷凍保存的方法

全部的豆子都可以在煮熟後放入冷凍庫保存。將豆子煮熟後，分裝成數小堆，以保鮮膜包覆，放入食物保存袋內，置於冷凍庫。保存期限約為 1 個月。

黑豆

材料

（容易製作的分量／全部 985kcal）

黑豆……150g

〈湯汁〉

水……800ml

砂糖……90g

醬油……1 大匙

料理用小蘇打粉……1/4 小匙

鹽……1/3 小匙

1 將湯汁的材料倒入不鏽鋼鍋或琺瑯鍋裡。將豆子洗淨，放到湯汁裡，在陰涼處靜置一個晚上。

2 1的鍋子放到瓦斯爐上，開火。煮滾後，將浮沫去除，轉至最小火（水面仍靜靜沸騰）。放入烘焙紙當作落蓋，半蓋鍋蓋。

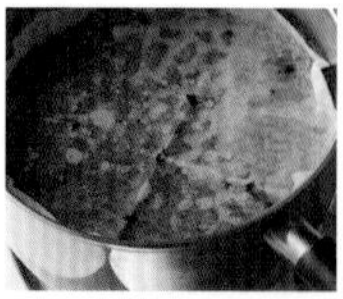

3 烹煮 5 ～ 6 小時。如果湯汁減少就再加水，以保持豆子能浸在湯汁裡的狀態烹煮（才不會產生皺褶）。

4 煮軟後關火，黑豆仍浸泡在湯汁裡，使其更加入味。

黃豆的煮法：浸水一晚再煮

將黃豆洗淨。準備大約黃豆 4 倍分量的水，將黃豆浸泡其中，待其充分吸收水分。春季～秋季的時候，約需泡 6～10 小時，冬天則需半天左右。試著切開一顆黃豆，如果剖面中心沒有出現空隙，即表示泡水完成。

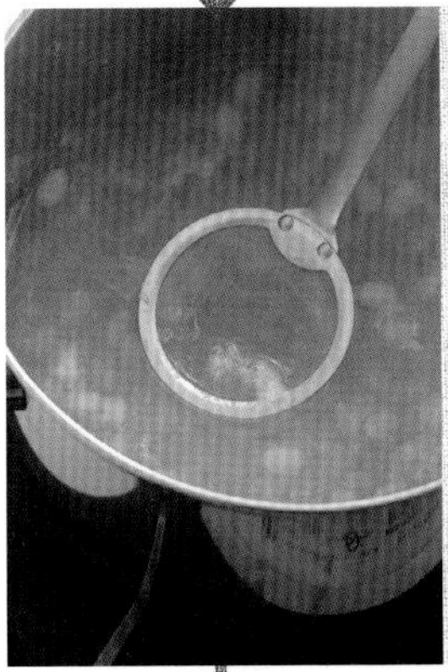

開火，調整至較強的中火，當整鍋黃豆和水煮滾後，將浮沫撈出，再以小火烹煮。由於黃豆很容易沸騰溢出，所以不要蓋鍋蓋（或者將鍋蓋蓋一半）。如果想要煮出不破的黃豆，可以用烘焙紙做成簡易落蓋，覆蓋在鍋裡，可以防止黃豆因為水滾而跳動。

為防止黃豆出現皺褶，要保持浸泡在水裡的狀態。煮的過程中，如果湯水變少，務必要加水。

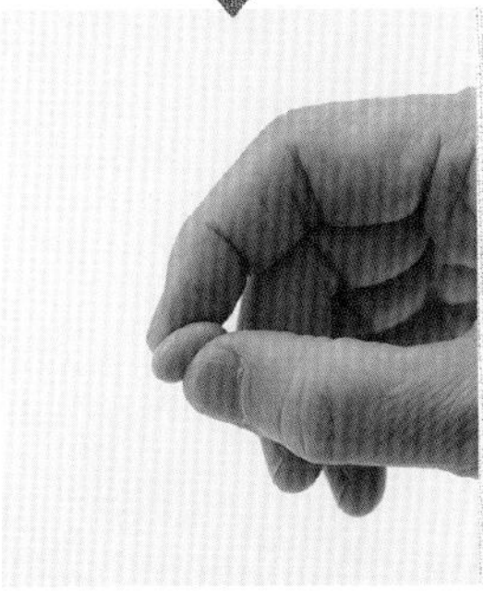

大約煮 1 小時～1.5 小時（根據豆子種類與狀態不同，烹煮時間也會有所不同）後，抓起一、兩顆黃豆確認。如果想要煮到軟，大約是以手指可以勉強捏碎的程度即完成（之後再進行調味）。

紅豆的煮法：馬上煮滾、去澀

將紅豆洗淨，放入鍋內，倒入適量的水，開火烹煮（乾燥過的豆子一般要浸泡後再開始煮，但紅豆不需浸泡）。

沸騰後再煮 2～3 分鐘，倒進過濾網，將湯水去掉。透過這個步驟可以去除浮沫與澀味（稱為「去澀」）。

將紅豆與適量的水一起下鍋，開火。關於水量的部分，如果要煮年糕紅豆湯，大約需要紅豆的 7 倍水量；煮紅豆飯則是 10 倍水量；要製作豆沙餡則是加入適量的水。

煮滾後轉小火，半蓋鍋蓋，約再煮 20 分鐘～1 小時，煮到喜歡的軟硬度為止。在煮紅豆的過程中，如果湯汁變少就再加水。

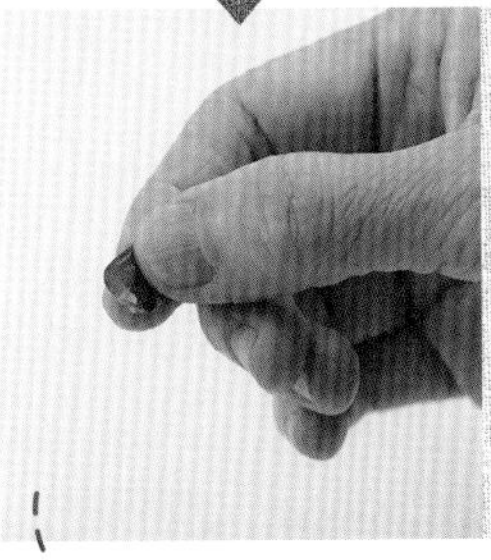

抓起一、兩顆紅豆，以指尖捏捏看，確認硬度。如果要做紅豆飯，必須有點硬度；如果要煮年糕紅豆湯或製作豆沙餡，則要煮到可以輕鬆捏碎的程度。

※製作年糕紅豆湯或豆沙餡時，要在煮滾後轉小火繼續烹煮，並將砂糖分成 2～3 次加入。

豆類製品

豆腐不僅食用方便，而且營養豐富，只要一點訣竅就可以煮得很好吃，尤其跟經常放在一起販賣的蒟蒻非常搭配。現在就讓我們來認識一下豆腐的處理方法吧！

【豆腐】

冷凍 [1個月]

豆腐雖然可以冷凍，但口感會變得如同凍豆腐一般。將豆腐去除水分後，切成一口大小，以保鮮膜包覆，放入食物保存袋內，置於冷凍庫。可以用來煮味噌湯等料理。

木棉豆腐

在豆漿裡加入凝固劑使其凝固，接著搗碎後裝進盒子裡，加壓擠出水分，並凝固成豆腐狀。

絹豆腐

在濃豆漿裡加入凝固劑使其凝固後的食品。

寄世豆腐

在製作木棉豆腐的過程中，尚未進入裝盒程序的產品，也就是還沒被塑形的豆腐。

填充豆腐（絹豆腐）

將凝固劑加進冷卻後的豆漿裡，再裝進容器內（密閉）加熱凝固而成的食品。

【豆漿】

將碾碎的黃豆加熱而成的乳狀飲料（無調整）。在豆漿裡加入甘味料與油脂等添加物即為成分調整豆漿。

【豆腐渣】

碾碎黃豆萃取出豆漿後的剩餘物。

冷凍 [2星期]

分裝成數小堆，鋪平後以保鮮膜包覆，放入食物保存袋內，置於冷凍庫。

【厚皮油豆腐】

將木棉豆腐的水分壓乾，以高溫油炸而成的食品。與薄皮油豆腐相比，厚皮油豆腐將皮炸得更厚，又可稱為酥炸油豆腐。

【油炸豆腐丸子】

將木棉豆腐絞碎，去除水分後，加入魚漿等材料混合油炸而成的炸物。

豆腐的去水方法

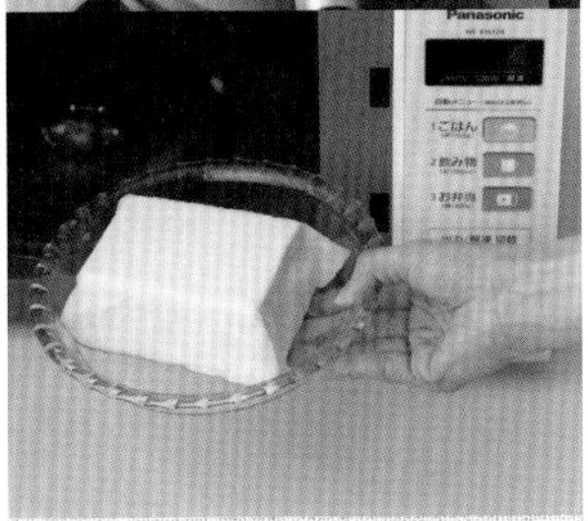

可用於麻婆豆腐、白芝麻和豆腐拌菜、煎豆腐、豆腐燒等料理

用於加熱烹調或必須盡快壓出水分的時候，可以採用下列方法：

A 將豆腐放入熱水裡煮，一煮滾就將水瀝掉。

B 以廚房紙巾包覆豆腐，約每 1/2 塊（150g）以微波爐加熱 1 分鐘（500W）。

可用於翻炒料理、燉煮料理、醬烤料理、炸豆腐等料理

如果只是要稍微壓出水分，可以將豆腐斜放於盤子上，靜置 5 ～ 10 分鐘。如果想徹底壓出水分，就將豆腐平放，以重物（盤子等器皿）壓住，並以廚房紙巾包住豆腐靜置吸附水分。

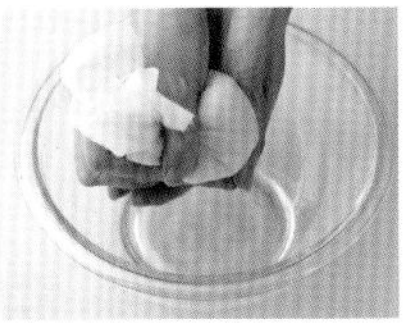

如果要做的料理即使豆腐變形也無妨時，可用乾淨抹布將豆腐的水分擰乾。另外，即使是涼拌豆腐之類的冷菜，也必須將豆腐快速煮過或加熱過。

豆漿不可過度加熱

豆漿一旦煮滾或過度加熱，蛋白質會產生變化而變得黏稠，因此食用前再加熱即可，並且以小火加熱為宜。

涼拌豆腐

如果想吃涼拌豆腐，必須事先準備好佐料。由於豆腐會出水，所以在上桌前才能放入佐料。

豆腐不可過度加熱

豆腐一旦過度加熱就會變硬，並出現孔洞。如果要作為湯品配料或湯豆腐，在加入豆腐後，要在湯汁沸騰前關火，避免過度加熱。

剩餘豆腐的保存方法

請將用不完的豆腐浸在大約足以蓋過豆腐的水裡，蓋上蓋子或包上保鮮膜，放進冰箱冷藏室保存。每天換水，在 1 ～ 2 天內使用完畢。

【油炸豆腐皮】

將木棉豆腐切成薄片後油炸而成的產品。名稱與種類繁多，也稱為薄皮油豆腐、壽司豆皮等。另外，還有像稻荷壽司皮那樣中間易於打開的類型，也有裡面滿是豆腐卻沒有開口的類型（手揚風味油炸豆腐皮）。

冷凍

[1個月]

將油炸豆腐皮脫油，以廚房紙巾吸去多餘水分，切成可馬上使用的形狀，分裝成數小堆，以保鮮膜包覆後，放入食物保存袋內，置於冷凍庫。

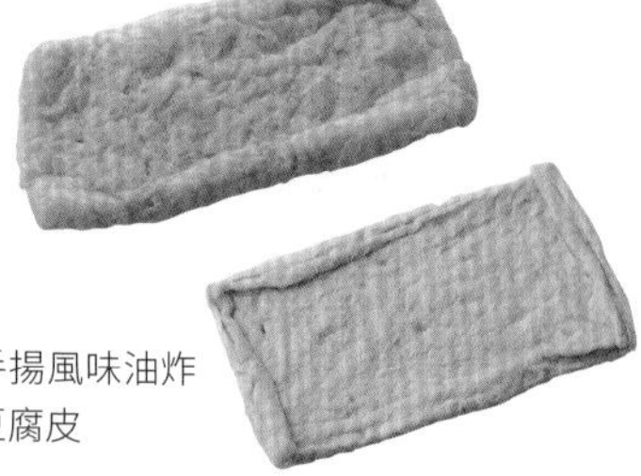

手揚風味油炸豆腐皮

油炸豆腐皮的開口方法

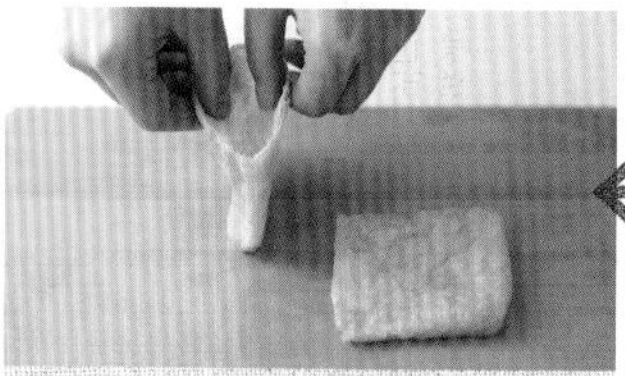

對半切，從切口慢慢將豆皮撐開呈袋狀。可以用來製作稻荷壽司，或是塞入食材做成煮豆腐包。

必須利用中間沒有塞滿豆腐的油炸豆腐皮來製作。在油炸豆腐皮上面放上料理筷，以雙手掌心滾動筷子，就會讓豆腐皮容易產生開口。

油炸製品的脫油方法

油炸製品在使用前須迅速汆水，可以除去多餘油脂與油味，並使其變得容易入味。如果油炸製品分量較多時，可改用鍋子川燙去油。

稻荷壽司

材料

（12 個／ 1 個 134kcal）

油炸豆腐皮（撐開呈袋狀）……6 片
溫白飯‥500g（米 1 又 1/2 杯的量）

A
- 高湯……200ml
- 砂糖……3 大匙
- 味醂……2 又 1/2 大匙
- 醬油……2 又 1/2 大匙

B
- 砂糖……1 又 1/2 大匙
- 醋……2 又 1/2 大匙
- 鹽……1/2 小匙

1 將油炸豆腐皮做成袋狀（參照上記做法）。

2 將豆腐皮脫油。在鍋內將水煮沸，將1疊放進鍋內，蓋上落蓋，約煮 3 分鐘（仔細將油除去後，可以讓豆皮變得容易入味）。將燙過的豆腐皮鋪放於過濾網內，將水分瀝乾。

3 在鍋內將 A 混合後，把2一片片放進去。蓋上落蓋，轉中火，大約烹煮 10 分鐘，直到湯汁幾乎收乾為止。

※將豆皮浸在湯汁裡靜置一段時間，可以更加入味。

4 在過濾網內將豆皮鋪開，讓湯汁自然滴落。

5 將 B 混合（壽司醋），拌入溫白飯內，拌成壽司飯（P.164）。

6 將壽司飯均分後輕捏，一一塞入4完成的豆皮裡。將油豆腐皮的開口稍微往外反折，可以較容易將壽司飯塞進去。

蒟蒻

冷凍
[1個月]
由於蒟蒻一旦經過冷凍，口感就會變得粗糙，因此要盡量切成薄片，也可以用在燉煮料理之中。將蒟蒻置於保鮮膜上鋪平後包起來，放入食物保存袋內，置於冷凍庫。

【蒟蒻】

將蒟蒻芋磨碎加入石灰烹煮，再經過層層步驟加工而成的食品。因為形狀緣故，也被稱為板蒟蒻。

※若以蒟蒻芋乾燥後的粉末製成的蒟蒻為白色。如果是從生蒟蒻芋開始製作，因為混入外皮，所以蒟蒻會變黑。也有加入海藻做成的黑色蒟蒻產品。

【白蒟蒻、蒟蒻絲】

將蒟蒻刨絲製作而成的食品。

讓蒟蒻易於入味

由於味道很難進到蒟蒻中心，所以要在表面多劃幾刀切痕，這樣也可以讓口感變得柔軟。

用手將蒟蒻撕成一口大小，取代菜刀切蒟蒻的步驟。用手撕蒟蒻的方式，可以讓蒟蒻的表面積增加，較容易沾附湯汁，如果用於燉煮料理時，可以讓蒟蒻變得容易入味。

去除浮沫

將蒟蒻切開後放入滾水之中，再度沸騰後倒在過濾網內瀝乾，就能去除浮沫與氣味。另外，市面上也有賣不需要去除浮沫的產品。

手綱蒟蒻的製作方法

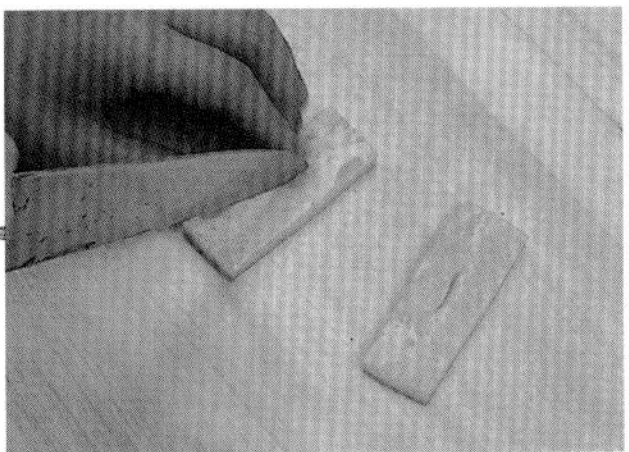

先將蒟蒻切成 7 ～ 8mm 的厚度，再以菜刀刀尖在中間劃一條 1.5cm 長的開口，如果開口過大，會使扭轉後的蒟蒻易於恢復原形。

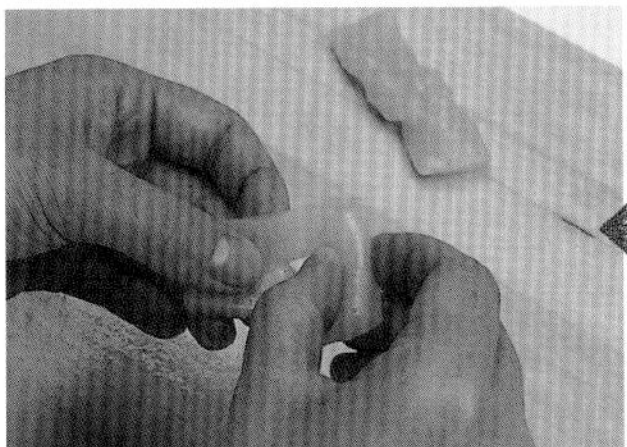

將蒟蒻的一邊塞進開口裡，並且扭轉（仿照騎馬的韁繩形狀，為日本武家社會的縮影，常見於年菜的燉煮料理之中）。

蒟蒻的保存方法

蒟蒻浸泡在水（鹼性水）裡可以保存較長時間，因此袋裝蒟蒻不要拆封。如果是用不完的蒟蒻，則可以浸在水中放入冰箱冷藏保存，約在 2 ～ 3 天內使用完畢。

醬料

以下為家庭料理之中經常使用的醬料，請試著品嘗看看，並參酌個人喜好來調整使用。

※範例為2人份料理的用量。

麵食沾醬與調和醬油

土佐醬油

用於生魚片、豆腐之沾醬。

醬油……………………1 大匙
酒……………………1/2 大匙
味醂…………………1/2 大匙
水……………………3 大匙
柴魚片………………2g

◆倒入鍋內混合，以小火稍微煮滾，拿來沾醬用（也可以微波爐加熱）。

這道沾醬的特徵是加入柴魚片製作，用來製作柴魚片的原料是鰹魚，而日本土佐是重要的鰹魚產地，因此這道沾醬便以此為名。

沾醬醬油1

用於冷麵、烏龍麵、日本素麵的沾醬。

醬油……………………2 大匙
味醂…………1 又 1/2 大匙
水……………………150ml
柴魚片………………3 ～ 5g

◆倒入鍋內混合，以小火煮 3 ～ 4 分鐘。

沾醬醬油2

用於溫蕎麥麵、烏龍麵的沾醬。

〈關東風味〉
醬油……………………2 大匙
味醂……………………2 大匙
高湯……………………600ml

〈關西風味〉
淡口醬油………………1 大匙
味醂……………………1 大匙
鹽……………………1/3 小匙
高湯……………………600ml

◆倒入鍋內混合，以小火稍微煮滾。

天婦羅沾醬

用於炸天婦羅料理之沾醬。

醬油……………………1 大匙
味醂……………………1 大匙
高湯……………………100ml

◆倒入鍋內混合，以小火稍微煮滾。

沙拉醬

法式沙拉醬

用於洋風沙拉料理。

紅酒醋…………………2 大匙
鹽……………………1/4 小匙
胡椒……………………少許
橄欖油…………………1 大匙

◆倒入料理盆內，以攪拌器混合。

※也可以加入芥末、乾香草。

中式沙拉醬

用於中式沙拉料理。

砂糖…………………1/2 大匙
醋……………1 又 1/2 大匙
醬油…………1/2 ～ 1 大匙
芝麻油………………1/2 大匙

◆倒入料理盆內，以攪拌器混合。

※還可加入蔥、薑、大蒜末或芝麻粉。

和風沙拉醬

用於日式沙拉料理。

醋……………1 又 1/2 大匙
醬油…………………1/2 小匙
鹽……………………1/4 小匙
沙拉油………………1/2 大匙

◆倒入料理盆內，以攪拌器混合。

※還可在醬油內加入剁碎的蔥、芝麻粉、柚子等。

調和味噌

辣味醋味噌

用於日式涼拌菜、涼拌魚肉。

砂糖……………………1/2 大匙
醋……………………1/2 大匙
味噌……………………1 大匙
芥末醬…………1/4 ～ 1/2 小匙

◆均勻攪拌混合。

味噌沾醬

用於醬拌蘿蔔、醬烤料理。

砂糖……………………1 大匙
味醂……………………2 大匙
味噌……………………3 大匙
高湯……………………2 大匙

◆倒入鍋內混合，轉小火，均勻攪拌混合。

調和醋

南蠻醋*

用於南蠻漬。

砂糖……………………1 大匙
醋……………………1 大匙
酒……………………1 大匙
醬油…………………1 又 1/2 大匙
紅辣椒（小口切）…………1/2 根
水……………………100ml

◆將水和調味料放入鍋內稍微煮滾，加入辣椒等待冷卻。

* 也可以在三杯醋裡加入辣椒和蔥製成。「南蠻」在日語中代表異國之意，因此從異國傳來的料理或醬汁有時會用「南蠻」二字來命名。

柚子醋醬油*

用於鍋物、日式涼拌菜。

醬油……………………1 大匙
柑橘類果汁 **…1/2 ～ 1 大匙
味醂……………………1 大匙

◆將材料全部混合。

* 源自於荷蘭語中柑橘類的果汁，主要是利用果汁的酸味，而非香氣，與醬油融合後形成獨特的風味。

** 包括檸檬、臭橙、柚子等。

三杯醋

用於一般醋醃醬菜。

醋……………………1 大匙
醬油 *…………………1 小匙
味醂……………………1 小匙
高湯……………………1 大匙

◆混合。

* 由於涼拌菜多半已加鹽，因此要掌握好三杯醋、二杯醋的含鹽量（包括醬油和鹽）。

二杯醋

用於魚貝類涼拌菜。

醋……………………1 大匙
醬油……………………1 小匙
鹽……………………1/6 小匙
高湯……………………1 大匙

◆混合。

※ 二杯醋是酸味加鹽味兩種味道的醋，三杯醋則是酸味加鹽味和甜味三種味道的醋。沒有甜味的二杯醋和魚貝類非常搭。高湯可以讓整體味道變柔和。

壽司醋*

用於壽司飯。

醋……………………50ml
砂糖……………………2 大匙
鹽……………………2/3 小匙

◆混合。

※ 此量可以用來攪拌兩杯米煮成的飯量（約 600g）（P.164）。

甜醋

用於甜醋醃漬菜。

砂糖……………………1 大匙
味醂……………………1 大匙
鹽……………………1/8 小匙
醋…………………2 又 1/2 大匙

◆混合。

香辛料

香辛料的用途主要有三：增添香氣、上色和增添辣度。如果希望能將香辛料的特點好好發揮，就要將香辛料放入密閉性高的容器內，並置在陰暗處或冰箱冷藏保存。

使用量

香辛料用量會受到個人喜好的影響，如果是第一次使用的香辛料，請以食譜為基礎，再稍稍減少用量。

※ 香辛料底下的料理為示意圖（以下同）。

使用時機

香辛料的香氣會根據使用時機而有不同的效果。一般而言，如果用在預先調味，可以蓋過肉類和魚類的腥味；若是在烹調過程中使用，可以引出溫和的香氣；如果在完成後才加入，會使香氣較顯著。

留意濕氣

如果在鍋子上方直接打開香辛料的瓶子，容易使香辛料沾染濕氣，因此要添加香辛料到烹調中的鍋裡時，請先將香辛料倒入小碟子或手裡，再加到鍋中。

與食材的契合度

披薩（番茄和起司）裡面會加入牛至和羅勒。蘋果裡面會加入肉桂和丁香。高麗菜會加入葛縷子。馬鈴薯會加入迷迭香。鰻魚則是和山椒非常相稱。

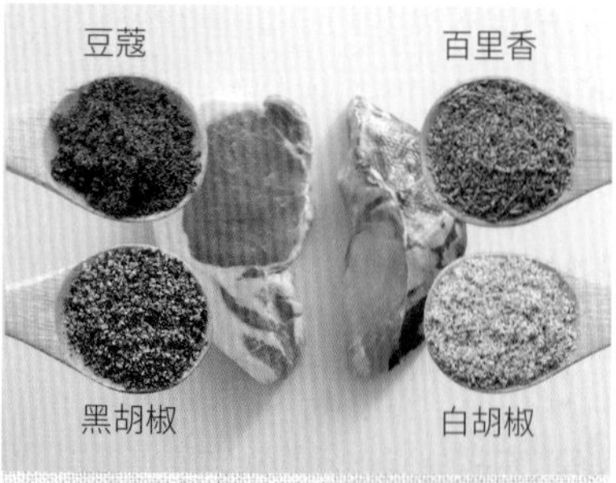

香辛料與食材具有所謂的契合度。肉類的話，可以加入黑胡椒、大蒜、豆蔻、丁香、鼠尾草；魚貝類的話，適合加入白胡椒、月桂葉、百里香、巴西里等。另外，由於黑胡椒是利用尚未成熟的果實乾燥而成的產品，白胡椒則是利用全熟果實乾燥後去皮而成的產品，因此白胡椒的風味比黑胡椒稍微弱了一點。

香辛料的用途

薑粉　純辣椒粉　黑胡椒顆粒　芥末醬

具有辣味效果的香辛料很多，辣度也各有千秋，例如日本的純辣椒粉與右側圖片中的辣椒粉（韓國辣椒）相比，日本純辣椒粉的辣度要更勝一籌。

甜椒粉　辣椒粉　薑黃粉　番紅花

香辛料可以增添香氣、辣度，甚至還具有上色的效果，例如薑黃粉和甜椒粉都可以在油脂裡充分溶解和發色。

顆粒與粉末的區別

牛至（片狀）　孜然（粉末）　甜椒粉（粉末）　黑胡椒（粗製）

顆粒經過研磨後會變成片狀、粗製、粉末等。顆粒越細越容易瞬間產生香氣，但香味也容易散掉。粉末細的香辛料可以在剛做好料理時撒上，容易產生香氣，也很適合用在預先調味的時候。

顆粒丁香　孜然　月桂葉　顆粒黑胡椒

同一種香辛料還可以分成顆粒狀與粉末狀。越接近原形（顆粒）越不容易散發香氣，多半在烹調剛開始時就加入，然後慢慢讓它顯露出香氣。

混合香辛料

辣椒粉　五香粉　七味粉　葛拉姆馬薩拉

五香粉（由八角、肉桂等香料製成）來自中國，葛拉姆馬薩拉（由胡椒、孜然等香料製成）源自印度，辣椒粉（由辣椒、牛至等香料製成）來自中南美洲，七味粉則是日本的混合香辛料。

黑胡椒　薑黃粉　紅辣椒　孜然

因應料理與用途的不同，也有數種香料組合而成的混合香辛料。咖哩粉是由圖中的香辛料再加上數十種的香料融合而成，以印度的混合版本為發源，再擴展到西班牙與日本。

山葵粉與芥末粉

山葵和芥末雖然都有研磨成粉狀的產品，但有時也會將山葵粉或芥末粉溶解後再使用。方法很簡單，只要在粉末裡加入少量溫水，就能調製出適合的口味。如果要帶出辣度，可以用大約 40° C 的溫水為佳，熱水則會產生反效果（生山葵用法請參照 P.85）。

芥末與芥末醬

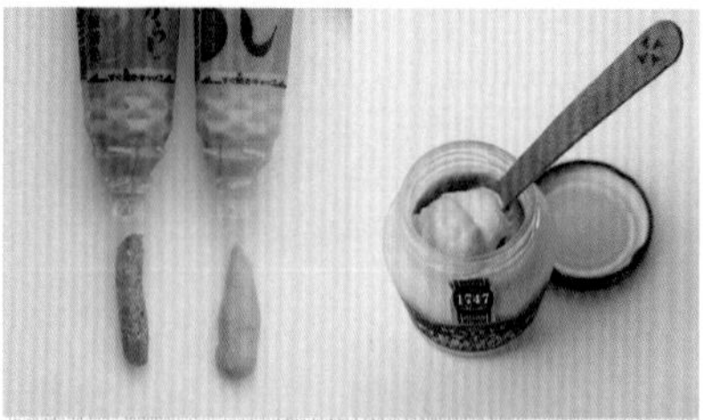

芥末的原料是來自芥菜類，主要分成日式芥末與西式芥末，日式風格的味道較辣。根據混合的成分不同，辣度和味道、色澤等也會有所不同。芥末醬主要以西式芥末為主體，加入醋和調味料製作而成，辣度溫和。

顯色要訣

梔子果（左）可以將金團等食材染成黃色，只要將果實對半切開放進茶袋，與地瓜等食材一起煮，就會產生染色效果。將番紅花（右）放在一般清水或溫水裡靜置 20 分鐘，顏色就會溶於水中，便可以拿來使用。那是因為它們都具有水溶性的特質。

長期保存的方法

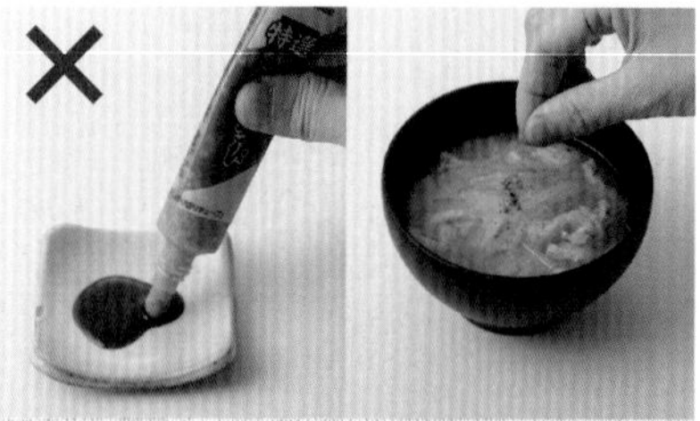

要將市售山葵醬或芥末醬倒進碟子裡與醬油調和的時候，軟管口要避免碰觸到醬油。想在料理上撒入七味粉和花椒粉的時候，要先倒在小碟子或手上再撒。如果在有水蒸氣的料理上方開瓶撒粉，很容易就會使香辛料沾染濕氣而變質。

紅辣椒乾的使用方法

紅辣椒乾的辣度會隨著加熱時間增長而增辣。如果想要降低辣度，就要最後再加入。另外有一種紅辣椒被稱為「鷹爪辣椒」，是日本品種。

紅辣椒乾經常會泡發後去籽使用。將紅辣椒乾浸在一般清水或溫水中泡發，再把蒂頭切開，在水中擠出辣椒籽。如果直接用油翻炒乾燥的紅辣椒乾，紅辣椒的籽會從切口飛出來。

烹調的基本方法與秘訣

煮飯

雖然只要按下電子鍋開關就能夠煮飯了，但如果能夠掌握米與水的關係，並了解煮一鍋好飯的過程，相信日後無論利用何種工具，你都能輕鬆煮好飯。

米的計算方法

●米的容量以「合」為單位。1合*＝180ml＝量米杯1杯。「合」是過去的計量單位，現在幾乎都以電子鍋或米缸的刻度作為測量標準。

●1合米重量為150g，大約可以煮成330g的白飯，相當於兩碗茶碗（即飯碗）之多。

*大部分的「料理用量杯」1杯＝200ml，但「量米杯」1杯＝180ml，請留意。

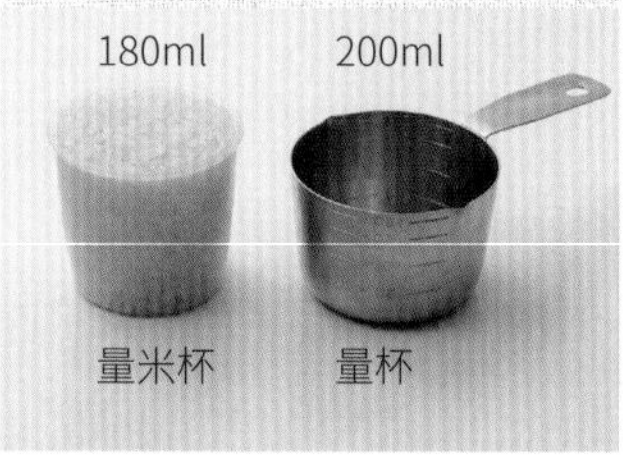

米和飯的保存方法

米的新鮮度

稻米碾成白米之後，其美味會隨著時間而越來越淡，因此請購買可以在1個月內使用完的分量。

米的保存方法

舊米或沒有殘留米糠的米，請置於清潔、乾燥的容器內，並放在沒有濕氣、低溫的場所保存，夏天時也可以放到冰箱冷藏。

白飯的保存方法

先分裝成數小堆，再置於冷凍庫保存（約可保存3星期）。使用時以微波爐解凍即可。如果長時間將白飯放在冰箱冷藏，澱粉性質會改變，美味也會流失。

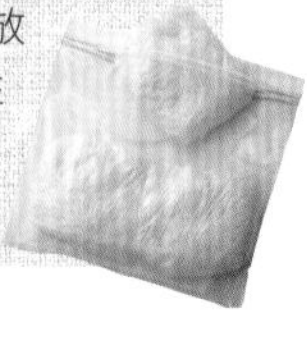

白飯的煮法

洗米

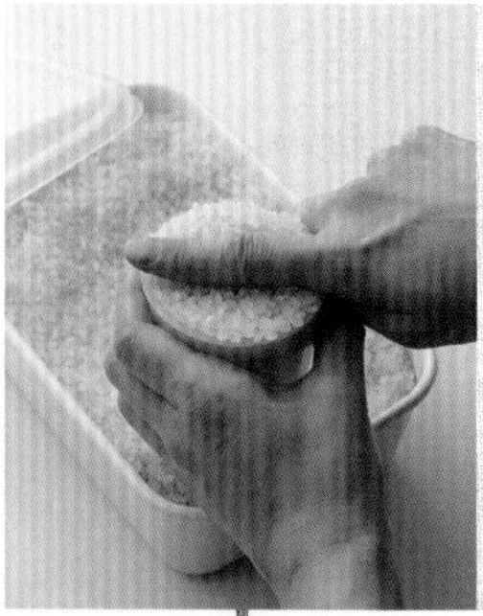

量米

用量米杯來計量。將超過量米杯的部分去掉，杯內的米則倒入洗米盆裡。

初步快速洗掉米糠味

加入適量的水後快速攪拌米，並且馬上將水倒掉。由於米會迅速吸收最早加入的水，因此要趁早倒掉，以免沾上米糠的氣味。

換水掏洗

利用掌心快速掏洗白米（掏洗次數＝1杯米大約淘洗10次左右）。

反覆沖洗

快速沖洗米，然後將洗米水倒掉，反覆這個動作3～4次（從開始淘米到完成約2～3分鐘）。

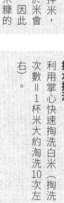

用陶鍋煮飯

泡水
將淘好的米放到陶鍋內，加入米量1.1～1.2倍的水，浸泡30分鐘以上。

煮
開火，以中火～微小火約煮10分鐘，使之沸騰。

※如果是利用較有厚度的陶鍋煮飯，要持續沸騰4～5分鐘，再轉小火煮15分鐘。

等到確定鍋蓋上的孔洞開始大量冒出蒸氣（如圖），轉小火約煮10分鐘。

悶→攪拌
關火，保持蓋上鍋蓋的狀態，悶10分鐘。當悶飯步驟完成，將整鍋飯拌勻。

用電子鍋煮飯

設定電子鍋
將洗好的米放進電子鍋內，配合刻度加入適量的水。

煮飯過程分成「泡水」、「煮」、「悶」三步驟。一般只要按下電子鍋開關，這三個步驟就會自動進行微妙的溫度調節，以縮短煮飯時間。

煮飯（泡水→煮→悶）
按下開關。

攪拌
當悶飯步驟完成，飯就煮好了，此時可將整鍋飯拌勻。

煮飯技巧再升級

學會了基本的煮飯法，現在要來進階學習壽司飯、粥等米料理的製作方式，讓你的煮飯技巧日益精進。

壽司飯

材料

（4 人份）

米……量米杯 2 杯（360ml）
水……360ml
昆布……5cm
酒……1 大匙
壽司醋…（醋 50ml、砂糖 2 大匙、鹽 2/3 小匙）

也可以利用料理盆來拌壽司飯，圖片中盆內約為 1 ～ 2 杯米製作而成的壽司飯。

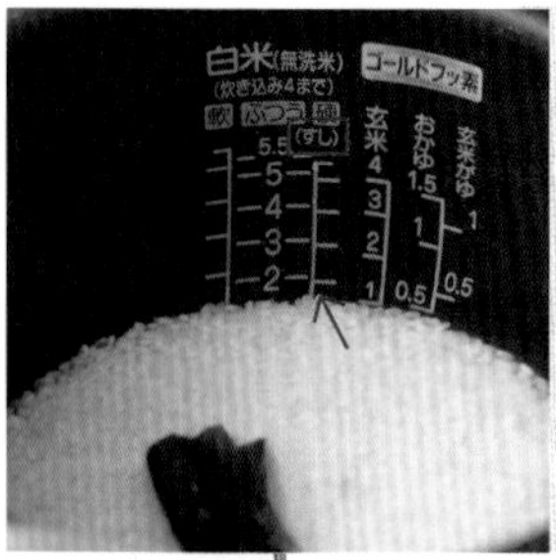

將淘好的米與昆布一起泡在適量的水中（可參照電子鍋壽司飯刻度），靜置30分鐘以上，再加入酒一起煮成米飯。將壽司醋準備好。

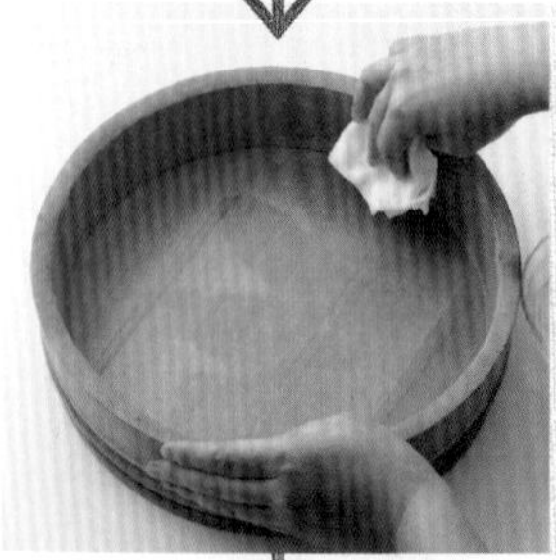

準備少量醋水（醋和水以相等比例混合），以乾淨抹布沾取醋水擦拭壽司桶（如果是利用料理盆拌壽司飯，則不需要這個步驟）。

飯煮好後，將昆布拿開，把米飯放進壽司桶裡，再將壽司醋沿著飯杓倒入米飯內，靜置5秒。

用飯杓將飯與醋攪拌均勻，並讓水蒸氣發散。
※飯量較多的時候，可拿扇子搧風，能加速水蒸氣的發散，米飯也會較有光澤。

飯與水量的關係

白米	米 1 杯（180ml）	水量 200 ～ 215ml ※ 米量的 1.1 ～ 1.2 倍 / 無洗米的水量為每 1 杯米再追加 1 ～ 2 大匙的水量
壽司飯	米 1 杯（180ml）	水量 180ml ※ 與米量相同
日式炊飯	米 1 杯（180ml）	水＋液態調味料共為 200 ～ 215ml

白飯（一般米飯）

- 如果是煮一般白米飯，水量是米量的 1.1 ～ 1.2 倍（＝電子鍋刻度）。
- 由於無洗米沒有雜質和米糠殘留，若以一般量米杯取米，會取到比普通白米更多的量，因此需要追加水量（每 1 杯米要追加 1 ～ 2 大匙）。如果沒有無洗米專用量杯，就按照電子鍋的無洗米刻度標示來放水。

壽司飯

由於煮好後要加入壽司醋，因此要煮得稍微硬一點。

日式炊飯

如果是使用電子鍋製作，水量及調味料加入的時機，請依照各款電子鍋之說明書。

微波爐煮紅豆飯

●也可以使用電子鍋來煮紅豆糯米飯或紅豆飯，但不是每一款電子鍋都具有浸水機能，所以實際烹煮方法請參照各廠牌電子鍋說明書。

●如果只要煮 1～2 杯米量的飯，也可以使用微波爐來輕鬆製作，但微波爐煮出來的飯有一個缺點，就是久放會變硬。

材料

（2 人份）

糯米……量米杯 1 杯＝ 1 合（180ml）

A 紅豆飯用紅豆（市售水煮）……約 30g

A 紅豆飯用紅豆的湯汁＋水（根據商品標示）……180ml

※A 也可以使用 P.151 的水煮紅豆與紅豆水。

1 由於糯米很容易裂開，所以清洗動作要輕柔，洗好後放入耐熱容器內，倒入 A，靜置 1 小時。

2 用保鮮膜輕輕包住容器，放進微波爐加熱。過程中，需兩度將紅豆飯取出攪拌，防止受熱不均。加熱完成後，別急著拆保鮮膜，讓紅豆飯悶 1 分鐘。

加熱時間基準（500W）

1 杯量……約 6 分鐘＋ 3 分鐘＋ 3 分鐘

2 杯量……約 8 分鐘＋ 4 分鐘＋ 4 分鐘

日式飯糰

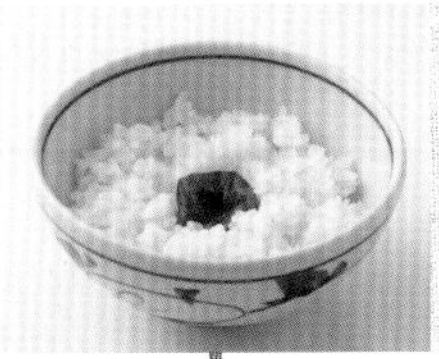

利用茶碗裝飯（會比較好調整飯糰形狀），再將配料塞進米飯中央。

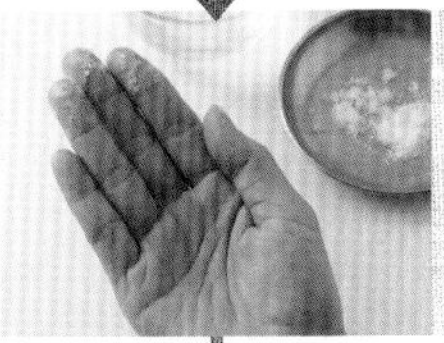

雙手輕輕碰水，用兩三根手指取鹽，抹滿整手。

將米飯由茶碗倒入手中，捏成飯糰。

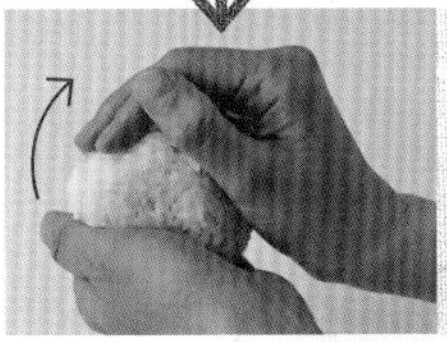

如果要捏成三角形，可以利用手心與手指間的角度，一邊變換方向，一邊調整。

陶鍋粥

1 將淘好的米與水倒入陶鍋內（由於粥煮沸後容易溢出陶鍋，所以米和水的量約為陶鍋容量的六成為佳），靜置 30 分鐘。

2 蓋上鍋蓋，開中火，大約煮 10 分鐘，使之慢慢沸騰。

3 當鍋蓋的孔洞冒出大量水蒸氣時，轉小火，攪拌整鍋（這個動作可以防止燒焦）。

4 蓋上鍋蓋，以產生些微水蒸氣的狀態熬煮約 40 分鐘。如果快要沸騰，就將鍋蓋稍微打開一點。

粥的名稱與米和水量比例

日本形容粥的軟爛度有七分粥、五分粥、三分粥的說法，數字越小表示越軟爛。

米：水

三分粥＝ 1：15

五分粥＝ 1：10

七分粥＝ 1：7

全　粥＝ 1：5～6

※ 以七分粥為例（1 人份），材料如下：

米……50ml（40g）

水……350ml

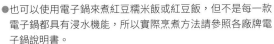

熬製高湯

利用肉類、魚類、蔬菜、海藻等食材熬煮出來的美味湯汁即為「高湯」。在和風料理當中，高湯的主要材料為昆布、柴魚、雜魚乾等，尤其柴魚高湯更是家家戶戶普遍使用的料理高湯。

昆布高湯

昆布擁有高雅淡泊的香氣，其高湯通常會用在湯豆腐、茶碗蒸、日式涼拌菜之中。

材料（約可製做出 350ml 高湯）

水……400ml
昆布……3 ～ 8g（3 ～ 8cm）

❶以乾淨抹布擦拭昆布，除去表面的沙子與髒汙。白色粉末是美味所在，千萬不要擦掉囉！

❷在鍋子裡倒入足量的水，將昆布浸泡在水中 30 分鐘，待美味溶於水中。

❸開小火熬煮，當湯汁開始滋滋作響、出現泡泡，表示即將沸騰，請取出昆布。

和風高湯的主要材料

昆布

製作高湯用的昆布厚度較厚（「早熟昆布」是蒸過一次的未成熟昆布，因此無法熬出美味高湯）。置於陰涼處保存即可。

混合柴魚片

由鰹魚、鯖魚、竹筴魚等混合而成。如果純粹是由鰹魚製作出來的柴魚片，風味較為高雅。小包裝的薄柴魚片和柴魚絲片香氣較弱。保存方式為置於密閉容器內，放入冰箱冷藏或冷凍。

雜魚乾

雜魚乾是利用沙丁魚的幼魚烹煮後乾燥而成。保存方式為置於密閉容器內，放入冰箱冷藏或冷凍。記得冷凍前要先去除魚頭和內臟。

雜魚乾高湯

雜魚乾高湯具有魚類的鮮味，可用於味噌湯、燉煮料理之中。

材料（約可製做出 350ml 高湯）

水……400ml
雜魚乾……10 ～ 15g

❶由於雜魚乾的頭部和內臟（靠近頭部的黑色部位）有苦味，要先除去，再將身軀縱向切成兩半。

❷在鍋子裡倒入足量的水，放入雜魚乾靜置約30分鐘，讓鮮味溶出。

❸開中火，沸騰後轉至小火，撈出浮沫，煮2～3分鐘後關火。利用過濾工具或濾網將雜魚乾濾除。

柴魚高湯

柴魚高湯的風味淡雅，可運用的範圍很廣，例如清湯、味噌湯、烏龍麵沾醬、燉煮料理都適用。

材料（約可製做出 320ml 高湯）

水……400ml
柴魚片……4 ～ 8g

❶在鍋子裡倒入足量的水，開火，待沸騰後放入柴魚片。

❷再度沸騰後關火，靜置1～2分鐘。

❸使用過濾工具或濾網過濾，將濾出的柴魚片去掉（如果想要汲取清澈高湯，可在過濾器具上鋪上廚房紙巾）。

熬出高湯之後……

●最初熬出的高湯稱為「第一高湯」。以用過的柴魚片等材料再熬一次的高湯，稱為「第二高湯」，可用於燉煮料理和味噌湯之中。

●熬出高湯後的柴魚片可以用微波爐來乾燥，和芝麻混合後可以撒在飯上。昆布和雜魚乾則可以當作燉煮料理的配料。

昆布與柴魚高湯

昆布加上柴魚可以讓高湯的美味更上層樓，適用於清湯和日式涼拌菜。

做法很簡單：在製作昆布高湯的❸中加入 3 ～ 5g 的柴魚片，然後接著以柴魚高湯的步驟進行，便能製作出昆布柴魚高湯（約 280ml）。

使用少量柴魚片製作高湯

如果只想要熬出少量柴魚高湯時（2～3大匙），可以如下製作：以1g柴魚片與50ml水的比例來調配，將其放入鍋內煮30秒，或以微波爐加熱（500W）1分鐘，再以茶袋過濾即可。

高湯的保存方法

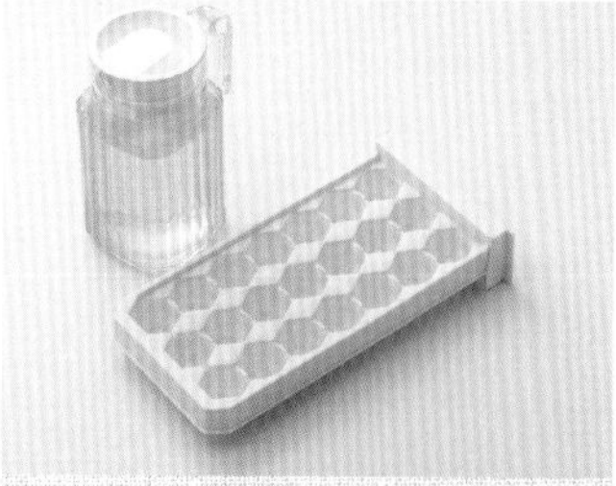

熬好的高湯可以在冰箱冷藏保存1～2日，也可以冷凍保存（放入製冰盒冷凍後裝進食物保存袋內，約可保存2星期）。

特別專欄

便利的市售高湯與味素

洋食與中華料理中的高湯

製作洋食或中華料理時經常會運用到高湯，由於製作高湯相當費時，如果時間不允許，也可以利用高湯包（Soup Stock）或味素來代替熬煮的高湯。除了高湯包之外，市售高湯相關商品還有雞湯粉、肉湯粉、高湯罐頭等不同的型態，它們的使用方式都差不多。

味素的種類與用途

製作味素的主要原料為牛肉與雞肉，以牛肉為原料的味素適合用在想要帶出肉質鮮味時，而雞肉味素則適合用在雞肉料理或想創造清爽風味時。在中華料理之中，經常使用雞骨來熬製高湯，因此中華風味的味素通常以雞肉為基底。

使用即溶高湯的要點

即溶高湯是以柴魚、昆布等材料提煉、濃縮而成的產品，由於在製造過程中常會加入鹽或其他調味料，因此要確認產品標示，並試過味道後再添加。

味素的形狀與用途

味素的形狀可分成塊狀、顆粒與糊狀。塊狀味素通常以一整顆為使用單位，常用於燉煮料理。顆粒與糊狀的味素則便於少量使用，而且容易溶化，因此也適用於翻炒料理。

以高湯烹製味噌湯

味噌湯會受到食材風味所影響，為了提升味噌湯的味道與香氣，烹調時使用的高湯多以柴魚和雜魚乾製作而成。

材料（2 人份）

高湯 *……………………………………………300ml
味噌……………………………………1 ～ 1 又 1/2 大匙
喜歡的配料…………………………………2 ～ 3 種
佐料……………………………………………少許

* 如果烹煮配料需要花較多的時間，擔心高湯會蒸發，可以多放一點。

用高湯煮配料

先製作喜歡的高湯口味（→ P.166 ～ P.167），再放入配料，開火。

溶解味噌

配料煮好後，加味噌。將味噌放在容器裡，加入一點鍋內的高湯，待味噌溶化後再倒進湯裡，如此一來會比較容易均勻溶於湯中。

添加佐料

為了避免味噌美味流失，要在快煮好之前關火。盛到碗裡，再添加佐料。

美味味噌湯的製作要領

趁剛煮好時享用

剛煮好的味噌湯是香氣最濃郁的時候，因此要配合食用時間製作。

放入兩種以上的配料

放入兩種以上的配料可以讓香氣更豐富，像是豆腐與海帶芽、白蘿蔔與油豆腐、馬鈴薯和洋蔥等。

添加佐料

最後加入七味粉等香料可增添香氣，並能帶出鮮味。若能使用當季食材作為配料與佐料，更能凸顯季節風味。

速配的佐料

適合用於味噌湯的佐料有七味粉與辣椒、花椒粉、蔥、胡椒、芝麻、木之芽（春天山椒嫩芽）、茗荷（夏天）、柚子（冬天）等。

味噌的種類

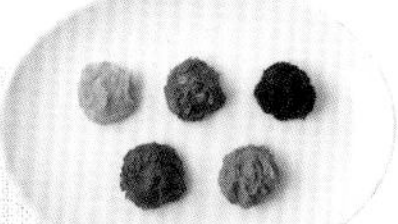

根據原料與做法的不同，味噌分成許多種類，味道也各有不同。一般經常使用的是以米麴作為原料的「赤味噌」（如仙台味噌等）與「淡色味噌」（如信州味噌等），另外還有「白味噌」（如西京味噌等），其主要特徵為具有甜味。鹽含量因產品而異，請確認標示。除了以米麴作為原料的米味噌，另外還有麥味噌和豆味噌，請根據個人喜好選用。

擬定菜單和烹調計畫

創作料理最需要的就是創造力，就從設計菜單和安排烹調計畫開始培養你的創造力吧！

設計菜單

參考和食的配膳位置

配膳的用意是要讓人吃得既方便又優雅。在思考菜單的時候，不妨參考一下和式料理的配膳位置。最靠近用餐者的一排，請排成「飯在左，湯在右」，中間位置擺上副菜❷，最遠的一排擺上主菜與副菜❶。副菜❷是醃漬物等小樣配菜。主菜和副菜❶的擺設位置根據各流派的做法而有所不同，可能會有左右顛倒的時候。

規劃三菜一湯

如上圖的和風套餐正是所謂的「三菜一湯」，意指除了主食，還有一道湯品與三樣菜。雖然在家庭餐桌上會有各式各樣的和式、洋式、中式料理登場，但只要像和式料理準備三菜一湯或兩菜一湯，就可以簡單製訂好每一天的菜單了。

均衡的營養

設計菜單時不能偏重任何食材與烹調手法，必須顧及各道料理間是否能共創營養均衡的目的。身體活動需要的三大營養素（醣類、蛋白脂、脂質），以及調解身體機能所需的維他命和礦物質等，均能從食物中攝取，而藉由不偏食的一日三餐便能自然而然得到滿滿收穫。

菜色多樣化

設計菜單時，除了要讓用餐者感覺滿足，還要能兼顧營養均衡，不能偏重某一類的食材，也不能僅顧及味覺，要連溫度、口感等都考慮周到，創造豐富多樣的餐食。雖然很難在制定菜單時面面俱到，但只要能從「食材、味道、烹調方法不要太過複雜」切入，就能漸漸掌握訣竅。

特別專欄

準備便當的基本原則

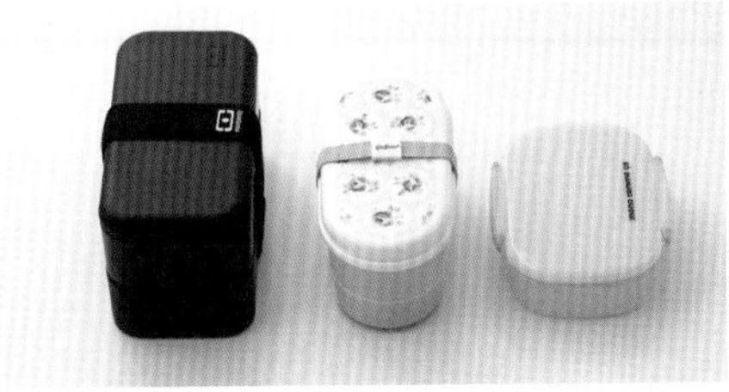

合適的便當分量

便當容量主要參考「一日所需基本熱量*（kcal）」。如果某人一天需要的熱量是1,800kcal，其中一餐需要的熱量就是一天的三分之一，即 600kcal，那麼便當容量大約是 600ml。

*本書係以日本人的營養攝取標準（厚生勞動省）為基準，根據每個人的年齡、性別、體格等會有差異，請自行斟酌調配。

白飯：配菜＝1：1

白飯與配菜量的比例為 1：1，配菜中的主菜與副菜比例也以 1：1 為基準，也就是以一道肉類或魚類為主菜的話，可以與兩、三道蔬菜類的副菜作搭配，便能均衡攝取營養。

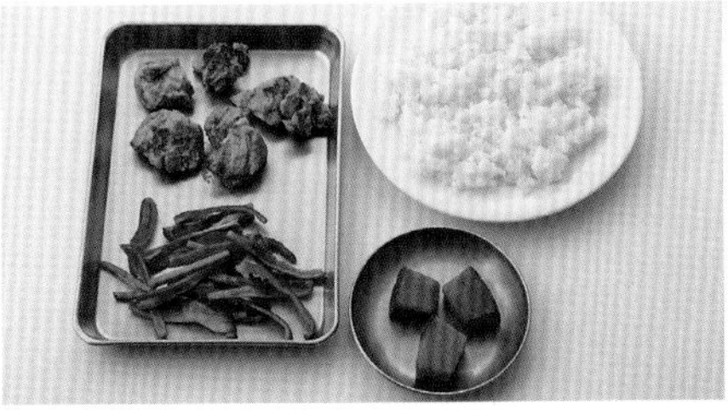

放涼後再裝

由於充滿蒸氣的環境是細菌繁殖的溫床，因此防止食物腐壞的一大原則是「放涼後再裝」。白飯與配菜都要等到放涼後再裝進便當盒裡。如果是事先做好的常備菜，要重新加熱後放涼，再裝進便當盒裡。

如何讓烹調計畫順利進行？

先處理需長時間製作的菜餚

開始煮飯之後，接著要進行哪一道料理呢？建議你從燉煮料理開始，因為燉煮料理雖然頗花時間，然而一旦開始煮就可以騰出手來，因此可以優先處理。必須熱騰騰登場才好吃的料理則放到最後再做。請參考下面的範例。

活用各種加熱工具

如果每一道菜都得仰賴同一套廚房用品和爐火來製作，勢必會讓烹調計畫進展不順，因此要活用其他熱源，像是微波爐、電鍋等，同時進行多種料理，才能提升效率。

計畫範例

❶煮飯。
❷將乾貨泡發。
❸將水煮滾，熬製高湯。
❹將食材全部切好。
❺從需要花時間烹調的食材開始。
❻預先調味。
❼準備調和佐料與醬汁。
❽炒菜等加熱的動作，同時完成湯品。

以右頁上圖的料理為例，步驟如下：

❶煮飯。
❷將海帶芽泡發。
❸熬高湯。
❹將食材切好。
❺煮南瓜。
❻加鹽搓揉小黃瓜，並將鮭魚預先調味。
❼醋醃醬菜加入調味料。
❽烤鮭魚，煮湯，準備日式涼拌菜。

盛盤

料理人透過盛盤方式來傳達希望用餐者吃得美味又盡興的心意，因此料理的盛盤方式相當重要。現在就讓我們了解一下盛盤的基本方式，將你誠心烹調的料理完美呈現。

燉煮料理、日式涼拌菜盛盤時要鼓起來

裝盛和食的燉煮料理與涼拌菜時，要集中放在器皿中央，鼓起成一座小山，然後在上面加一些點綴，稱之為「天盛」。料理上的點綴能帶出料理的風味，增添料理的季節感。

湯汁不可濺出

手持湯碗，將碗靠在鍋子旁，分成兩、三次裝盛到湯碗哩，約七～八分滿。撒上蔥或七味粉等可以增添香氣。

生魚片要以奇數盛盤

和食的生魚片擺盤數量基本為奇數，並藉由白蘿蔔等配菜擺出稍微立起的模樣。

白飯要裝得鬆

分成兩、三次裝至碗裡，約七～八分滿，要將白飯盛得鬆軟，且不要將飯杓上的飯粒沾在碗邊緣。

整條魚要魚頭朝左、點綴物在前方

一整條魚的擺盤方式為「頭在左，腹部在前」。如果是魚片，基本擺盤方式為「魚背在後（即魚腹朝用餐者），魚片寬處在左」，再配合魚片的形狀調整擺盤。建議你可以將點綴物擺在料理前方，多半會放在略微偏右的位置，稱之為「前盛」。

器皿要留下餘白

盛盤的時候，大約裝到器皿 2/3 的量，不要裝到滿，這樣看起來會比較美觀。

特別專欄

煎茶的泡法

日本茶分成煎茶、玉露、焙茶等種類。由於每一種茶的特徵不同，有些帶有甜味，有些則是澀味，所以泡茶的水溫不能一視同仁。煎茶約為80°C，玉露溫度較低（約50°C），焙茶與番茶則是用滾水來沖泡。

❶將水煮沸。在小茶壺內倒入煮好的熱水，等待熱水降溫之時，可以讓小茶壺變溫（從100度C的熱水大約降溫成90度C）。

❷將小茶壺中的熱水倒入與飲茶人數相符的茶杯裡，約八分滿，等待熱水持續降溫的同時，幫茶杯熱杯。在小茶壺內放入所需人數分量的煎茶茶葉，以每人2~3g（1茶匙）為基準。

❸將茶杯裡的熱水（約80度C）倒進小茶壺內，蓋上蓋子，靜置1~2分鐘（如果茶葉較為零碎，味道可能會太濃，必須縮短時間）。小茶壺不要轉動。

❹等到大約八成茶葉都泡開以後，就可以倒第一回茶。一點一點地分別倒進各個茶杯中，讓濃度平均。第二回茶的時候，熱水可以直接注入小茶壺裡。

洋食裝飾置於後方

洋食會在桌上邊切邊吃，因此要將主要配菜擺放在中心偏前的位置，裝飾則要擺在最後面。里肌肉之類的肉類料理可以將肉正面擺放（P.126）。

義大利麵要堆成山

擺放義大利麵要像造山一樣堆得高高的，避免看起來塌塌的，這樣較為美觀。擺放時可以用夾子一邊扭轉義大利麵一邊調整擺盤，擺好麵後再平均擺放配料。

中華料理著重全視角美觀

中華料理通常會裝在大盤子裡，上桌後再分食，因此要以任何角度都能顯現美觀的方式擺盤。小碟子和公筷要一起上桌。

微波爐的使用祕訣

不管是要單純加熱、解凍，還是想展現蒸、煮等料理技法，都可以利用微波爐輕鬆完成，可說是家庭烹調好夥伴。雖然微波爐用起來很簡單，但想要安全又有效率的使用它，還是有一些訣竅是我們必須掌握的喔！

瓦數與加熱時間的關係

微波爐的瓦數（W）就如同瓦斯爐的火力一樣。加熱同一種食品時，瓦數越大可以越快加熱完畢。請參考表格中的數據，根據瓦數的不同，加熱時間也會如同表格中的數字一樣有所變化。另外，如果食品分量變成 2 倍，加熱時間則會少於 2 倍的時間。

加熱原理

微波爐會發出一種波長較短的電波，這種波就稱為微波，可以震動食物中的水分，透過震動水分產生的摩擦熱便能為食物加熱。

瓦數	500W	600W	700W	800W
加熱時間	1 分鐘	50 秒 約 0.8 倍	40 秒 約 0.7 倍	35 秒 約 0.6 倍

避免受熱不均

根據食材大小與厚度的不同，加熱時間會有很大的差異。蔬菜類加熱的時候，大小厚度要一致，而且要並排，不要疊放。

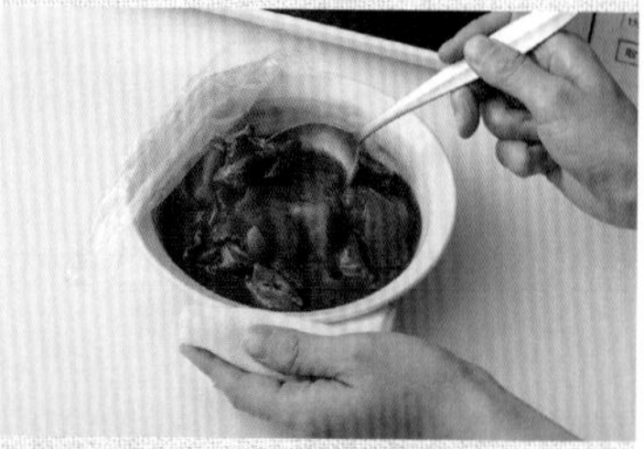

如果食物分量較多、較厚的時候，可以在過程中取出食物攪拌一下，再放回微波爐繼續加熱，整個過程可反覆進行數次，就能防止食物受熱不均。

切莫過度加熱

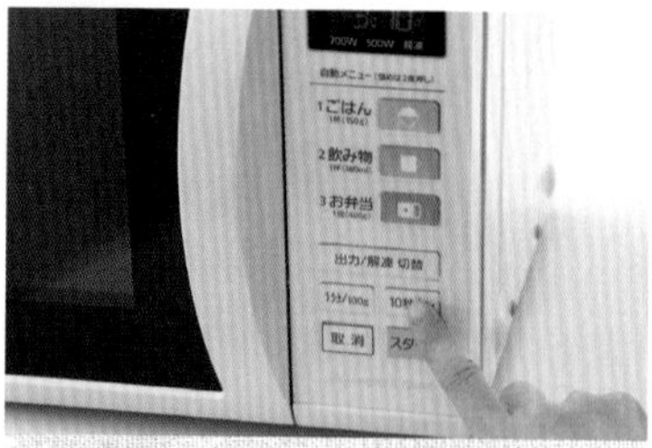

如果過度加熱，會導致食物水分流失，味道也會變差。訣竅是加熱時間要比預計時間短，一邊確認狀況，一邊慢慢加熱。

肉類和魚類解凍時，只要稍微過度加熱，就可能導致有某部分變熟（圖片中淺茶色的部分）。請以「解凍」或「小火模式」將食材的中心控制在半解凍的狀態。

要留意的食品

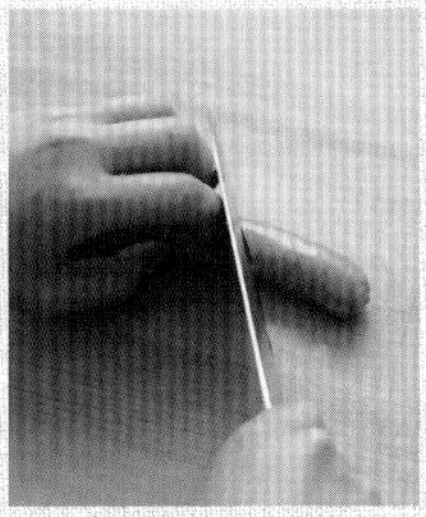

如果要替有外皮或有膜的食品（雞蛋、香腸、鱈魚子等）加熱，因為可能會有爆開的危險，要先將食品表面劃入切痕。比如將雞蛋蛋黃弄破，如果是整顆圓的就以竹籤刺一個洞。

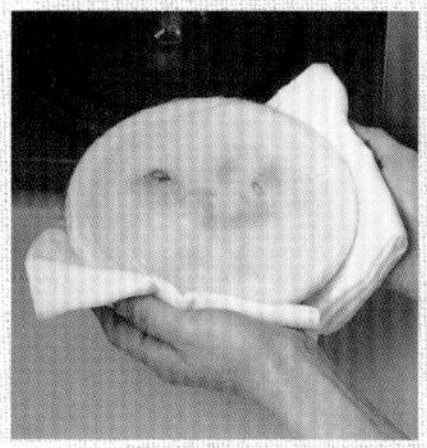

濃湯或咖哩等有濃度的液體，經過微波加熱後，一旦移動就有可能產生「突沸現象」，導致湯汁突然飛濺，因此必須靜置 1 ～ 2 分鐘後再取出。另外，油脂和砂糖的溫度容易升高，要留意別過度加熱。

保鮮膜的使用技巧

使用保鮮膜的時候，基本上要包得鬆鬆的。因為保鮮膜會受溫度變化而產生伸縮，如果包太緊，可能會黏到容器裡面的食物，導致打開時溢出。

如果希望食物加熱後還能保持鬆軟，可以包保鮮膜再加熱，利用微波食物產生水蒸氣來達到目的。但像炸物之類的食品，我們通常會希望加熱後還能保持酥脆感，那就不要包保鮮膜。

隨手保清潔

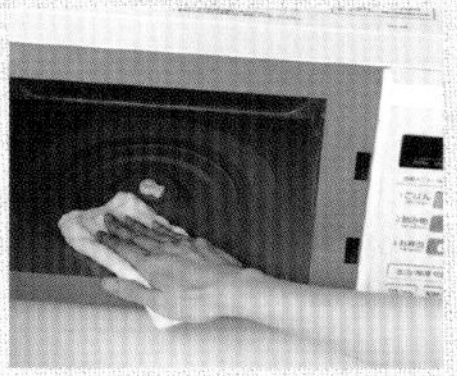

髒汙造成的微波爐火災事件與日俱增，因此使用微波爐後，要隨時將裡面擦乾淨，保持整潔。

微波爐適用的器皿

○ 可以放進微波爐的東西

耐熱性高的玻璃、一般使用的陶瓷容器（沒有畫上花紋）、烤箱用陶瓷容器、微波爐用塑膠容器（要注意有一些保鮮盒的蓋子無法放進微波爐）。

✕ 不可以放進微波爐的東西

金屬容器、木製品、漆器、耐熱性不佳的玻璃、塑膠容器、琺瑯材質的容器、帶有彩繪或金銀花紋的容器、紙製容器等。

川燙的祕訣

只用水煮過就稱為「川燙」，是最簡單的烹調方式。

蓋上鍋蓋 vs. 不蓋鍋蓋

雖然加熱時若蓋上蓋子可以事半功倍，但如果碰到湯汁容易溢出，或是會充滿腥味的時候，可以稍微將鍋蓋移開一些（半蓋鍋蓋）。川燙綠葉類的食材，如果蓋上鍋蓋，會讓葉子因本身帶有的酸導致色澤變差，因此不要蓋蓋子。

川燙的目的與方法

川燙的目有加熱、煮軟、讓顏色變美、去除脂肪與浮沫等。根據目的不同，川燙時間與火候也會改變。例如燙青菜，為了讓口感變好且顏色鮮豔，會在高溫狀態下短時間川燙。

瀝乾 vs. 不瀝乾

川燙好的食材通常會放在過濾網中攤開。青菜類等會因餘熱而導致色澤變差的食材，以及澀味較重的食材，在川燙後要迅速泡水，再將水分去除。

冷水川燙 vs. 熱水川燙

長在地面上的青菜要用熱水川燙，而像南瓜這種澱粉含量多、長在土裡的類型就要用冷水川燙。肉類和魚類使用熱水川燙的話，可以固定蛋白質，使鮮味不易流失。如果要煮貝類湯的時候，從冷水開始煮，才能將鮮味溶進湯裡。

汆水

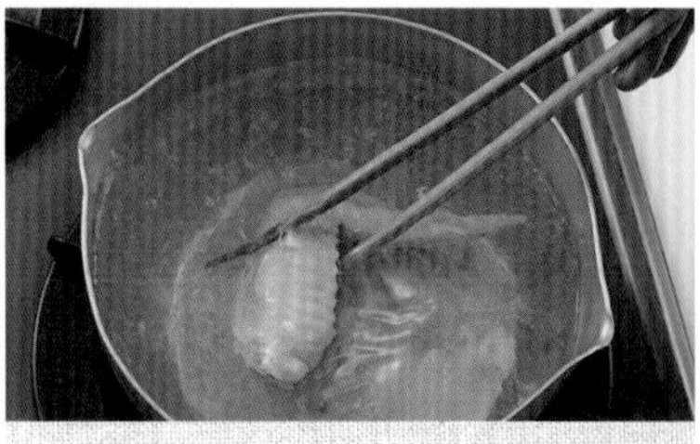

「汆水」是將食材迅速放進沸騰的熱水裡短時間加熱，可以用來去除肉類或魚類的腥臭味及多餘脂肪，還具有殺菌功效。另外，海帶芽等也會利用到汆水的料理方式。

川燙後將水倒掉

「川燙後將水倒掉」的意思是指：具有澀味、黏液或腥味的食材在略為川燙後，將煮出來的湯汁丟掉（例如P.151 紅豆）。

煮的祕訣

簡簡單單一個「煮」字，就包含了許多不同的料理手法喔！

蒸煮

「蒸煮」指的是加入相較之下比較少的水分，蓋上鍋蓋，宛如蒸一樣烹調。也有利用食材本身含有的水分來蒸煮的情況。

燉、熬

將食材放在湯裡煮的目的有很多種。例如「燉」是透過長時間烹煮，好讓食材入味；「熬」則是將食材鮮味引入湯裡。

熬乾

「熬乾」意指透過烹調將湯汁水分蒸發，讓味道濃縮。如果加入味醂和砂糖，會產生光澤，讓食物看起來更加美味；加入醬料等則會變得濃稠。

煮透

「煮透」是將食材放入分量較多的湯汁裡，以小火慢煮，讓味道滲入食材之中。即使關火，食材依舊浸在湯裡，會更加入味。像這樣煮出來的食物叫做「燉菜」。

鍋具的選擇

製作燉煮料理宜使用適當大小的鍋子。如果鍋子太大，材料無法均勻浸在湯汁裡，會難以入味，甚至可能會煮得太過軟爛。鍋具的材質與厚度也很重要，在製作燉菜的時候，適合選用具有保溫效果且具有厚度的鍋子。

落蓋的功用

如果希望少量湯汁也能讓食材均勻入味，可以使用落蓋。落蓋也能減少食材在湯中滾動，避免煮得過於軟爛。除了使用專用落蓋，也可以利用錫箔紙打洞來代替（詳見 P.109）。

利用平底鍋煎與炒的祕訣

平底鍋能幫助我們輕鬆完成多種料理，而市面上有許多材質、功能各有千秋的平底鍋，該如何運用才能好好發揮它們的長處呢？現在就從較常見的鐵鍋和鐵氟龍不沾鍋入手，了解一下平底鍋的使用訣竅。

表面部位要先煎

在煎肉或魚片的時候，盛盤時會當成表面（→ P.126）的那一面要先煎。這是因為在翻面續煎的時候，平底鍋已經有油汙，就不容易煎得漂亮。

不要過度移動

直火烹煮時，為了要讓食材均勻受熱，會採用晃動鍋子的手法。但是如果一直移動鍋子，反而會因為熱能無法好好傳導，不能達到煎的效果，會讓料理變得水水的，要留意。

備妥鍋蓋

使用平底鍋烹調時，經常會碰到像餃子或漢堡肉等需要乾煮的時候，此時就需要使用到鍋蓋了。有了鍋蓋，無論是要蒸煮、燉煮都可以，烹調手法就能更多變了。

大火是基本

無論是煎，還是炒，基本上只要能在高溫狀態下快速完成，就能鎖住食材的水分與鮮味，因此「火要大」是使用平底鍋的第一個基本要訣。

可以對抗高溫的鐵製平底鍋

鐵製平底鍋的熱傳導率極佳，最適合用來製作大火快炒的料理，可以將牛排和歐姆蛋的軟嫩多汁鎖在裡面。但是鐵製平底鍋容易生鏽，使用完畢後需要使其完全乾燥。

鐵氟龍不沾鍋禁止空燒

使用鐵氟龍不沾鍋做料理時，食材不容易沾黏在鍋具上，僅需要少量油即可。由於高溫和溫度變化容易造成鐵氟龍不沾鍋的塗層剝落，所以要避免空燒和大火，且在烹調過後不能馬上碰水。另外，為了避免刮傷不沾鍋，請勿使用金屬鍋鏟和刷子。

蒸的祕訣

水沸騰後會產生水蒸氣，而透過水蒸氣來幫食材加熱的料理手法就稱之為「蒸」。這個加熱方式能讓食材的形狀不受破壞，並且讓食物變得又柔軟又濕潤。

加入適量的水

在使用蒸鍋時，作為蒸氣來源的水必須足量，並且要在安全水位下使之沸騰。大約在蒸鍋下層注入八分滿的水量，蓋上蓋子，將其煮沸。

產生蒸氣後再開始蒸

當鍋內充滿蒸氣時，就可以開始蒸了。如果在蒸鍋尚不夠熱時就放入食材，其產生的蒸氣會變成水滴，導致食材表面濕濕的，而且容易喪失鮮味。

保持充滿蒸氣的狀態

在蒸食材的時候，蒸鍋內要一直保持充滿水蒸氣的狀態，這是非常重要的。請以較大的火來蒸，而且過程中盡量不要打開鍋蓋。

以水平方式開啓鍋蓋

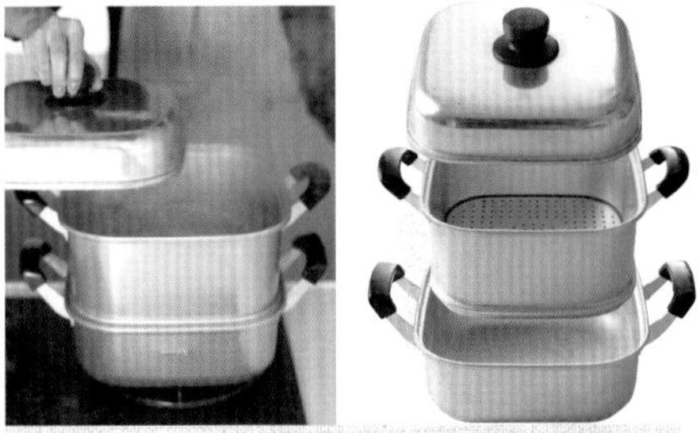

打開鍋蓋的時候，為了避免讓水滴滴下來，要以水平方向緩緩地開啟。

使用竹製蒸籠的訣竅

若想使用竹製蒸籠的話，請選用有中間夾層和蒸籠蓋的組合。由於竹製蒸籠本身會吸水蒸氣，所以在有蒸氣時會比較柔軟，水滴也不容易滴落，這是竹製蒸籠的一大優勢。在使用前要把蒸籠弄濕，這樣蒸籠就不會燒焦。使用完畢，要好好清洗，放在陰涼處陰乾。

放在熱水裡蒸（地獄蒸）

使用底部平坦且較深的鍋子，在裡面鋪上一條乾淨抹布，以避免器皿移動。將茶碗蒸或裝有布丁的容器並排放入，倒入熱水加熱，水位約為容器的一半高。要用比平常蒸東西時更大的火，因此過程中要稍微打開蓋子。

炸的祕訣

油炸是透過火加熱的同時將水分逼出，並逐漸與油融合的料理。

如果氣泡開始變少，就表示炸好了。

油炸溫度基準

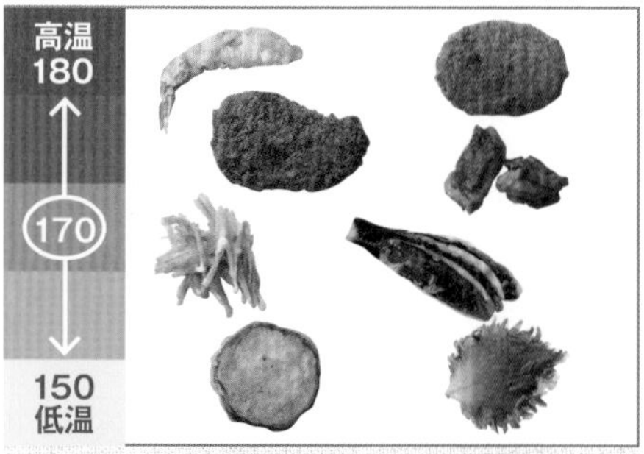

油炸溫度基準為「170° C 左右」。需要花時間才能炸熟的食材，要將溫度調降 10～20° C；很快就能均勻受熱的食材，要以高溫油炸；容易燒焦的葉子等食材則宜採用低溫油炸。使用同一鍋油來油炸不同食材時，請先炸蔬菜類，再炸肉類或魚類。

油量

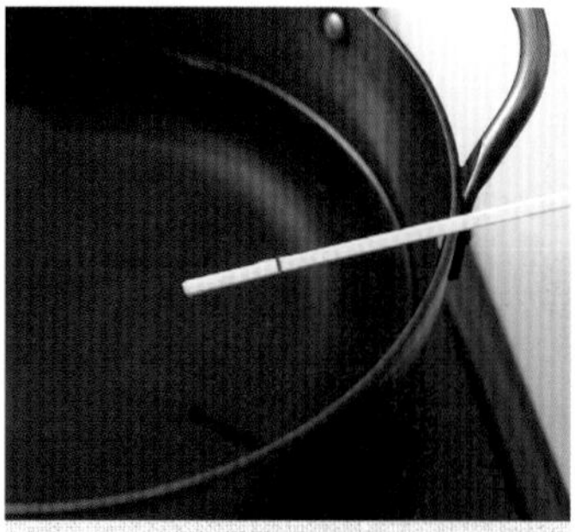

家庭油炸鍋的用油基準約為 3cm 深的量。如果油量太少，食材一旦接觸到鍋底就會燒焦。

油溫的確認方法

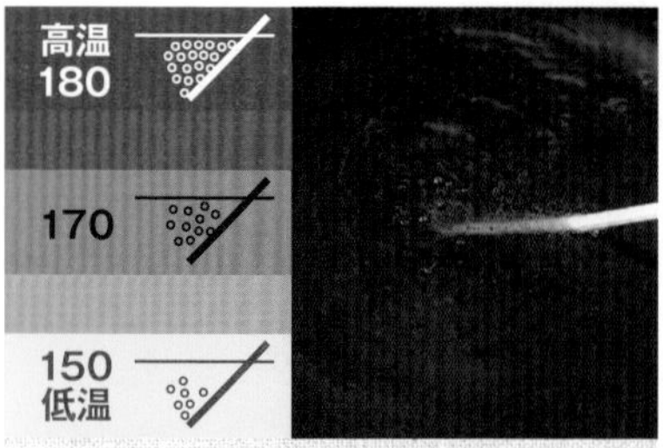

將料理筷或免洗筷（竹製或木製）以水沾濕，再把水擦掉，放入油裡，可根據氣泡狀態來判斷油溫。約 170° C 的時候，筷子接觸到油的部分會產生小泡泡。如果溫度較高，泡泡也會較大。

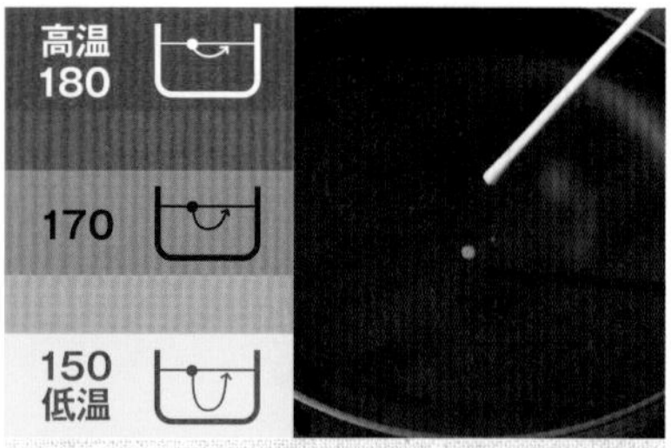

如果是油炸天婦羅，可利用麵衣是否沉入鍋裡來判斷狀況。約 170° C 的時候，麵衣會在油裡載浮載沉。

油炸用油的處理方法

油一旦冷卻，就會因為變黏稠而難以過濾，因此要趁油還溫著的時候過濾。過濾後的油可以再使用兩、三次。要把油丟掉時，可以在牛奶盒裡裝入報紙等物，用來吸油（也會吸水，所以可以預防自燃），然後再把廢油倒入。記得一定要按政府的規定來處理廢油。

以少油方式油炸

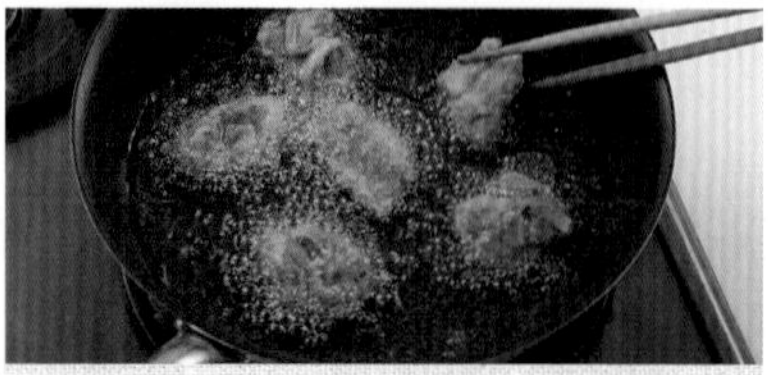

厚度較薄的食材，或是形狀鮮明的食材，可以用 1cm 深度的油來油炸。由於食材容易因接觸鍋底而燒焦，所以要特別留意火候。若要使用平底鍋來油炸，因為鍋子深度比油炸鍋淺，要格外小心用火。

冷凍與解凍

食物放到冰箱冷凍庫一段時間後，狀態往往會有一些改變，那是因為食物內的水分慢慢結凍，造成細胞損壞，或是在解凍時流失了水分和鮮味。為了避免食物因冷凍、解凍而流失美味，我們要盡可能地防範未然，而急速冷凍和解凍便是關鍵所在。

❶在新鮮狀態下冷凍

食材最講究的就是鮮度，因此請在購買當天內冷凍。

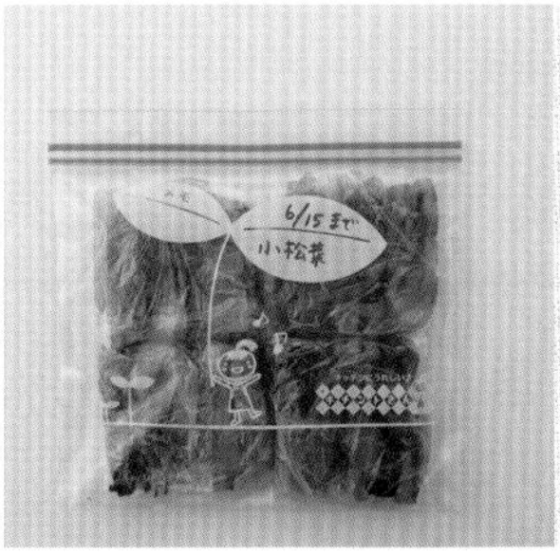

❷預先調味或川燙

欲冷凍肉類或魚類時，可以先抹鹽或塗過醬油，也就是約略調味後再冷凍。這是因為鹽分可以去除食材內的多餘水分，預防食物逐漸敗壞。

蔬菜以維持硬度的方式川燙再冷凍。川燙後的蔬菜組織會變軟，可以維持口感與營養價值。如果希望日後能馬上使用，也可以先將蔬菜切好。

❸分裝，攤平，再密封

為了提升冷凍效率，並方便日後使用，可以將食物分裝成數小堆，攤成薄薄一層，再包上保鮮膜，放入袋子等密閉空間，可以防止乾燥和酸化。

請迅速將包裝好的食物放入冷凍庫（即使已經使用保冷劑），並要減少冷凍庫的開關門次數，然後要盡早使用完畢。

❹較不會影響食材的解凍方法：「低溫解凍」或「加熱解凍」

冷藏室低溫解凍

將食材移到冷藏室，以低溫狀態解凍。這個解凍方式比較花時間，必須算好使用時間再開始解凍。

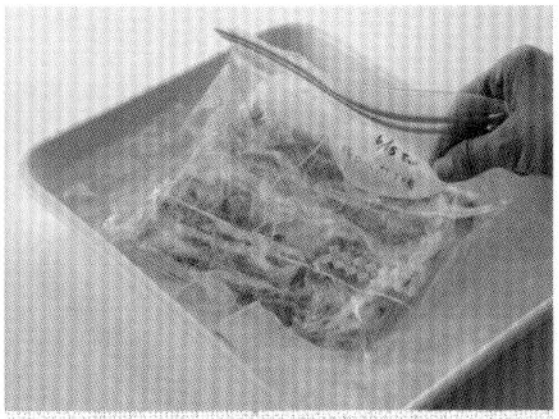

冰水低溫解凍

以裝在食物保存袋的狀態下直接浸泡在冰水裡。雖然冷水的低溫程度與冷藏室差不多，但解凍速度比冷藏室低溫解凍快。

冷凍狀態下加熱解凍

將食材在冷凍狀態下或半解凍狀態下放進湯汁裡，直接一邊加熱解凍，一邊進行烹煮。

廚房的整理與清潔

提升廚房利用效率的祕訣就在於時時保持廚房工具和環境的整潔，因此在烹調過程中最好能隨手整理使用完畢的工具。就從清洗餐具、處理垃圾到維護廚房衛生做起，打造一個整潔的廚房吧！

烹調時的清潔管理

利用加熱空檔整理

在烹調中的空檔，可以將聚集在水槽一角的碗盤、器具等清洗乾淨，然後放回原處收納起來。

流理臺上只有必需品

流理臺上不要放置必需用品以外的東西。食材只切要用的部分，其餘馬上收拾乾淨，調味料類也是用好就收起來。

鍋子用畢先沾水擦拭

以廚房紙巾沾熱水或清水，將烹調後空下來的鍋子或平底鍋上的髒汙除去。

空出砧板位置

盡量將要切的食材一起切好，如果砧板使用完畢的話，就將它清洗乾淨。如果能將放砧板的位置空出來，作業空間就會變得比較充裕。

瓦斯爐與微波爐用過即清

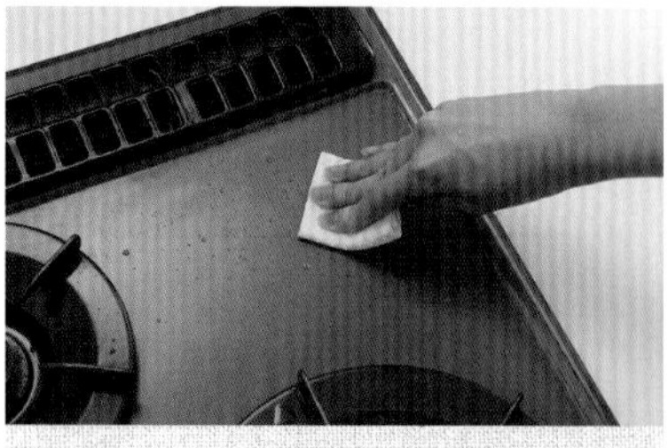

使用過的瓦斯爐或微波爐若不馬上清理，殘渣就有可能會掉到地上，因此要養成隨手擦拭用過的瓦斯爐或微波爐的習慣。

用完就放進水槽裡

養成使用完畢就將料理盤或廚具聚集收在水槽一角的習慣。流理臺不混亂，作業也就能較輕鬆，整理起來也會更容易。

餐具清洗

將餐具分類收拾

首先，將餐桌上的容器分成有油汙和沒有油汙兩類，沒有油汙的餐具可以疊放，而有油汙的餐具最好不要疊在一起，接著將同類的餐具集中拿去流理臺。

黏著汙垢的容器要泡水

拿到流理臺後，將附著了飯粒、納豆等殘渣的餐具裝滿水後靜置。

容器上的殘餘醬料要除掉

若餐具上殘留著油汙和醬汁，在清洗之前先用橡皮刮刀刮除，當作垃圾丟掉（菜渣也是），之後再使用清潔劑清洗。

從玻璃類器皿開始清洗

最先清洗的是玻璃製品、漆器等容易受損的器皿，而且最好能和其他餐具分開清洗，洗好後並排倒放在乾抹布上。

洗較不油膩的餐具

洗完玻璃類等容易損傷的器皿後，可以著手清洗比較沒有油汙的餐具。這些餐具有時不需使用清潔劑就可以洗乾淨了。

清洗油膩餐具

剩餘的全部都用清潔劑清洗，並按照形狀大小分別堆放。

沖水

沖洗餐具時要將餐具放在水龍頭正下方，並且避免餐具割手，最後最好能用熱水沖一遍，可以洗得更乾淨。

把水擦乾

將洗好的餐具全部倒扣放在瀝水籃裡，或者是立起來，然後用乾淨的布擦拭後收起來。如果將洗好的碗盤一直堆放在瀝水籃裡，只會堆積越來越多濕答答的餐具，會影響廚房衛生。

清理鍋具沾黏的髒汙

當鍋具沾黏的髒汙無法馬上去掉時，可先在鍋內放水煮沸，再靜置放涼，然後使用中性洗潔劑和海綿清洗。

清洗海綿與抹布

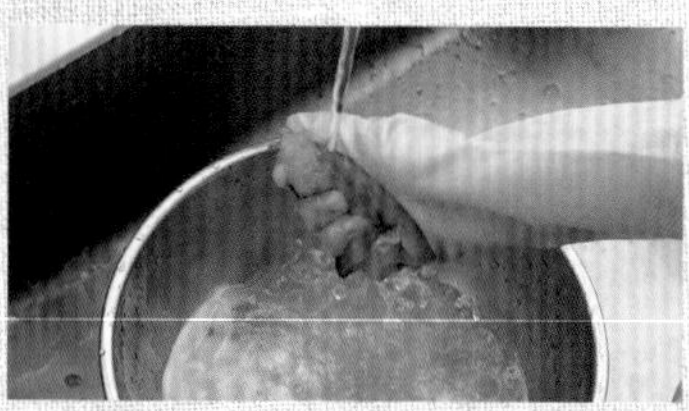

海綿和刷子上附著的髒汙和清潔劑會成為細菌的養分。因此在使用後要仔細沖洗，淋熱水，放涼後將水氣擦掉並好好乾燥。

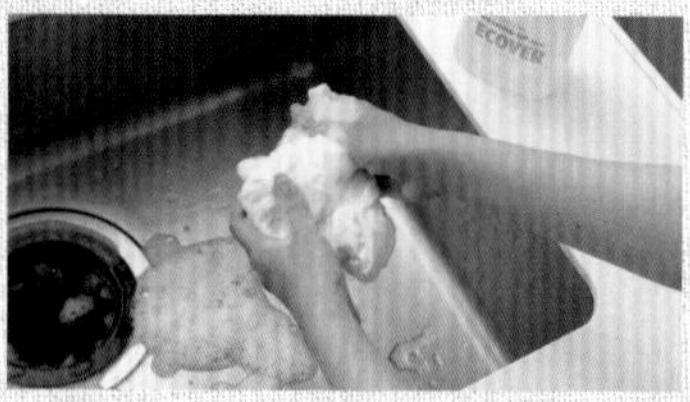

要勤勞清潔抹布和廚房抹布。即便只用過一次，也務必要在當天內清洗乾淨。使用洗碗精搓揉清洗，仔細沖水。一旦殘留了清潔劑，就會成為細菌養分，就算漂白除菌，效果也會大打折扣。

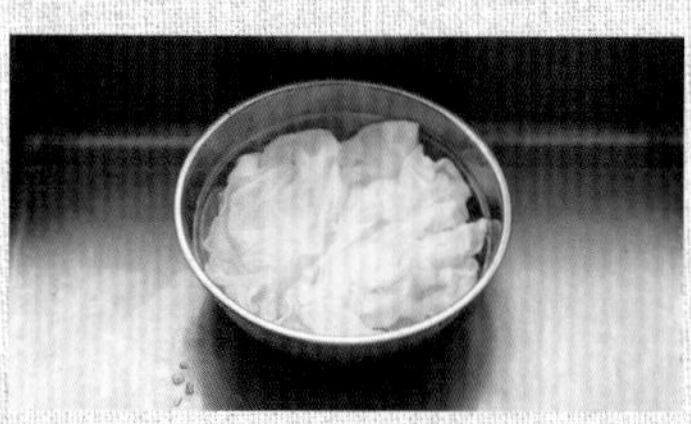

抹布和廚房抹布要定期使用漂白劑殺菌。雖然有可能造成海綿跟刷子變色，但只要靜置 2～3 分鐘也會有除菌效果。也可使用熱水除菌。

清理砧板和菜刀

切過生肉或生魚之後，首先要用「水」將砧板與菜刀上的髒汙沖掉。不要使用「熱水」，因為熱水會使蛋白質凝固，反而更不容易沖乾淨。髒汙都沖掉之後，再用清潔劑清洗。當天結束前要用熱水沖洗砧板。

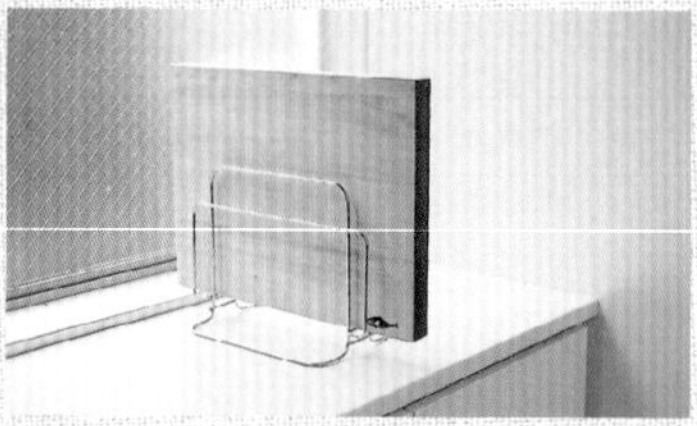

以熱水沖洗消毒後，放在通風處乾燥。

砧板每星期要漂白殺菌一次。將砧板浸泡在稀釋過的漂白劑裡，超出的部分用浸了稀釋漂白劑的抹布蓋住。

在清洗菜刀時，不只要清洗刀刃部分，刀柄以及刀柄與刀刃間的連接處也要清洗。用過的削皮器和廚房剪刀也要記得清洗。在清洗刀刃的時候，千萬要小心，別受傷了。

特別專欄

磨菜刀的方法

❶作為磨刀石之用的「中砥」，一般會使用800～1000號的品項。在磨刀前，要將磨刀石浸泡在適量的水裡約15分鐘，待其充分含水再使用。

❷將磨刀石放在濕潤的抹布上。因為磨刀時會常常需要加水，所以要在一旁備妥水。

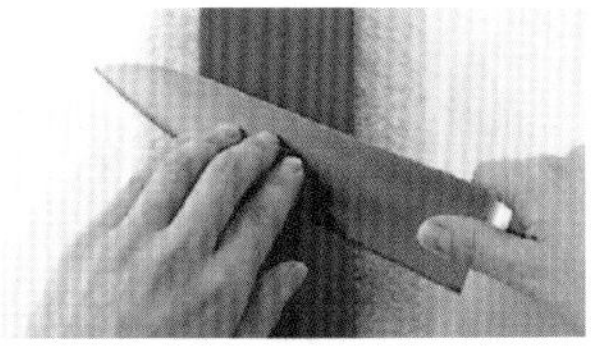

❸菜刀與磨刀石的角度約呈45度擺放，菜刀刀背要微微浮起約5mm。維持這個角度，前後磨刀。

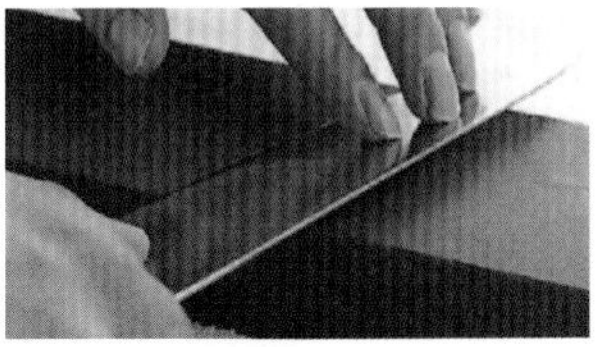

❹將一把菜刀分成刀尖、中央、刀跟三個部位，每個部位各占1/3。以磨刀石的長度為距離，每個部位都仔細摩擦10～15次，另一側也以同樣方式進行（在磨刀過程中出現的黏液可以當作研磨劑，不需要沖掉）。

磨刀完成後，要將整把菜刀仔細洗淨，並將水擦掉。磨刀石則用刷子清洗後晾乾。

瓦斯爐與烤架

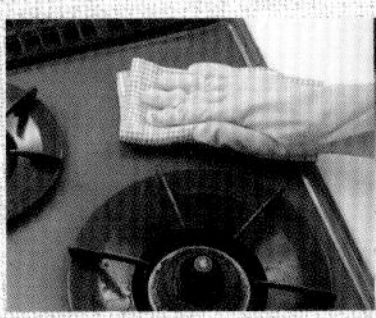

清理瓦斯爐的基本原則為「弄髒就馬上擦乾淨」，但若是較難清乾淨的油汙，可以在烹調完成後再處理，但須在當日內完成。將中性清潔劑塗抹在瓦斯爐的油汙上，以抹布擦拭乾淨即可，至於瓦斯爐架則要從瓦斯爐上取下，抹上中性清潔劑以海綿清洗，並將泡沫沖乾淨。

烤架要趁熱清理，會比較容易清乾淨。將托盤和網子自烤箱取出（要小心燙），泡熱水靜置，當髒汙浮起時，使用中性清潔劑清洗，沾黏在網子上的殘渣，可使用捏成一團的錫箔紙輕輕擦拭。洗好晾乾後再放回原處。

水槽

先將堆積在水槽排水孔內的垃圾清掉，再將蓋子、廚餘盒、排水孔撒上小蘇打粉和清潔劑，靜置5分鐘，然後使用清潔用海綿迅速磨擦清洗乾淨。

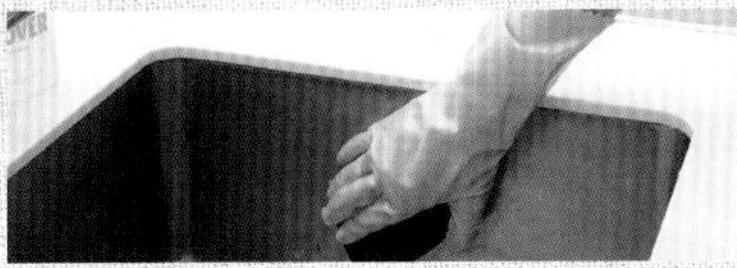

洗排水孔與水龍頭，並將水槽內的水滴擦乾，可避免自來水中的石灰質黏在水槽而產生白色沉積。

廚餘與可回收物的處理

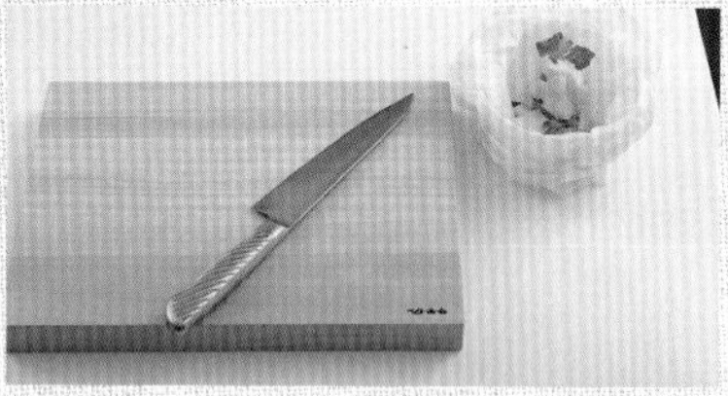

烹調過程中產生的垃圾要用盆子或袋子聚集起來，以免散落，這是處理廚房垃圾的基本原則。因為濕掉的垃圾容易使髒汙和細菌擴散，至於不會出汁的東西就不要放在水槽內。

不要將廚餘、垃圾等堆積在流理臺或排水口，要盡快整理、丟棄。濕的垃圾可以用報紙等吸水物品包起來，再裝進塑膠袋丟掉，才不會汙水亂滴。

清理排水口的廚餘或垃圾時，要先將水擰乾，才能放進塑膠袋，再裝進有蓋子的容器內，暫放在陰涼處。如果是容易發出臭味的魚類垃圾，在回收日來臨前可以放進冰箱冷凍庫或冷藏室的角落保存。

可回收的包裝和料理盤等要先清洗，待其乾燥後用袋子裝起來。可回收物上面一旦殘留食物的殘渣或汁液，在回收日來臨前很可能會增生細菌，所以一定要隨手處理起來。

特別專欄

用廣告紙製作垃圾收集盒

當我們丟垃圾進垃圾桶的時候，最好能避免垃圾沾水，但廚房垃圾經常含有大量水分，尤其是食材殘渣，甚至含有80%的水分，造成處理垃圾時的不便。在這裡教你一個利用廣告紙製作垃圾收集盒的方法，可以將濕濕的廚房垃圾裝進來，然後丟進垃圾桶，十分方便。有空閒時不妨多做一些，以備不時之需。

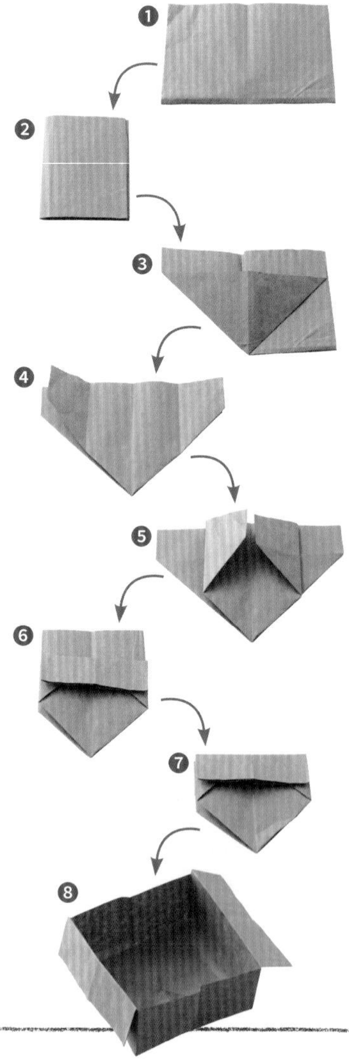

預防食物中毒

造成食物中毒的原因是細菌與病毒，因此預防食物中毒的原則是「不要沾上病菌」，而且最好能「殺死它」。讓我們來看看在購買食物、保存、烹調過程中該怎麼做，才能避免病菌滋生吧！

❶採購趁新鮮，搬運避出水

在購買食物的時候，要盡可能購買新鮮的產品，並且只購買必須的量。為了避免食物出水或滋生細菌，肉類、魚類、家常菜等要放入塑膠袋，並且封起來，然後盡快帶回家。

❷適溫下儲存，細菌不孳生

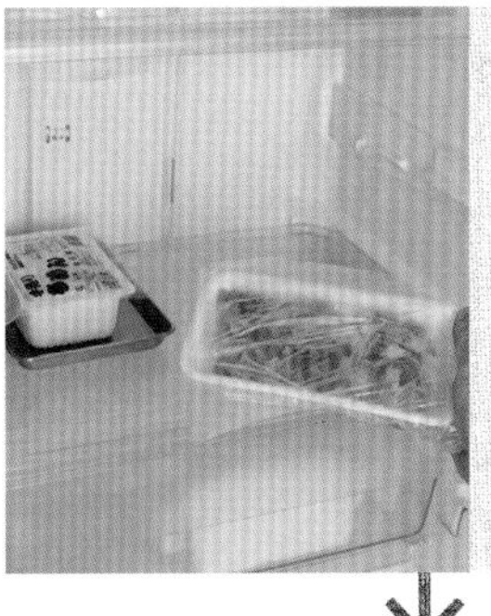

將食物帶回家後，要盡快依照各種食物的保存方式處理妥當。許多食物必須仰賴冰箱來保持鮮度，要注意冰箱不要塞太滿，而且會出水的食材一定要以塑膠袋包好再放進冰箱。

❸確實勤洗手，細菌不附著

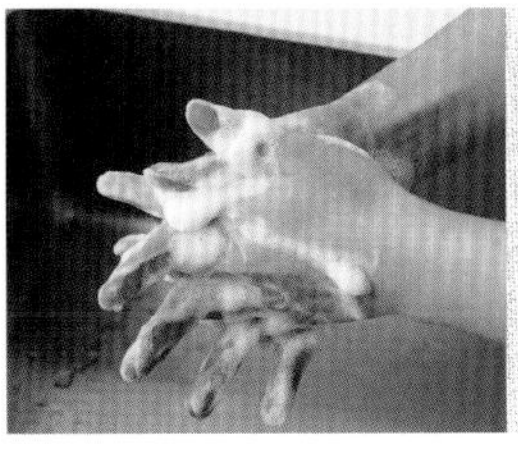

在進行烹調之前，要確實洗手（P.8）。即便食材看起來很乾淨，但仍然帶有細菌，也請務必清洗乾淨。

❹肉魚多含菌，觸碰必清洗

由於生肉和生魚產生的液體中含有許多細菌，請不要碰觸到生食用的蔬菜等。切過肉和魚的菜刀、砧板，每次都要用清潔劑清洗乾淨。

❺食品放室溫，細菌易增生

若將冷凍品放在室溫下解凍，很容易導致其滋生細菌，一定要避免。烹調中的食材和餐桌上的料理也都要避免長時間置於室溫之中。

❻加熱殺菌

絕大多數引起食物中毒的細菌都可以藉由加熱來剷除掉。加熱基準為食物中心溫度要在75℃的狀態下加熱1分鐘（如果要對抗諾羅病毒，則必須在85～90℃的狀態下加熱90秒鐘以上）。

❼勤勞滅菌

保持廚房清潔就可以避免細菌孳生，而經常利用熱水或稀釋漂白劑來消毒，就可以達到除菌的目的（詳見P.184～185）。

好吃 10

給料理新手的食材與料理全書

原著書名／新 ベターホームのお料理一年生
原出版社／ Better Home 協會
作　　者／ Better Home 協會
譯　　者／林宜薰

企劃選書／何宜珍
特約編輯／潘玉芳
責任編輯／劉枚瑛

版　　權／黃淑敏、翁靜如、邱珮芸
行銷業務／莊英傑、黃崇華、李麗渟
總 編 輯／何宜珍
總 經 理／彭之琬
事業群總經理／黃淑貞
發 行 人／何飛鵬
法律顧問／元禾法律事務所 王子文律師
出　　版／商周出版
台北市 104 中山區民生東路二段 141 號 9 樓
電話：(02) 2500-7008　傳真：(02) 2500-7759
E-mail：bwp.service@cite.com.tw　Blog：http://bwp25007008.pixnet.net./blog
發　　行／英屬蓋曼群島商家庭傳媒股份有限公司城邦分公司
台北市 104 中山區民生東路二段 141 號 2 樓
書虫客服專線：(02)2500-7718、(02) 2500-7719
服務時間：週一至週五上午 09:30-12:00；下午 13:30-17:00
24 小時傳真專線：(02) 2500-1990；(02) 2500-1991
劃撥帳號：19863813　戶名：書虫股份有限公司
讀者服務信箱：service@readingclub.com.tw
城邦讀書花園：www.cite.com.tw
香港發行所／城邦 (香港) 出版集團有限公司
香港灣仔駱克道 193 號超商業中心 1 樓
電話：(852) 25086231 傳真：(852) 25789337　E-mailL：hkcite@biznetvigator.com
馬新發行所／城邦 (馬新) 出版集團【Cité (M) Sdn. Bhd】
41, Jalan Radin Anum, Bandar Baru Sri Petaling,
57000 Kuala Lumpur, Malaysia.
電話：(603)90578822　傳真：(603)90576622
E-mail：cite@cite.com.my

美術設計／林家琪
印　　刷／卡樂彩色製版印刷有限公司
經 銷 商／聯合發行股份有限公司 電話：(02)2917-8022　傳真：(02)2911-0053

2019 年（民 108）11 月 12 日初版　Printed in Taiwan
定價／ 380 元

ISBN 978-986-477-735-8

城邦讀書花園
www.cite.com.tw

國家圖書館出版品預行編目 (CIP) 資料

給料理新手的食材與料理全書 / Better Home 協會著 ; 林宜薰譯 . -- 初版 . -- 臺北市 : 商周出版 : 家庭傳媒城邦分公司發行, 民 108.11 192 面 ; 17×23 公分 . -- (好吃 ; 10) 譯自 : 新ベターホームのお料理一年生 ISBN 978-986-477-735-8(平裝)
1. 食譜 2. 烹飪
427.1　　108015329

SHIN BETTER HOME NO ORYOURI ICHINENSEI
Edited by Better Home Association